2판 변화하는 사회의
가족학

2판 **변화하는 사회의**
가족학

F A M I L Y

S C I E N C E

IN CHANGING SOCIETY

교문사

가족이 없는 사람은 거의 없다. 가족은 매우 익숙하고 친밀하기 때문에 우리는 가족에 대해 잘 알고 있다고 생각한다. 그러나 가족에 대해 설명해 보라고 하면 제대로 설명할 수 있는 사람은 매우 적다. 왜냐하면 대부분의 사람들은 자기만의 주관적인 경험으로 가족을 설명하고 또한 가족이 너무 일상적이어서 가족에 대해 공부하거나 연구하는 것을 중요하게 여기지 않기 때문이다. 그러나 가족은 개인의 주관적 경험을 넘어서 객관적이고 논리적으로 연구할 필요가 있다.

가족에 대한 학문적 연구는 가족이 당면하는 가족문제를 예방하고, 지금 겪고 있는 가족문제를 해결하는데 기여함으로써 개인의 삶의 질을 향상시키고, 건강한 가족을 만들며, 나아가 사회의 안녕에 기여한다. 이 책에서는 특히 변화하는 사회에서 나타나는 다양한 가족의 모습과 가족생활에 실제적인 도움을 줄 수 있는 가족생활교육과 가족상담 그리고 가족과 관련된 다양한 가족정책에 주안점을 두었다.

이 책은 총 4부로 구성되었다.

1부는 가족학의 기초로 가족에 대한 기본적이 이해를 돕는 부분으로, 1장에서는 가족학의 학문적 특성과 가족학의 이론적 토대를 살펴보았으며 2장에서는 가족에 대한 기본적인 이해를 돕기 위해 가족 유형, 가족 기능을 다루었다.

2부에서는 가족의 상호작용을 다루었는데, 3장에서는 모든 가족이 경험하는 갈등을 어떻게 긍정적으로 해결할지에 관한 내용과 바람직한 의사소통에 대해, 4장에서는 가족스트레스와 이를 극복하기 위한 가족탄성력을, 5장에서는 가족의 역할 변화를 살펴보고 건강한 가족관계를 유지하기 위한 기족의 역할을 제시한다.

3부는 가족생활주기에 따른 가족으로 6장에서는 가족의 뿌리를 내리는 신혼기의 다양한 적응을 다루고, 7장에서는 가족양육 및 교육기의 부모됨과 부모역할에 대해 알아보고, 8장에서는 중년기의 부부관계와 부모자녀관계, 노부모부양을, 9장에서는 최근 우리 사회에서 관심의 대상이 되는 시기인 노년기의 다양한 적응에 대해 다룬다.

4부에서는 가족문제와 대책 부분으로 10장에서는 현재 우리 사회에서 증가하고 있는 다양한 가족의 현황과 그들이 건강한 가족으로 자리매김하기 위한 방안들을 모색하며, 11장에서는 가족문제의 예방을 위한 가족생활교육을, 12장에서는 가족문제해결을 위한 가족상담을 다룸으로써 건강한 가족을 위한 실제적인 도움을 제시하고자 하며, 마지막 13장에서는 가족정책의 개념과 관점, 유형 등 현재 우리 사회의 가족정책 현황을 알아보고 그 전망을 제시한다.

이 책이 가족학을 공부하고 있는 학생들과 가르치는 선생님들에게 조금이나마 도움이 되길 바란다. 아울러 가족에 관심이 있는 모든 이들에게 가족에 관한 실제적인 도움을 주어 그들이 행복하고 건강한 가족을 이루길 기대한다.

2010년, 한국가족상담교육연구소의 연구원들이 모여 《변화하는 사회의 가족학》을 집필하며 독자들의 조언과 충고를 받아 지속적으로 수정·보완하겠다고 약속했다. 8년이 흐른 이제야 독자들과의 약속을 지켜 개정판을 발간하게 되었다. 개정판에서는 그동안의 우리 사회와 가족의 변화를 반영하였고, 현재 우리 가족의 모습을 담았으며 가족학자로서 우리 가족의 미래를 전망해 보았다.

마지막으로 이 책의 발간을 도와주신 교문사 류제동 회장님, 정용섭 부장님과 모은영 부장님, 그 외 직원 여러분께 감사드린다.

2018년 2월
저자 일동

PART 1

가족학의 기초

1

가족학의 학문적 특성

가족은 개인들이 태어나서 죽을 때까지 친밀하고 지속적인 상호작용을 한다. 누구나 가족에 대해 잘 알고 있다고 생각하기 때문에 가족을 학문적으로 이해하고 연구한다는 것을 쓸데없는 일로 여길 수 있다. 그러나 가족구성원은 가족 속에서 발생하는 다양한 문제들로 어려움을 겪고 있으며, 이로 인해 사회 또한 어려움을 겪고 있는 것이 사실이다. 개인의 경험을 넘어서 가족을 객관적이고 논리적이며 학문적으로 접근해야 할 필요가 여기에 있다. 학문적인 연구결과는 개별가족들에게는 건강가족을 만들고, 이미 발생한 문제들을 해결하는 데 정보를 제공하며, 국가 입장에서는 개인이나 가족의 힘만으로 해결할 수 없는 가족문제들을 예방하고 대처할 수 있는 가족정책을 수립하는 데 중요한 자료로 사용될 수 있다.

본장에서는 가족학이란 어떠한 학문이고, 어떠한 특성을 가지고 있는지, 그리고 새로운 접근으로서의 가족학의 성격은 어떠한지에 대해 살펴보고, 가족현상을 이해하고 과학적으로 접근하는 데 필요한 다양한 이론적 관점들을 소개한다.

1. 가족학이란?

가족학이란 가족현상(family phenomena)을 과학적으로 연구하는 학문이다. 그런데 가족현상은 사회의 변화와 시대의 변천에 따라 끊임없이 변하고 있으며, 가족이라는 개념 또한 변수 몇 개의 영향을 받는 단순한 개념이 아니라, 그 속에는 인간생활의 모든 면(생리적 · 심리적 · 사회적 · 경제적 · 도덕적 · 법적)이 함축되어 있다. 한편 가족연구는 가족의 본질을 규명해 내는 이론적 · 기술적(記述的) 연구뿐만 아니라 어떠한 방법으로 어떻게 바람직한 가족을 만들어 낼 것인가에 대한 실천적 연구까지 포괄한다. 그러므로 가족학은 매우 어렵고도 복합적인 학문이라 할 수 있다. 가족학의 명칭은 영어 Family Studies, Family Social Science, Famology 등으로 명명되는 전통적 명칭과 1993년부터 새롭게 등장한 Family Science가 있다.

1) 가족의 의미

사회마다 가족의 정의를 위해 적용되는 법적, 관념적, 사회문화적, 생물학적인 규칙은 매우 다양하다. 대부분의 문화에서는 자연의 법칙(order of nature), 문화의 법칙(order of culture), 법의 법칙(order of law)에 따라 가족을 정의한다(Rosen, 1999; 정현숙 · 유계숙, 2001 재인용).

고전적 정의에서는 가족을 하나의 제도체로 보고 혈연을 중심으로 하는 동거동재(同居同財)의 공동체로 가족의 개념을 규정한다. 그에 반해 현대적 정의에서는 한마디로 정의 내릴 수 있는 실체라기보다는 오히려 사람들의 실제 삶에서 이루어지는 구성체라고 보는 경향이 두드러진다. 즉 사회구성주의적 관점에서 가족을 논하는 경향이 강하다(최연실 · 조은숙 · 성미애 역, 1977).

구브리움과 홀스타인(Guburium & Holstein)은 가족이라는 개념을 '실체'로 인식하기보다는 사람들이 생각하는 하나의 '사고방식'이라는 입장을 취한다. 이는 가족을 실체에서 실행으로 보아야 한다는 입장이다. 즉 가족은 명확하게 규정지을 수 있는 뚜렷한 실체라기보다는 사람들이 현실 안에 투영시킨 투사체(project)로 볼 수 있다는 것이다(최연실 외 역, 1997).

한편 인간의 특성과 본질에 입각한 '나'로서의 발달과 관계(상호작용)를 통한 공동체 의식의 발달은 인간이 갖추어야 할 덕목으로 끊임없이 추구되는 가치이다. 가족 속에서 개인성과 공동체성을 포괄하는 정의가 가족을 체계(system)로 보는 경우이다. 체계로서의 가족은 ① 공유된 역사를 지니며, ② 어느 정도의 정서적 유대를 경험하고, ③ 집단으로서나 개인으로서 가족성원의 욕구를 충족시켜 주기 위해 다양한 특성을 가진 그리고 상호의존적인 개별 구성원들로 구성된 복잡한 구조이다(Anderson & Sabateil, 1997; 정현숙 외, 2001 재인용).

필자는 현대의 가족은 인간의 본질적 특성, 즉 개인성(identity)과 공동체성(membership)의 욕구를 충족시킬 수 있는 상호작용적인 체계로 가족의 개념을 규정하고자 한다.

2) 과학의 의미

원래 과학(science)이라는 단어의 어원은 'scire(알다)'라는 라틴어에서 연유했다. 과학이라는 단어는 그 어원에서 볼 수 있듯이 아는 것 또는 알아내는 것, 더 나아가 우리를 둘러싸고 있는 여러 현상에서 지식을 습득하고 그 지식을 탐구하는 활동이라고 말할 수 있다. 즉 과학이란 해결 가능한 문제에 대해 과학적 방법을 사용하여 이론을 도출하는 과정을 의미한다.

과학의 기본 목적은 사회현상과 자연현상을 포함한 모든 현상을 설명하는 이론을 제시하는 것이다. 이론이란 현상을 설명하고 예측할 목적으로 변수 간의 관계를 상세히 기술함으로써 현상에 대한 체계적인 견해를 제시하는 것이다.

모든 현상에 대한 과학적 연구로 이론을 도출해 내는 귀납적 방법도 있겠지만, 우선 제시되어 있는 이론을 바탕으로 가설을 설정하고 변수와 변수 간의 관계를 도출해 내는 연역적 방법도 있다. 다시 말해 가족현상을 과학적으로 연구하기 위해서는 가족학에 대한 이론과 방법을 알아야 하고, 이것을 잘 적용하여 가족현상에 대한 규칙성을 알아내며, 변수들 간의 관계를 기술하고 설명하고 예측할 수 있어야 한다. 우리가 가족생활에 대해서 잘 알고 있는 여러 가지 지식이나 정보는 상식이며, 과학적 방법을 적용하여 변수와 변수 간의 관계를 밝히는 것은 과학이다.

2. 가족학의 학문적 특성

필자는 이미 《가족학》(하우출판사, 1993)에서 가족학의 학문적 성격과 연구 범위를 지적한 바 있다. 가족은 그 정의와 기능이 복합적이고 다차원적이므로 여러 학문 분야에서 연구되고 있다. 즉 사회학, 인류학, 심리학, 경제학, 역사학, 가정학, 법학, 교육학 등에서 연구되었으며, 최근에는 정신의학, 여성학, 사회복지학, 인간발달학, 윤리학에서도 활발히 연구되고 있다.

가족학은 어떤 한 학문에 기초할 수 없으며, 여러 학문을 기초로 통합적으로 연구해야 하는 학제적(interdisciplinary) 학문으로서의 특성을 갖는다.

또한, 가족은 개인과 사회의 중간에 위치하는 집단(체계)으로 개인에 대해서는 개인의 욕구 충족에 영향을 주며, 사회에 대해서는 사회 발전의 기초집단으로서 다른 제도들로부터 끊임없이 영향을 받는 양면적(야누스적)인 특성을 갖는다. 따라서 미

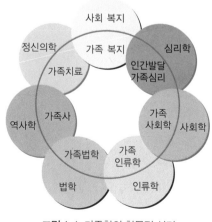

그림 1-1 가족학의 학문적 성격

표 1-1 가족학 연구의 범위

	거시적(macro)	미시적(micro)
이론적 (기술적) 연구	• 역사 · 제도적 접근 　가족적 형태, 유형 　역사적 변화 　제도적 변화 　비교사회적 변화 • 구조 · 기능적 접근 　가족 기능의 변화 　가족구조의 변화 　구조 · 기능의 변화로 나타나는 사회적 문제 　(노인, 청소년, 근로자, 여성, 이혼, 범죄)	• 상호작용적(관계적) 접근 　적응, 애정, 역할, 권력, 의사소통, 　만족, 갈등, 스트레스, 　이혼, 재혼, 성인 사회화 • 발달적, Life Course적 접근 　형성기, 확대기, 축소기 발달과업 　※가족 내 문제 　(심리 · 사회적 부적응)
실제적 (실천적) 연구	• 가족에 관한 법률 • 가족에 관한 사회복지(가족복지) • 가족에 관한 정책 • 가족에 관한 국가 · 사회의 제시설 · 제도	• 가족생활교육 　성교육, 청소년교육, 결혼교육, 부부교육, 　중년기교육, 노년기교육 　※ 부모교육, 소비자교육 • 가족상담 및 치료 　병원 · 상담소 · 복지관

시적 접근과 거시적 접근의 양극론을 차지하기도 하고, 이 양 수준을 연결짓는 기점으로 접근되기도 한다.

가족은 사회구조와 개인을 연결한다는 의미에서 구조를 중시하는 입장과 과정을 중시하는 입장들이 중재될 수밖에 없다. 또한, 가족은 개인의 역사와 사회의 역사가 구체적으로 만나는 장(場)이기도 하다. 이러한 특성 때문에 가족연구는 심리학에서 역사학에 이르는, 그리고 가족의 임상치료에서 사회정책에 이르기까지 다양한 접근 및 영역을 포괄한다(조은, 1986). 따라서 가족학(Famology)이라는 학문적 명칭을 갖자는 주장이 1983년부터 시작되었다(Burr et al., 1993).

3. 새로운 접근으로서의 가족학

앞서 가족의 정의에서 지적한 바와 같이 가족은 실체보다 실행으로 보아야 한다는 입장과 가족을 하나의 체계(system)로 보아야 한다는 최근 학자들의 입장에 동의하며, 본서에서는 가족을 하나의 체계로 보고 가족학을 체계론적 관점에서 조망해 보고자 한다.

경제학, 인류학, 심리학, 사회학 등과 같이 역사가 오래된 학문들이 모두 가족에 대한 정보를 제공해 주고 있지만, '가족'이라는 복잡다양하고 일상생활과 밀착되어 있는 현상을 설명하는 데는 그들이 간과하는 부분이 있다. '가족학'은 가족의 독특한 영역을 연구하는 분야로서 그 주된 관심은 가족행동의 내적 작용에 맞추어진다. 또한, 가족 내에서의 감정, 사랑, 경계, 의식, 패러다임, 규칙, 일상생활, 의사결정 그리고 자원관리와 같은 가족과정(family process)에 중심을 두고 있다.

가족이 가족학적 관점에서 연구될 때 연구자, 치료자, 임상가 들은 다른 중요한 배경 정도로서 사회학, 심리학, 인류학 등 관련 분야에서 밝혀진 정보를 다룬다. 여기서 가장 뚜렷하게 강조되는 것은 가족체계와 그 안에서의 친밀한 관계가 어떻게 작용하는가이다. 또한, 가족학적 접근은 여성학적 관점을 포함한다.

가족학은 결혼제도, 가족 내 인간관계, 가족의 발달단계에서 나타나는 모든 가족과정 그리고 가족과 사회의 관계에서 발생하는 다양한 현상과 문제들을 연구한다. 또한, 가족생활교육과 가족상담을 통해 가족문제를 예방하고 해결하여 개인과 가족의 삶의 질을 향상시킴은 물론, 건강한 사회를 이루어 나가는 데 기여한다. 또한, 가족학은 연구, 이론과 실천의 통합에서 리더십을 발휘하여 개인의 자율성과 책임의 발달 그리고 가족의 강화(empowerment)와 민주사회 형성에 기여한다.

'가족학적 관점'은 20세기 중반에 가족과정에 관심을 기울인 네 가지 분야의 학자들에 의해 시작되었는데, 그들은 가족치료자들, 아동 발달과 가족관계(child development and family relations) 분야의 학자들, 가족지향적인 여성학자들, 가정경제학자들이었다. 각 분야의 학자들은 상이한 생각들을 발전시키기 시작했는데, 초기에는 거의 독립적이고 자율적인 연구를 하였지만, 이후 통합적으로 연구하여 가족학(Family Science)으로 발전시켜 왔다. 가족학적 관점은 가족을 전체로서 강조하는 독특한 가정을 제시하며, 사회 내에서의 가족의 위치뿐 아니라 그 구성원들이 전체 가족과 서로에 대해 어떻게 지각하는지를 밝혀 준다.

1980년대는 후기 실증주의 운동이 전개되면서 가족학 분야가 자신만의 지적 영역, 즉 가족영역(family realm)을 가지고 서로 다른 영역들을 통합하는 새로운 사회과학 분야의 하나로 자리매김하게 되었다.

그렇다면 우리는 왜 가족학을 연구하는가? 가족학을 연구하는 목적은 우리들의 일상생활과 밀접하게 연관되어 있는 가족생활을 '건강한 가족'으로 만들기 위함이다. 건강한 가족이란 가족원 간 상호작용의 질이 가족원 개개인의 심리적 안녕 (psychological well-being)에 기여하는 가족이다. 가족원 개개인의 인격을 존중하고 이해하며, 어려운 상황에서 용기와 힘을 북돋워 주어 심리적 안정과 마음의 평안을 얻을 수 있도록 하는 그러한 가족이다. 그리하여 가족원 개개인의 잠재력을 개발하여 자아발달 및 자아성취를 이룰 수 있는 심리적 기초와 힘(strengths)을 갖도록 하는 것이 가족이다.

건강가족은 가족의 외적 구조에 중점을 두는 것이 아니고, 가족성원 상호간의 내적 과정에 중점을 둔다. 부부간의 관계에서 도저히 동반자로서 긍정적 관계가 어렵고 각 개인의 자아 성장 및 발달에 저해가 된다고 판단되어 이혼한 이혼가족, 불의의 사고를 당하여 아버지 혹은 어머니를 잃게 된 한부모가족, 자녀를 갖지 않기로 한 무자녀가족 또는 재혼가족 등 외형적으로는 다양한 형태를 갖는다 해도 그들 가족 간의 관계가 긍정적이고 평안을 유지할 때는 이들을 건강가족이라 한다. 또한, 어려운 난관을 극복하고 가족의 위기—심리적 관계의 위기뿐만 아니라 경제적 기초의 붕괴, 신체적 외상(外傷), 질병 등의 고통—를 기회로 재도약하는 가족도 건강가족이다. 이러한 가족을 회복력이 강한 가족(resilient family)이라고 한다.

본서에서는 이러한 건강가족을 이루도록 하는 기초적 개념과 이론들을 학습하여 가족문제를 미연에 방지하는 가족생활교육과 이미 발생된 가족문제를 상담·치료하는 문제까지 다루고자 한다. 아울러 개인·가족·사회가 밀접하게 연관되어 있는 현대사회에서는 개인·가족의 힘만으로는 해결할 수 없는 개인·가족문제를 국가·사회에서 미연에 방지하고 대처할 수 있는 가족정책도 심도 있게 살펴보고자 한다.

4. 가족에 관한 이론적 관점

가족에 관한 이론적 관점은 가족과 관련된 현상들을 바라보고 해석하는 체계적 시각과 방법을 제공한다. 가족을 바라보는 이론적 관점은 다양하지만, 동일한 가족현상에 대해 상반된 입장을 취하기도 하고 혹은 주목하는 부분이 전혀 다르기도 하다. 예를 들면 부부간의 역할분담에 대해 어떤 관점에서는 성별분리를 전체 사회와의 관계에서 어떻게 기능하고 있는지에 관심을 가지지만, 다른 관점에서는 가정 내 역할분담을 남녀의 권력관계로 본다. 또 다른 관점에서는 부부간의 역할분담이 가족의 주기에 따라 어떻게 변화하는가에 관심을 가진다. 그럼에도 불구하고 이러한 시각들은 나름대로 논리적이고 일관성 있게 가족현상을 설명하고 있다는 점에서 공통적이다. 따라서 이들 중 어떤 것은 옳고 어떤 것은 틀리다고 단정할 수는 없다. 하나의 이론적 관점이 가족에 대한 모든 질문을 가능하게 하거나 모든 해답을 제공하지는 않는다. 따라서 가족을 연구하고 이해하기 위해서는 여러 가지 이론적 관점을 적절히 적용하는 것이 바람직하다.

이 절에서는 가족연구에 대표적으로 적용되고 있는 구조기능론, 갈등론, 상징적 상호작용론, 교환론, 발달론, 체계론, 페미니즘을 중심으로 살펴보고자 한다.

1) 구조기능론

구조기능론은 사회의 유지와 안정, 통합을 위해서 모든 사회제도가 기능을 수행한다고 가정하고, 사회를 이루는 각 부분은 합의된 가치와 규범에 의해 움직인다고 전제한다. 가족은 사회의 가장 기본적인 단위로서 사회의 존속과 질서유지 및 문화전달을 위해 필수적인 기능을 수행하는 제도로 간주한다. 이 관점은 가족이 개인과 사회를 위해 어떤 기능을 하며, 사회구조와 어떻게 관련되어 있는가를 설명해 준다.

구조기능론에서는 현대 산업사회는 '고립된' 핵가족이 적합하다고 본다. 현대의 직업은 전문화되어 있어 고도로 훈련된 유능한 노동력을 요구하며, 개인적인 충성심보다는 효과와 효율성을 기준으로 사람을 판단하고, 빈번한 지리적 이동을 야기한다. 많은 책임과 의무가 부과되는 친족집단은 이러한 경제체계의 가치 및 요구에 부합되기 어렵다. 그러나 핵가족은 남편-아버지만이 직업체계에 헌신적이기 때문에 핵가족에 대한 충성심이 경제체계의 요구와 상충될 가능성은 거의 없다. 그러므로 구조기능론에서는 친족으로부터 고립된 핵가족을 산업사회의 기능적 요구에 적합한 가족제도로 본다.

이 관점에서 가족은 사회와 개인의 욕구를 충족시켜 준다고 본다. 사회가 유지되기 위해서는 끊임없이 구성원이 충원되어야 하고, 이들을 사회의 틀에 부합되도록 사회화시켜야 하며, 질병이나 노화로 인해 독립적 생활이 불가능한 사회성원들을 보살펴야 한다. 개인들 역시 경쟁적이고 비인격적 사회에서 일하느라 지친 몸과 마음을 쉴 수 있는 안식처를 필요로 하고, 너무 어리거나 늙었을 때 혹은 질병으로 무력해지면 의지할 수 있는 버팀목을 찾게 된다. 가족이 이같은 개별구성원과 사회의 요구에 얼마나 잘 부응하느냐가 전체 사회의 유지를 위해 중요하다고 전제한다(이여봉, 2008).

가족이 제 기능을 다하기 위해서는 가족의 생계를 담당하는 수단적 역할(instrumental role)과 자녀의 사회화 및 심리적 지원을 담당하는 표현적 역할(expressive role)이 수행되어야 하는데, 남편은 도구적 역할을 담당하고, 아내는 표현적 역할을 담당하는 것이 자연스럽고 당연하다고 가정한다. 그 결과 부부의 상호의존은 더 커지고, 가족은 제 기능을 다하면서 사회 안정에 기여하게 된다고 본다.

이 관점은 전체 사회체계와 가족과의 관계를 바라보는 거시적 분석과 가족체계 내부를 바라보는 미시적 분석 모두에 유용하지만 여러 가지 한계를 가지고 있다. 사회와 가족 내 조화와 균형만이 아니라 권력과 통제를 위한 투쟁이 존재하는 것을 간과하였다는 비판을 받는다. 또한, 남녀 역할을 이분법으로 나누고 다양한 가족 형태를 역기능적으로 간주하는 오류를 범하였다는 비판도 면하기 어렵다. 구체적으로 핵가족이 현대사회에 가장 기능적인 가족구조인지, 가족성원들이 모두 각자의 위치와 역할에 만족하는지, 그리고 가족 개개인이 행복하지 않다고 해도 가족은 사회로부터 부과된 제반 기능을 수행하기 위해 기존의 역할구도를 고수해야만 하는지 등에 대한 의문 자체를 간과하고 있다.

2) 갈등론

갈등론적 관점은 사회를 모든 구성원의 합의에 의해 통합을 이루고 있는 안정된 구조라기보다는 구성원의 이해가 상충되는 불안정한 구조로 파악한다. 그러므로 모든 사회관계에서 갈등은 피할 수 없는 정상적인 현상이며, 이러한 갈등은 사회 변화의 원동력으로 작용한다고 본다. 가족 내부의 역학에 관해서도 마찬가지이다.

가족생활은 가족 내부뿐만 아니라 가족 외부의 갈등에 의해서도 영향을 받는다. 따라서, 이 관점에서는 전체 사회체계에서 일어나는 갈등현상이 가족생활에 미치는 영향과 가족을 하나의 사회체계로 보고 가족 내의 가족구성원 간 갈등을 분석하는 것에 관심을 갖는다. 전자의 경우는 자본주의 사회의 계급갈등과 그로 인해 나타나는 가족생활에 대한 것으로, 가족생활이 가족의 내적 요인보다는 가족이 처한 계급적 상황에 크게 좌우됨을 강조한다. 개인들이 속한 가족의 사회적 지위와 소득수준에 따라 상이한 기회가 주어지고, 교육기회의 불평등은 이후의 삶의 기회 또한, 불평등하게 재단한다. 사회 내에 존재하는 구조적 불평등은 개별가족과 개개인의 삶에 가시화되면서 열악한 상황에 있는 가족들로 하여금 대를 이어가며 사회 부적응의 악순환에 시달리게 한다.

한편 가족구성원 간의 갈등에 초점을 맞추는 경우에는 가족생활에 갈등이 늘 내재되어 있는 것으로 본다. 이는 흔히 불일치, 충돌, 이해나 이념의 부조화 등으로 이해되며 희소자원, 양립 불가능한 목표 그리고 상이한 수단 등을 둘러싼 구성원들 간의 대립으로 정의할 수 있다. 갈등론자들은 특히 자원의 희소성 때문에 자원의 분배에 모두 만족하지 못하고 누군가는 희소자원에서 배제되어야 하는 경쟁적 상황에서의 갈등에 관심을 가진다. 예를 들면 자녀출산으로 부부 중 1명이 일을 그만두어야 하는 경우, 서로 각자의 자녀양육 방식을 고집하는 경우, 친가와 처가 중 어느 한쪽만 방문해야 하는 경우 등이다(조정문·장상희, 2007).

갈등론에서는 이와 같은 가족갈등을 역기능적인 것이 아니라 지극히 정상적인 것으로 본다. 그리고 이러한 갈등을 직접 표출함으로써 서로 이해하고 절충해서 새로운 해결점을 찾는 변화의 계기로 삼을 수 있다는 데 주목한다. 다시 말해 가족생활 속에 존재하는 갈등을 감추거나 과소평가하기보다는 이것을 드러내고 밝힘으로써 더 나은 가족생활이 가능하다고 믿는다. 따라서 상호이익이 충돌할 때 갈등이 표면화되는 것은 오히려 자연스러운 현상이며, 갈등의 표출을 통해 서로의 입장을 전달하고 절충하여 가족성원들 각자의 복리에 보다 잘 부합하는 새로운 단계로 나아가거나 변화할 수 있다는 것이다(이여봉, 2008). 물론 가족생활의 갈등이 언제나 기능적인 것은 아니며 가정폭력, 아동학대, 유기, 노부모 방치, 이혼 등의 결과를 초래하기도 한다.

갈등론이 가족 내부의 갈등과 변화의 가능성에 주목했다는 점에서 유용한 관점이지만, 가족 안에 존재하는 가족성원 간의 애정과 배려, 동질감 및 자발적 희생 등의 비중을 지나치게 축소하고 있다는 점에서 한계를 가진다. 가족성원 간에는 각자가 지닌 권력의 상대성에 의해 힘겨루기가 이루어지고 욕구가 상충되기 때문에 갈등이 상존하기도 하지만, 가족성원들 간의 이해관계가 늘 힘의 향배에 의해서만 결정되는 것은 아니다. 또한, 개개인의 이익에 부합되지 않을 경우에도 항상 불만과 갈등이 촉발되는 것은 아니며, 다른 어떤 집단에서도 기대하기 힘든 보살핌과 보호가 제공되는 관계이기도 하다. 이러한 이유에서 대다수의 사람들은 가족으로 인한 구속을 기꺼이 감수하며 살아간다(이여봉, 2008).

구조기능론이 가족의 긍정적 기능과 역할의 필요성 및 불변성에 주목한다면, 갈등론은 가족이 개별 구성원들에게 가할 수 있는 구속성으로 인한 문제점과 변화 가능성에 초점을 둔다. 두 관점이 각각 나름대로의 타당성을 지니는 것은 가족이 양면성을 지니고 있기 때문이다.

3) 상징적 상호작용론

상징적 상호작용론에서는 가족의 내적 측면인 가족성원들 간의 상호작용 자체에 주목한다. 다시 말하면 가족원들이 지니고 있는 생각이나 믿음 등의 주관적 의미를 어떻게 표현하고 인식하고 해석하고 반응하는지, 상호적인 의미교환이 반복되면서 서로 어떻게 영향을 미치고 관계를 특징짓는지에 관심을 갖는다. 가족성원들은 상호작용을 통해 끊임없이 서로의 행동을 조정하며, 그 결과 가족으로서의 정체성과 가족의 전통이나 의식 혹은 문화를 형성하고 공유하며 전수해 간다. 따라서 상징적 상호작용론에서 바라보는 가족은 구조기능론에서와 같이 표준화된 형태나 고정된 구조가 아니라 가족성원 간에 공통적으로 통용되는 상징과 의미를 통해 생성되는 문화적 실체이다(이여봉, 2008).

가족연구에서는 상징적 상호작용론적 관점을 다양한 영역에 적용하지만 부부간의 역할체계를 이 관점에서 분석하면 다음과 같다. 이 관점에서는 가족성원이 담당하는 역할은 가족이 처한 상황과 가족성원 간의 상호작용에 의해 조절되고 수정된다고 본다. 다시 말하면, 가족구성원들이 담당하는 역할을 사회적·문화적으로 이미 정해진 것으로 보거나 가족의 기능적 요구와 역할의 실행 가능성 혹은 가족구성원의 역할수행 능력과 재능에 따라 이루어진다고 보기보다는 구성원 간의 협상과 타협에 의해 할당된다고 보는 것이다. 따라서 부부가 담당하는 역할도 상호작용이라는 협상과정을 통해 남편이 가사노동과 정서적 지원의 역할을 맡고 아내가 가계부양자 역할을 하거나, 혹은 부부가 맞벌이를 하는 경우에는 두 사람이 가사노동을 공평하게 분담할 수 있는 것이다(조정문 외, 2007). 이는 구조기능론에서 가정하는 남편이 가계부양자 역할을 맡고 아내가 가사노동과 정서적 기능을 담당하는 것이 자연스럽고 당연하다는 '고정된 역할' 개념과는 본질적으로 다르다.

이외에도 결혼한 두 사람이 어떻게 부부로서의 정체성을 형성하고, 이혼하는 부부가 어떻게 이를 해체해 가는지, 부모와 자녀는 서로를 어떻게 사회화시키는지, 가족성원들이 어떻게 목표나 가치 및 규범을 공유하게 되는지, 가족 내에서의 권력구조는 어떻게 형성되는지, 배우자를 어떻게 선택하게 되는지, 세대 간의 가치전달은 어떻게 이루어지는지 등과 같이 상징적 상호작용론은 다양한 영역에 적용할 수 있다(이여봉, 2008).

인간이 사회규범에 수동적으로 따르는 것이 아니라 자기가 처한 상황을 규정하고 의미를 부여함으로써 그에 맞추어 자신의 행위를 조정하는 능동적 존재로 보는 것은 이 이론의 강점이다. 하지만 상호작용론이 개인의 주관적 해석과 상호작용을 통해 부여된 의미에만 주목하다 보니 객관적 사실을 간과할 위험에 노출되어 있고, 가족 내부의 상호작용에 초점을 두기 때문에 가족과 사회 간의 관계가 지니는 중요성을 간과한다는 비판은 면하기 어렵다.

4) 교환론

교환론적 관점에서는 '인간은 기본적으로 최소한의 비용을 지불하고 최대한의 보상을 받고자 한다.'는 데 기초하여 자원을 주고받는 과정에 주목한다. 돈이나 물질 등과 같은 유형의 자원뿐만 아니라 지위나 미모, 지성, 젊음, 재능, 권력 등과 같은 무형의 것들도 자원의 범주에 들어간다. 서로 상대방이 지닌 자원을 얻고자 할 때 사람들은 교환관계에 돌입하게 되며, 교환으로 자신이 치러야 하는 비용이 얻을 수 있는 보상보다 적거나 같다고 생각할 때 그 관계를 유지한다고 본다. 그러나 동일한 자원에 대해서 사람과 상황에 따라 다르게 평가하기 때문에 두 사람 간의 관계에서 한편이 치른 비용에 비해 보상을 크게 받은 것으로 느낀다고 해서 상대편이 보상보다 비용을 더 치르고 있다고 생각하는 것은 아니다. 양편에서 모두 보상이 비용보다 크거나 최소한 같다고 느낄 때 교환은 이루어진다.

그러나 교환관계가 안정될수록 공정한 교환이라는 규범의 지배를 받게 된다. 치른 비용에 비해 보상이 적다고 느끼는 경우뿐 아니라 오히려 너무 많은 경우에도 당사자들은 해당 교환에 만족하지 않는다. 그 결과 본인에게 주어진 것이 자신에게 합당한 것이라고 생각하는 사람은 만족하지만 부족하다고 생각하는 사람은 분노하게 되고, 오히려 분에 넘친다고 생각하는 사람은 죄책감을 느낀다.

가족연구에서 교환론적 관점을 가장 많이 적용하는 분야는 배우자 선택과정이다. 이 관점에서 보면 배우자 선택과정은 합리적이고 계산적이다. 우선 결혼을 통해 얻을 수 있는 보상과 비용을 계산하여 결혼 여부를 선택하고, 그다음 단계에서는 자신에게 최소의 비용으로 최대의 보상을 제공할 수 있는 사람을 선택하며, 마지막으로 현재 사귀는 사람을 미래에 나타날 가능성이 있는 사람과 비교하여 현재 사람이 낫다고 판단될 때 이 사람을 결혼상대자로 선택하게 된다. 모든 배우자 선택이 이런 합리적 계산에 의한 것은 아니지만, 이 과정에 어느 정도의 계산이 작용하는 것도 사실이다.

결혼생활을 하고 있는 부부 관계도 교환론적 관점을 적용하여 설명할 수 있다. 결혼관계가 자신에게 보상적일수록 결혼만족도가 상승하고 반대로 손해 본다고 생각할수록 결혼만족도가 하락한다고 볼 수 있다. 그러나 결혼관계에서 자신만의 이익을 추구한다면 관계를 지속하기 어렵다. 손해 보는 쪽의 분노뿐만 아니라 이익 보는 쪽도 죄책감이 들기 때문에 양쪽 모두는 이런 상황에서는 만족스런 결혼생활을 하기 어렵다. 그러므로 두 남녀가 만나 배우자가 되기 위해서는 두 사람 간에 상호성의 원칙이 지켜져야 하고, 일단 형성된 결혼관계나 가족관계가 오래 지속되려면 공정성이 확보되어야 한다고 가정할 수 있다(조정문 외, 2007).

이혼 역시 교환론적 관점으로 설명이 가능하다. 결혼생활에 불만을 가진 사람은 이혼 후 자신이 얻을 수 있는 것과 잃는 것을 고려하여 이것이 현재의 결혼생활보다 더 낫다면 이혼을 결정하게 된다.

그러나 교환은 단기적으로만 이루어지는 것은 아니다. 자녀가 의존적이던 어릴 적에 부모가 자녀를 보살피고 부모가 늙은 후에 자녀가 부모를 부양하는 관행은 장기간에 걸친 세대 간 교환으로 설명이 가능하다.

교환론적 관점은 손익계산에 입각한 선택과 합리적 행동만을 중요시하기 때문에 사랑, 희생, 보살핌과 같은 정신에 기초를 둔 가족생활에는 적용하기 어렵다는 지적도 있다. 그러나 자본주의가 심화되면서 가족생활에도 점점 교환론적 요소가 많아지는 현실을 고려해 볼 때 가족현상들을 설명하고 해석하는 데 유용한 접근법이라 할 수 있다.

5) 발달론

가족에 대한 발달론적 접근은 가족도 인간처럼 탄생, 성장, 소멸이라는 제 나름의 생애주기를 가지고 있음에 주목하여 시간의 흐름에 따른 가족의 변화과정에 관심을 갖는다. 이 관점에서는 가족체계의 종단적인 경로에 초점을 맞춘 가족생활주기와 가족이 각 단계에서 수행해야 하는 발달과업이 주관심사이다. 가족을 하나의 체계로 보기 때문에 각 개별 가족구성원들의 발달과업은 가족 발달과제라는 큰 틀 안에서 수행된다고 가정한다.

가족생활주기는 결혼을 통한 가족의 형성을 발달단계의 시작으로 보며, 가족구조와 가족의 생활은 일정한 유형화된 단계를 따른다고 가정한다. 전통적인 가족생활주기의 분류는 출생, 사망, 출가 등의 가족구성원의 증감, 아동이 성장하면서 거치게 되는 다양한 단계, 은퇴 등 가족이 다른 사회체계와 관련되어 변화되는 요인에 의해 구분된다. 대표적인 가족생활주기는 듀발(Duvall)의 장자의 나이에 의한 분류이다. 그리고 발달과업은 가족이 가족주기상의 특정단계에서 반드시 발달시켜야 하는 과제로서, 가족구성원의 생리적 욕구 및 문화적 욕구 충족, 그리고 가족 유지를 위해 수행되어야 하는 일들로 구성된다. 이러한 가족의 발달과업은 가족생활주기에 따라 달라진다. 신혼 초기의 과제가 부부간 적응 및 미래를 위한 준비라면 자녀양육기의 과제는 적절한 자녀양육 그리고 부부관계 유지와 자녀양육 간의 조화가 될 것이며, 자녀 성장 후의 과제는 노후생활의 설계가 될 것이다.

발달론은 가족연구에서 가족생활주기에 따른 결혼생활만족도, 부부권력관계, 역할분담, 생활수준, 가족구성원 간의 상호작용 유형 등을 분석하는 데 적용된다.

한편 초기 발달론적 관점의 주요개념인 '가족생활주기'와 '발달과업'이 적절하지 않다는 주장이 있다. 먼저 '주기(cycle)'의 경우, 이 개념이 부부관계로 형성되어 부모-자녀관계, 형제관계 등의 체계가 첨가되는 과정을 설명하는 것이라면 적절치 않다는 것이다. 왜냐하면 주기는 같은 사건이 반복되는 것을 의미하기 때문이다. 또한, '주기' 개념이 핵가족 형태에 근거하여 자녀출생, 자녀성장, 자녀결혼, 퇴직, 배우자의 사망과 같은 과정을 대부분의 가족이 순차적으로 거친다고 전제한다면 독신가족, 무자녀가족, 한부모가족, 재혼가족, 동성가족, 입양가족, 확대가족과 같은 다양한 가족들을 설명하는 데 한계가 있다. 그러므로 이들은 '가족생활주기'보다는 '가족경력(family career)'으로 명명하는 것이 더 적합하다고 주장한다(조정문 외, 2007).

'발달과업' 개념의 경우, 최근에는 가족생활이 다양화됨에 따라 특정 가족단계에 보편적으로 요구되거나 반드시 달성해야 하는 발달과업은 없으며, 단지 개별 가족의 상황에 맞는 규범과 역할기대가 있을 뿐이라는 주장이 제기되고 있다. 따라서 '발달과업'보다는 '가족생활의 특정 단계에 등장하는 규범(역할기대)의 묶음'이라는 것이 더 적절하다는 주장이다(조정문 외, 2007).

발달론적 접근은 가족생활주기에 따라서 각 단계별 가족의 다양한 역할과 발달과업이 어떻게 수행되는지, 무엇이 문제인지를 분석함으로써 전 가족생활주기에서 나타나는 문제점을 예측하여 가족문제 발생을 예방할 수 있는 가족생활교육의 지침을 제공할 수 있다는 평가를 받는다. 하지만 이 관점은 가족단위의 분석에 치중하여 개개인의 발달을 설명하지 못하며, 가족의 역사적 맥락을 고려하지 못했다는 비판을 면하기 어렵다.

6) 체계론

체계란 하나의 통일적 전체를 구성하는 상호 관련된 부분들의 집합으로서 체계의 한 요인이 변화하면 다른 요인들도 그에 의해 변화하며, 그 변화가 다시 처음의 변화요인에 영향을 주는 특성을 가지고 있다. 가족은 역동적이고 사회적인 유기체이다.

이 이론의 토대가 되는 개념들을 중심으로 체계로서의 가족을 살펴보면, 먼저 전체성(wholeness)이다. 전체성은 체계는 부분으로서가 아니라 전체로서 이해되어야 하며, 절대로 고립된 부분으로 이해되어서는 안 된다는 개념이다. 전체성은 가족구성원 각각을 볼 때에는 파악하지 못하는 체계의 특성을 보여주고, 특정체계를 구성하고 있는 하위체계의 배열과 체계 간의 상호작용을 볼 수 있도록 해준다.

상호의존성(interdependence)은 체계의 각 요소들이 서로 유기적으로 연결되어 있기 때문에 체계의 한 부분이 변화하면 다른 부분도 변화하게 되어 결국 전체 체계의 변화를 가져오게 된다는 개념이다. 그러므로 늘 비슷한 패턴의 부부싸움이 반복되는 상황에서 한 사람이 다른 방식으로 상호작용을 하게 된다면 부부싸움이 중단될 뿐 아니라 전반적인 가족관계가 변화할 수 있다(이기숙·고정자·권희경 외, 2008).

또 하나 중요한 개념은 위계(hierarchy)이다. 상위체계와 하위체계 간의 관계를 인식하는 데 사용되는 개념으로서, 핵가족은 각 배우자의 가족이라는 상위체계에 포함되어 있으며, 핵가족 안에는 부부체계, 자녀체계 등의 하위체계가 존재한다. 그러나 부모하위체계는 자녀하위체계보다 더 권위를 가진 체계로 인식되는데, 이는 권위에 의한 통제력의 차이에 의해 체계의 위계를 구분한 것이다.

경계(boundary)는 체계를 분리하거나 연결하는 개념으로서, 경계가 명확한 가족은 서로 지지하면서도 상호간의 자율성을 존중하는 반면, 경직된 경계를 가진 가족은 의사소통이 이루어지지 않고 가족구성원이 서로에 대해 보호 기능을 하기 어렵다. 모호한 경계의 경우 가족성원들 사이의 경계가 미분화되어 있어 개별적인 프라이버시나 독립성이 결여되어 있다. 그 결과 하위체계의 자율성이 방해를 받고 문제를 해결하기 위한 자율적인 대화를 하기 어려우며, 한 가족원의 행동은 즉각적으로 다른 가족원에 영향을 미친다. 가족은 경계를 성공적으로 다루기 위해서 정교한 규칙과 의식을 개발한다.

피드백(feedback)은 가족체계의 변형과정을 감시하고 수용된 표준 내에 있는지를 알기 위하여 끊임없이 산출을 평가하는 과정이다. 가족들이 변화를 바람직한 것으로 지각하여 변화를 유지시키거나 증가시키고자 하는 과정을 정적 피드백 루프(positive feedback loop)라 하고, 반대로 변화를 감소시키거나 제거하려 한다면 부적 피드백 루프(negative feedback loop)라 한다. 형태안정성(morphostasis) 또는 항상성(homeostasis)은 가족체계의 형태나 구조를 바꾸려고 노력하면 할수록 가족체계는 그에 저항하여 변화하지 않고 남아 있으려는 경향이다. 반면에 형태발생성(morphogenesis)은 가족체계의 형태나 구조가 변화하고 있음을 의미한다. 그러한 변화는 가족성원의 수나 연령상의 변화뿐만 아니라 가족역동, 전통, 일상의 관습, 감정적 반응, 규칙, 의례 등의 다양한 변화를 포함한다(정현숙 외, 2001).

가족체계의 원리는 가족의 다양한 영역에 적용 가능하다. 배우자 선택의 경우 신체적 매력, 가치 있는 행동, 유사한 흥미보다는 부모와의 관계, 부모 하위체계로부터 반대나 지지, 형제자매 하위체계를 반영하는 출생순위 등의 영향을 받는다고 본다.

가족문제 중의 하나인 가정폭력도 이 관점으로 설명할 수 있다. 가정폭력은 정신병리적 산물이 아니라 체계 내에 존재하는 상호작용에서 나타나는 체계의 산물 또는 결과라고 본다. 폭력이 점차 상승하여 악순환을 일으키는 것은 정적 피드백으로, 폭력의 수준을 유지, 감소시키는 것은 부적 피드백으로 설명한다. 예를 들면 남편이 폭력을 행사했을 때 아내가 이것을 용서하거나 무기력하게 반응한다면 정적 피드백이 생겨 그 행위는 더욱 지속적으로 나타난다고 보는 것이다. 다른 체계론적 모형으로는 봤을 때 가족폭력은 가족체계가 경직되고 속박될수록 나타난다고 설명할 수 있다(유계숙 · 최연실 · 성미애 편역, 2003).

그 외 체계이론은 가족성원 간의 의사소통, 알코올중독과 같은 가족의 역기능성, 그리고 가족의 기능성을 평가하기 위한 가족의 유형을 분류하는 데 효과적으로 적용되어 왔다. 특히 가족치료 및 가족생활 교육 분야는 체계론적 입장에서 가족문제를 예방하고 해결하는 대표적인 응용 분야이다.

이 관점은 전체성과 상호의존성에 근거하여 가족현상을 분석하는 데 유용한 통찰력을 제공해 주었다는 점에서 기여도가 큰 반면 일반성, 보편성, 과학적 검증이 어렵고 가족 유지를 강조한다는 점에서 보수적 관점이라는 비판을 받는다.

7) 페미니즘

페미니즘 관점은 여성의 사회적 지위가 불평등하다는 문제의식에서 출발하므로 여성은 남성에게 예속되었다고 가정한다. 가족은 여성에 대한 억압이 그대로 재현되는 장소라고 페미니스트들은 전제한다. 왜냐하면 역사적으로 여성의 존재 기반은 가족이었고, 가족의 존재구조가 여성의 억압적 상태를 기반으로 형성되었다고 보기 때문이다. 즉 여성의 현실과 여성에 대한 기존의 관념이 가족과 연결되어 있기 때문에 여성이 당하는 현실적 억압들은 가족에 대한 검토 없이는 제대로 이해할 수 없다고 주장한다. 따라서 페미니즘 시각에서 가족은 중요한 분석대상이 된다.

페미니스트들은 여성억압의 원인과 해결방법에 대해서는 다양한 의견을 제시하지만 가족제도 자체에 여성억압이 존재한다는 점에서는 모두 동의한다. 이들은 전통 가족제도를 가부장적 가족제도로 규정하여 여성이 남성에게 예속되어 있으며, 그 이면에 존재하는 성별분업이 여성억압의 중요한 측면으로 작용한다고 보았다. 즉 여성은 가사노동을 담당하고 남성은 가계부양자 역할을 하는 이른바 성 역할 분업이 여성억압의 원인이 되고 남성우월주의를 조장하는 기반이 된다는 것이다. 그리고 성 역할 분업은 생물학적으로 결정되는 것이 아니라 사회문화적으로 학습된다고 보기 때문에, 페미니스트들은 생물학적 성(sex)보다 사회문화적 성(gender)을 강조하고 성역할 고정관념이 학습되는 성 역할 사회화 과정에 많은 관심을 갖는다.

따라서 가족은 구조기능론에서 주장하듯 갈등과 대립이 없는 평화와 조화의 단위이며, 그 안에서 가족성원들은 서로 같은 방식으로 가족생활을 경험하는 것이 아니라 성별에 따라 다른 경험을 하는, 이해와 갈등이 내재된 장이라고 할 수 있다. 그리고 거기에는 특히 성별분업에 따른 여성의 경험이 신비화되어 그들이 겪는 억압이 은폐되어 있다고 할 수 있다.

이 관점으로 가족과 관련된 현상들을 살펴보면, 먼저 근대 이후 결혼의 전제조건으로 등장한 남녀 간의 낭만적 사랑 속에는 지배와 권력의 속성이 들어 있다고 본다. 매혹적인 여성과 능력 있는 남성 간에 이루어지는 감정관계 이면에는 남자의 소유욕과 여성의 의존성이 배태되어 있다는 것이다. 급진주의 페미니스트인 화이어스톤은 사랑은 출산보다 더한 여성억압의 축이라고 주장했다. 남녀 간 가장 내밀한 관계맺음인 부부간의 성애(sexuality)에서도 남성 위주의 성애와 사랑을 강요함으로써 여성억압이 일어난다고 보았으며, 가족 속에서 자주 발생하는 아내 구타도 남성들의 권위의식과 아내를 자신의 소유물로 보는 의식의 산물로 간주한다.

또한, 이들은 경제생활, 여가 및 가사 등 가족생활의 여러 측면에서 나타나는 성불평등에도 관심을 갖고 있다. 부부가 모두 직장에 다니더라도 남편의 경제활동을 아내의 경제활동보다 더 중요시하며, 남편의 여가시간이 아내의 여가시간보다 더 많고, 가사노동은 여전히 여성이 책임져 직장과 가사라는 이중부담에 시달리고 있음을 지적한다.

지금까지 살펴본 것처럼 가족제도에는 여성억압적인 측면이 있지만 여전히 친밀성의 근거지로서 자리매김하고 있는 것도 부정할 수 없다. 따라서 페미니스트들은 여성억압적인 측면이 많은 가족제도 자체를 거부하자는 주장부터 가족이라는 틀은 유지한 채 내용은 개선하자는 가족제도의 민주화론까지 그 주장하는 바가 다양하다. 그러나 공통적으로 제기되는 것은 현재 지배이념으로 자리 잡은 이성애 부부와 자녀로 구성된 핵가족을 정상가족으로 규정하는 고정관념을 탈피하여 다양한 가족개념을 수용해야 한다는 것이다. 즉 가부장적 가족의 모순을 극복하고 여성의 입장을 반영하는 비혼독신가족, 동거가족, 비혼부모가족, 한부모가족, 비혈연가족, 동성가족 등을 받아들여야 한다고 주장한다(한국여성연구소, 2005).

이 관점은 가족의 조화와 권력의 균형을 강조한 기존 이론들에 도전하여 여성들이 가족 속에서 경험하는 아내 구타와 가사노동과 같은 문제들을 가시화하여 여성을 주체로서, 그리고 가족에 매몰되지 않은 개인으로 인식했다는 점이 다른 접근법과 다르다. 또, 여성이 가족을 위해 무엇을 하는가가 아니라 가족이 여성을 위해 무엇을 하는가라는 근본적인 질문을 던졌다는 점에서 공헌한 바 크다. 그러나 여성 중심적이어서 남성들에 대한 차별적인 측면이 있다는 비판을 받는다.

생각해
보기

1. 가족학의 학문적 성격을 분석해 보자.

2. 가족 안에서 일어나는 현상들을 이론적으로 설명해 보자.

2

가족에 대한 기본적 이해

가족이란 사회의 기초단위이면서 가족구성원들로 구성된 집단이다. 대체로 개인은 결혼을 통해 가족을 형성하며, 가족을 통해서 사회와 소통한다. 개인과 가족과 사회는 서로 긴밀한 유대관계를 가지고 있는 하나의 체계이다. 그 사회를 알기 위해서는 가족에 대한 기본적인 이해가 앞서야 한다. 따라서, 가족의 구조, 기능, 주기 등의 개념적 설명을 통해서 가족에 대한 기본적 이해를 도모한다. 또한, 가족은 당대 사회의 특성과 문화가 반영되기 때문에 사회의 변화에 따른 가족의 변화도 함께 살펴보고자 한다.

1. 가족의 기초 개념

1) 가족의 정의

가족을 정의하는 것은 단순하지 않다. 그것은 사람마다 다양한 문화와 사회에서 경험하는 것이 다르기 때문이다. 전통적으로 가족에 적용되는 정의는 결혼에 의한 혈연 중심으로 설명되는데, 이것이 현대를 살아가는 가족들의 모습과 일치되지 않는 경우가 종종 있다. 가족에 대한 다양한 정의를 살펴보면 다음과 같다.

(1) 가족의 고전적 정의

머독(Murdock, 1949)은 "가족은 공동 거주, 경제적 협동, 재생산이라는 특징을 갖는 집단으로서, 가족은 사회적으로 인정받는 성적인 관계를 유지하고 있는 최소한 2명의 남녀 성인과 1명 이상의 자녀를 포함한다."고 정의한다(Adams, 1986). 이러한 그의 핵가족적 정의는 가족은 구성원들이 함께 거주하며 경제적으로 협동하고 결혼관계와 혈연관계로 이루어진 집단을 의미한다.

한편 핵가족적 정의보다 넓은 개념으로 가족을 정의하고 있는 레비스트로스(Levi-Strauss, 1956)는 가족원의 유대, 관계, 결합 등 운명공동체적인 특성을 가족의 중요한 요소로 보고 있다. 그는 "① 가족은 결혼에 의해 출발한다. ② 가족은 부부와 그들의 결혼에 의해 출생한 자녀로서 구성되지만 이 핵집단에 다른 근친자가 포함될 수 있다. ③ 가족구성원은 법적 유대, 경제적·종교적 그리고 그 외에 다른 권리와 의무, 성적 권리와 통제, 애정, 존경, 경외 등의 다양한 심리적 정감으로 결합되어 있다."(이광규, 1986)고 정의하고 있어 결혼에 근거한 혈연으로 구성된 좀 더 넓은 친족의 구조에서 가족을 보고 있다.

국내학자 김두헌(1985)은 "가족은 영속적인 결합에 의한 부부와 거기에서 출생한 자녀로 이룩된 생활공동체"라고 정의하고, 최재석(1981)은 가족은 "가계를 공동으로 하는 친족집단"이라고 정의하고 있다. 가족의 기능적인 측면을 포함시킨 유영주·김순옥·김경신(1996)은 가족은 "부부와 그들의 자녀로 구성되는 기본적인 사회집단으로서 이들은 이익관계를 떠난 애정적인 혈연집단이며, 같은 장소에서 기거하고 취사하는 동거동재 집단이고, 그 가족만의 고유한 가풍을 갖는 문화집단"이라고 정의하고 있다. 이상과 같이 가족의 고전적인 정의는 결혼에서 출발하여 혈연을 중심으로 동거동재하는 공동체로 보고 있다.

(2) 가족의 현대적 정의

올슨과 드프레인(Olson & DeFrain, 1994)은 "가족이란 둘 또는 그 이상의 가족원들이 서로 돕고 몰입되어 있으며 애정과 친밀감, 가치관과 의사결정 그리고 자원을 서로 나누는 집단이다."라고 정의하고 있다. 한편 현대 미국의 센서스(2000)에서는 "가족은 한 집에 거주하는 서로 관련된 2명 이상의 사람들로 구성된다."라고 정의하고 있다. 이렇게 간단하게 가족을 정의하는 것은 현대 미국 가족이 현존하고 있는 다양한 형태의 가족을 가능한 한 모두 포함시키고자 하였기 때문이다. 우리나라 인구주택총조사(통계청, 1995)에서도 조사단위를 '가구' 단위로 하고 있는데, 이때의 가구란 '1인 또는 2인 이상이 모여서 취사, 취침 및 생계를 같이하는 단위'를 의미한다. 이는 한 식구라는 낱말과 일치하는 개념이며, 가족이 생계를 같이하는 주거단위로서 결혼이나 혈연관계의 유무와 관계없는 동거집단을 의미한다.

국내학자 함인희(1995)는 "가족은 친밀성, 애정 그리고 자율성이 인정되고 그 속에서 보살핌과 나눔 또는 공유가 존재하는 곳"으로 정의하고 있으며, 가족의 가치실현에 그 누구의 희생도 있어서는 안 되는 것으로 인간의 존엄성이 인정되는 공동체 윤리를 강조하고 있다. 유영주(2000)는 가족을 "개인으로서의 나와 관계로서의 나의 욕구를 충족시켜 줄 수 있는, 즉 상호작용하는 생활공동체적 집단"으로 보고 있다. 이상과 같이 가족의 현대적 정의는 결혼이나 혈연에 근거하기보다는 현재 누구와 어떠한 관계로 상호작용을 하느냐에 초점을 두고, 그들의 실제 생활을 공유하는 공동체로 보고 있다.

2) 가족의 유형

가족 유형은 구성기준에 따라 몇 가지로 구분된다. 배우자의 수, 가족구성원의 수

와 범위, 가장권의 소재, 가계계승방식, 결혼 후 거주방식, 결혼 여부 등에 따라 다음
과 같은 유형으로 분류된다.

(1) 배우자의 수

부부는 일반적으로 일 대 일의 결합으로 이루어지는 것이지만, 사회에 따라서는
배우자 중 어느 한쪽이 단수이고 상대방이 복수가 되는 경우도 있다.

① 단혼제(monogamy)

1명의 남자와 1명의 여자가 결혼하여 가족을 이루는 결혼제도로서 일부일처제라
고도 한다. 대다수의 사회는 일부일처제 형태의 가족이 보편적이다. 이는 남녀 간의
성비가 비슷하거나 애정에 근거한 부부의 결합이고 경제적으로 협력하는 관계이기
때문이며, 또한, 종교적으로도 그러한 결합이 이상적이기 때문이다. 오늘날에는 이
혼과 재혼의 증가로 인해 1명이 평생 동안 여러 명의 배우자와 결혼할 수 있는데, 이
것은 동시에 다수의 배우자와 결혼하는 복혼제와는 구별되는 것으로 연속적 단혼제
(serial monogamy)라고 한다(Benokraitis, 1999).

② 복혼제(polygamy)

남자와 여자가 2명 또는 그 이상의 배우자와 결혼하는 제도로서, 남자가 1명이고
여자가 다수인 일부다처제(polygyny)와 여자가 1명이고 남자가 다수인 일처다부제
(polyandry)가 있다.

머독(1957)의 부부 형태를 집계한 연구결과에 의하면, 554개의 사회 중 일부다처
제가 있는 사회가 415개, 일부일처제만 허용되는 사회가 135개, 일처다부제가 있는
사회가 4개로 나타났다(Steinmetz, Clavan & Stein, 1990). 이 연구에 의하면 일부다
처제 사회가 대다수인 것처럼 보이지만 일부다처제를 허용한다고 하여 그 사회 모든
가족이 일부다처제라는 의미는 아니다. 주로 일부다처제를 행하는 사회는 중앙아시
아, 아랍, 아프리카, 북아시아 등으로 주로 부계사회에 분포되어 있다.

복혼제의 또 다른 형태인 일처다부제는 티베트의 하층민, 인도의 토다(Toda)족,
태평양의 마키저스(Marquesas) 도민 등 매우 한정된 소수의 사회에서 행해지고 있

다. 일처다부제는 여영아 살해(female infanticide)라는 사회적 풍습의 결과로, 남녀의 불균형적인 성비나 경제적인 이유 때문에 남자 형제들이 배우자를 공유해야 하는 것 등이 이유로 나타났다. 따라서 반드시 모계사회와 관련된 것은 아니며, 부계사회에서도 일처다부제는 행해질 수 있다.

(2) 가족구성원의 수와 범위

가족 유형은 가족구성원의 수와 범위에 따라 구분하는 것이 가장 기본적인 방법이다.

- 핵가족(nuclear family): 부부와 그들의 미혼자녀로 구성된 가족으로, 대략 5인 이하의 소인수 가족 형태이다. 결혼한 자녀들은 부모의 집을 떠나 분가하여 사는 것이 전제되기 때문에 항상 부모와 자녀의 2세대로 한정된다. 부부가족(conjugal family) 또는 요소가족(elementary family)으로도 불린다. 부부 중심의 가족이기 때문에 부부 자신들의 개인적 선택이 가문이나 친족의 결정보다 중요하다.

- 확대가족(extended family): 보통 3세대로 핵가족이 종적 또는 횡적으로 연결되어 대략 6인 이상의 다인수 가족 형태이다. 자녀가 결혼 후에도 부모와 동거하는 가족 형태로, 개인의 자유로운 선택보다는 가문이나 친족집단의 결정이 더 중요하게 영향을 미치는 경우가 많다.

  - 직계가족(stem family): 장남이 본가에 남아서 부모님을 모시고 가계를 계승하며 사는 가족 형태로, 우리나라와 일본이 직계가족 유형에 속한다.

  - 방계가족(collateral family): 장남뿐만 아니라 결혼한 모든 자녀들이 그들의 부모님과 함께 사는 가족 형태이다. 중국의 전통가족, 인도의 힌두족, 발칸반도의 자드루가(Zadruga) 가족이 방계가족 유형에 속한다.

  - 복합가족(joint family): 부모세대가 사망한 후에도 결혼한 아들들이 함께 사는 가족 형태로, 인도 북방 히말라야 산맥지대의 칼라푸르(Khalapur) 촌락에서 볼 수 있다.

(3) 가장권의 소재

가장권은 가족을 대표하는 대표권, 가족을 감독하는 감독권, 제사를 관장할 수 있는 제사권 등으로 구성된다. 이러한 가장권이 누구에게 있는지를 기준으로 가족 유형을 나누어 볼 수 있다.

- 부권제(patriarchalism): 가장권이 부계에 속한다.
- 모권제(matriarchalism): 가장권이 모계에 속한다.
- 동권제(equalitarianism): 가장권이 양계에 공동으로 속한다.

(4) 가계계승의 방법

가계계승은 친족의 범위를 정하는 기준이 된다. 조상과 자손 간의 혈통을 따지고, 그 혈통에 따라 친족집단이 형성되면서 특정집단에 귀속시키는데 이를 출계라 한다. 가계계승을 하는 출계가 어느 쪽인지에 따라 가족 유형이 분류될 수 있다.

- 부계제(patrilineal system): 가계계승이 부계의 혈통을 따른다. 가계가 아들을 따라 계승되고, 아버지 쪽 친족집단의 구성원으로 귀속되며, 제사나 재산 등도 아버지에서 아들로 상속된다.
- 모계제(matrilineal system): 가계계승이 모계의 혈통을 따른다. 자식은 어머니의 친족집단에 귀속되고, 가족재산 등이 어머니로부터 딸에게로 이어진다.
- 양계제(bilineal system): 가계계승이 부계나 모계에 구별하지 않고 양계를 모두 선택할 수 있다. 따라서 양쪽 집단의 가족구성원이 될 수 있으며, 재산도 아들과 딸에게 동시에 상속된다.

(5) 거주방식

결혼한 후에 신혼부부가 어디에서 자신들의 결혼생활을 시작하느냐에 따른 분류이다.

- 부거제(patrilocal residence): 결혼한 후 부인이 남편의 거주지 혹은 남편의 친족들 가까이에서 생활을 시작하는 형태이다.
- 모거제(matrilocal residence): 모계가족에서 주로 볼 수 있다. 결혼한 후에 남편이 부인의 거주지 혹은 처가의 근처에서 생활을 시작하는 형태이다.

○ 신거제(neolocal residence): 결혼한 부부가 남편이나 부인의 거주지에 들어가지 않고 새로운 곳에서 생활을 시작하는 형태이다.

(6) 결혼 여부

대부분의 사람들은 결혼을 하면서 자신이 성장하여 왔던 기존의 가족과 자신이 이루어 낼 새로운 가족을 갖게 된다.

○ 출생가족(family of orientation): 태어나서 성장하여 온 가족으로, 자신의 선택권이 없이 운명적으로 처하게 된 가족이다. 원가족이라고도 한다.
○ 생식가족(family of procreation): 결혼하여 새로운 가정을 이루면서 형성하게 되는 가족으로 자신이 원하는 배우자를 선택할 수 있고, 원하지 않으면 해체도 가능하다.

3) 가족의 기능

가족은 개인과 사회를 매개해 주는 중간에 위치한 체계로서, 사회의 하위체계 그리고 개인의 상위체계이다. 그렇기 때문에 가족의 기능은 사회 변화에 따라 영향을 받으며 개인의 생활방식의 필요에 따라 다양한 기능을 나타낸다. 즉 가족 기능은 사회지향적인 면과 개인지향적인 면의 특성을 갖고 있다(표 2-1 참고).

사회의 하위체계인 가족은 사회의 유지·존속에 어떤 역할을 하며, 사회 변동에 따라 그 내용이 어떻게 달라지는가에 초점을 둔다. 반면에 가족구성원의 상위체계인 가족은 개인의 욕구 충족, 개인의 발전, 자아정체감 형성에 어떠한 역할을 하느냐에 대한 것과 관련되어 있다. 따라서 가족의 모든 기능은 두 가지 차원으로 나누어 볼 수 있다(유영주 외, 2004).

이상의 독특한 특성을 갖고 있는 가족 기능이 과거에는 집단의 생존을 강화하고 사회의 새로운 구성원을 생산하는 측면에서 보다 강조되었다면, 현대의 가족은 사회 변화에 유연하게 적응하면서 개인의 욕구를 충족시키는 데 필요한 기능을 수행하도록 강조되고 있다(김태현·전길양·김양호 외, 2000; 유영주 외, 2004).

표 2-1 가족 기능의 유형

성격	(가족구성원 개개인에 대한) 대내적인 기능	(사회 전체에 대한) 대외적인 기능
고유 기능	애정 · 성	성적인 통제
	생식 · 양육	• 종족 보호(자손의 재생산) • 사회구성원 충족
기초기능	생산(고용 충족 · 수입 획득)	노동력 제공, 분업에 참여
	소비(기본적, 문화적 욕구 충족 · 부양)	생활보장, 경제질서의 유지
부차적 기능 (파생기능)	교육(개인의 사회화)	문화 발달
	보호 휴식 ┐ 심리적 · 신체적 오락 종교 ┘ 문화적 · 정신적 ┐ 사회의 안정화	

자료: 김주수 · 이희배(1986), 가족관계학, p.43.

(1) 고유기능

고유기능으로 가족구성원에 대한 대내적인 기능으로서 성 · 애정의 기능과 생식 및 출산과 양육의 기능을 들 수 있으며, 사회 전체에 대한 대외적인 기능으로는 성적 인 통제와 종족 보존의 기능을 들 수 있다.

① 성 · 애정의 기능/성적인 통제 기능

부부가 성생활을 통해 개인의 성적 욕구를 충족시키며, 부부의 합법적인 성관계는 성관계를 규제하고 통제하는 공인된 방법으로 사회의 성적 혼란을 방지할 수 있다.

② 생식 및 출산과 양육의 기능/종족 보존 기능

자녀를 출산하는 생식의 기능은 가족이 갖는 유일하고도 중요한 기능이다. 사회가 지속적으로 유지되고 발전하려면 일정 수준의 인구를 유지해야 하기 때문에 생식의 기능은 국가의 인구를 형성하고 사회구성원을 충족시켜 사회의 보존과 발전에 크게 기여하고 있으며, 나아가 인류의 존속 유지에도 기여한다.

(2) 기초기능

기초기능은 경제적 기능으로, 대내적으로는 생산·소비의 기능을 들 수 있으며, 대외적으로는 노동력 제공과 생활보장의 기능을 들 수 있다.

① 생산·소비 기능/노동력 제공, 생활보장 기능

가족은 무엇보다도 공동주거와 공동재산을 전제로 하면서 일상생활 속에서 집단적인 생산과 소비기능을 함께 갖추어야 한다. 오늘날에는 사회분화가 진행되면서 농어촌이 제외된 도시생활자들의 생산은 고용노동과 임금획득의 형태로 변화되었지만, 이러한 변화는 형태를 바꾼 생산기능이라 할 수 있다. 한편 현재 도시생활자의 가족은 소비공동체라고 불릴 만큼 소비기능이 높지만 의식주가 중심이 되는 가족의 소비기능은 대외적으로는 생활보장의 기능을 의미한다.

(3) 부차적 기능

부차적 기능은 고유기능과 기초기능으로부터 나온 것으로 파생기능이라고도 한다. 이 부차적 기능의 대내적인 기능으로는 교육, 보호, 휴식, 오락, 종교 등의 기능을 들 수 있다. 대외적 기능으로는 교육은 문화 전달기능으로, 보호 등 그 밖의 기능은 사회 안정화 기능으로 나타난다.

① 교육기능

과거에는 사회생활의 지식과 기술이 단순하고 가족 이외에는 그것을 수행할 집단이 거의 없었기 때문에 교육적 기능이 대부분 가족 안에서 수행되었다. 그러나 현대사회에서는 학교를 비롯한 이차적인 교육집단이 교육적 기능을 확장하여 담당하고 있기 때문에 가족의 교육적 기능이 많이 약화되었지만, 가족은 여전히 자녀에게 올바른 교육을 제공하는 중요한 장소가 되고 있다.

② 보호기능

가족은 질병과 상해와 같은 외적 위험으로부터 가족구성원과 그 재산을 보호한다. 현대사회에서 가족의 보호기능은 많은 부분이 사회보장으로 대체되고 있으나 아직

대부분의 가족들은 아동이나 노인, 장애자 등 보호를 요구하는 이들의 주요 책임자로서 기능하고 있다.

③ 휴식기능

가족구성원의 심신의 긴장이나 노동의 회복을 꾀하는 기능이다. 오늘날은 고도로 도시화 · 산업화 · 대중화된 사회에서 생활하기 때문에 심신의 긴장이나 피로가 증가할 수밖에 없다. 이러한 상황에 가족은 단순한 거주공간으로서가 아니라 현대인의 지친 심신을 위해 쉼을 제공할 수 있는 기능이 요구된다.

④ 오락기능

가족구성원의 오락적 욕구를 충족시키는 기능으로, 오늘날 오락적인 욕구내용은 복잡하고 다양해졌다. 과거에 비해 가족단위의 여가생활이나 오락 또는 활동이 증가한 경향이 있으나 인터넷이나 컴퓨터의 보급이 가족단위의 오락기능을 위협하기도 한다.

⑤ 종교기능

가족의 신앙적 욕구를 충족시키는 기능이다. 오늘날 조상을 숭배하는 제사가 가족의 중요한 행사로 유지되고 있지만, 과거와 달리 종교적 의미라기보다는 단순히 가족의 유대를 강화하고 혈연의식을 확인하는 의미가 더 크다. 예전에 가족은 종교 공동체적인 성격을 지녔으나 오늘날은 그 의미가 현저히 감퇴하고 있다.

4) 가족의 주기

가족주기(family cycle, family life cycle)란 사람이 가족생활에서 경험하는 미혼 · 결혼 · 출산 · 육아 · 노후의 각 단계에 걸친 시간적 연속을 말한다(유영주 외, 2004). 즉 가족주기는 결혼으로 '형성'되고, 자녀의 출산으로 '발전 · 확대'되었다가 자녀의 결혼 · 분가로 '축소'되면서 사망으로 종결하는 과정을 통하여 가족의 성장과 변화를 단계별로 유형화한 것이다.

가족주기를 분석하는 데는 가족구성원의 변동, 자녀의 교육상태, 가정의 수입과 지출상태, 첫 자녀와 막내 자녀의 성장 등이 있다. 하지만 이러한 요인을 모두 동시에 고려하여 주기를 구분하는 것이 아니라 대개 어느 한 가지 요인을 기준으로 주기를 구분하는 것이 보편적인 방법이다(Duvall & Miller, 1985; 옥선화 외, 2006 재인용). 학자들마다 다양하게 구분하고 있는 가족주기의 단계들은 다음과 같다(유영주 외, 2004 재인용).

첫째, 2단계 분류로 가장 간단한 분류이지만 매우 광범위한 것이 단점이다.
- 확대기: 부부의 결혼에서부터 자녀가 성장하는 시기까지
- 축소기: 자녀가 성장하여 독립하는 시기부터 부모세대의 배우자 중 하나 또는 양쪽이 사망하여 가족이 축소되는 시기

둘째, 가족구성원 수의 변천에 따라 구분한 4단계의 분류이다(Sorokin, 1931).
- 신혼부부 단계
- 1명 또는 그 이상의 자녀를 낳아 기르는 단계
- 1~2명의 자녀가 자립하여 부모를 떠나는 단계
- 부부만 살아가는 단계

셋째, 가족의 수입과 지출의 재정적 유형 변화를 계획하면서 자녀의 교육 상황에 근거한 7단계의 분류이다(Bigelow, 1936).
- 가족 형성기
- 자녀출산 및 미취학 아동기
- 초등교육기
- 고등교육기
- 대학교육기
- 회복기
- 은퇴기

넷째, 여러 가지 구분방법의 장단점을 고려하여 듀발(Duvall, 1957)은 8단계로 분

류하였다.

- 신혼부부 가족(부부 확립기, 무자녀)
- 자녀출산 및 영아기 가족(첫아이 출산~30개월)
- 유아기 가족(첫아이 2.5세~6세)
- 아동기 가족(첫아이 6세~13세)
- 청년기 가족(첫아이 13세~20세)
- 독립기 가족(첫아이가 독립할 때부터 마지막 아이가 독립할 때까지)
- 중년기 가족(부부만이 남은 가족~은퇴기)
- 노년기 가족(은퇴 후~사망)

다섯째, 우리나라 도시가족의 실태를 근거로 하여 유영주(1984)는 6단계로 분류하였다.

- 형성기: 결혼으로부터 첫 자녀출산 전까지 약 1년간
- 자녀출산 및 양육기: 자녀출산으로부터 첫 자녀 초등학교 입학까지
- 자녀 교육기: 첫 자녀의 초등학교, 중학교, 고등학교 교육기
- 자녀 성년기: 첫 자녀가 대학에 다니거나 취업, 군복무, 가사에 협조하는 시기
- 자녀 결혼기: 첫 자녀 결혼으로부터 막내 자녀 결혼까지
- 노년기: 막내 자녀 결혼으로부터 배우자와 본인이 사망할 때까지

2. 가족의 변화

산업화가 진행된 지난 한 세대에는 가족의 개념, 구조, 기능, 가치관, 가족관계 등 가족생활 제 측면에서 많은 변화가 나타났다. 특히 현대 산업사회가 갖는 직업 중심의 잦은 이동, 개인주의 발달과 배우자를 비롯한 모든 결정에서 자유로운 선택의 보장 등은 개인의 삶과 가족생활에 많은 영향을 미쳤다.

1) 가족 개념의 변화

오늘날 사회 변화가 빠른 속도로 진행되면서 가족의 경험이나 가족생활양식이 다양해지고 있다. 기존의 전통적 가족의 개념은 이러한 다양한 가족 형태를 대변하기에 어려움이 있다. 또한, 개인의 복지와 권리를 중시하는 풍조와 전통적 가족 기능의 쇠퇴 등은 가족에 대한 개념의 재정의를 요구하고 있다. 따라서 많은 학자들은 (Bedford & Blieszner, 2000; Cherlin & Calhoun, 1999) 가족의 전형성·보편성·자연성을 강조하는 가족(the family)의 낡은 개념을 가족의 가변성·다양성·유연성을 강조하는 가족들(families)이라는 새로운 개념으로 대체해야 한다고 주장하고 있다 (김태현 외, 2000 재인용).

현대가족이 가족들(families)이라는 새로운 개념으로 재정의가 되어야 하는 필요성은 다음과 같은 상황에서 찾아볼 수 있다. 예를 들어 이혼의 증가로 인한 재혼가족이나 계부모가족은 생물학적 결합에 근거해 가족을 정의하는 전통적 관점으로는 가족으로 받아들일 수 없으며, 독신가족이나 동거가족, 한부모가족, 비동거가족 등과 같은 다양한 유형의 가족도 혈연 중심의 동거동재의 공동체라는 기존의 관점으로는 가족으로 수용할 수 없다. 사회 변화가 빠른 속도로 진행되면서 다양한 가족의 출현은 필연적이기 때문에 이들에 대한 이해와 수용이 전제되어야만 가족정책이나 가족에 대한 각종 서비스 지원이 가족들에게 올바르게 적용될 수 있다.

2) 가족구조의 변화

현대가족의 변화는 가족의 구조에서 뚜렷이 나타나고 있다. 핵가족(부부, 부모와 미혼자녀, 한부모와 미혼자녀)은 1970년 71.5%에 2015년 81.7%로 10.2% 증가하였지만 직계가족(부부와 양(편)친), 부부와 자녀)은 1970년 18.8%에서 2015년 5.3%로 13.5% 감소하였다. 핵가족 중에서도 부부와 미혼자녀로 구성된 전형적인 핵가족은 1970년 55.5%에서 2015년 44.9%로 감소하였고, 부부가족은 2015년 21.8%로 1970년에 비해 16.4%, 한부모와 미혼자녀로 구성된 가족은 1970년 10.6%에서 2015년

표 2-2 가족의 형태별 분포

(단위: 천 가구, %)

		1970	1975	1980	1985	1990	1995	2000	2005	2010	2015
	혈연가구 수	5,576	6,367	7,470	8,751	10,167	11,133	11,928	12,490	12,995	13,694
핵가족(%)	부부	5.4	5	6.4	7.8	9.3	12.6	14.8	18	20.6	21.8
	부부와 미혼자녀	55.5	55.6	56.5	57.8	58	58.6	57.8	53.7	49.4	44.9
	편부모와 미혼자녀	10.6	10.1	10	9.7	8.7	8.6	9.4	11	12.3	15
직계가족(%)	부부와 양(편)친	1.4	0.5	0.6	0.8	0.9	1.1	1.2	1.2	1.2	1.1
	부부와 양(편)친과 자녀	17.4	10.9	10.4	9.9	9.3	8	6.8	5.7	5	4.2
	기타 가족(%)	9.7	17.9	16.1	14	13.8	11.2	10.1	10.4	11.6	13

자료: 통계청, 인구주택총조사.

15%로 4.4% 증가하였다(표 2-2).

이와 더불어 평균 가구원 수는 점차 감소하여 1970년 5.2명이던 것이 2019년 현재 2.4 명이다(표 2-3). 2019년 1인 가구가 30.2%로 가장 높았으며 2인 가구 27.8%, 3인 가구 20.7% 순으로 나타났다. 2인 가구 이하가 전체의 58.0%다. 1990년 이후 가장 주된 가구유형이던 4인 가구 비율은 2005년 27.0%에서 2019년 16.2%로 급감하였다(표 2-3). 이는 늦은 결혼과 혼인감소, 이혼 및 혼자 사는 노인의 증가 등으로 1인 가구의 비율이 급증했고 부부만 사는 1세대 가구가 늘어났기 때문이라고 할 수 있다(김순옥 외 2012). 1인 가구는 현저히 증가하고 있으며 앞으로도 계속될 것으로 전망된다.

가족 규모가 축소된 첫번째 요인은 한국전쟁 이후 급증한 인구를 억제하기 위해 시행된 정부의 가족계획사업으로 인해 자녀수가 감소하였기 때문이다. 둘째, 산업화로 인한 자녀세대의 도시로의 이동이 증가하면서 농촌에서는 노부모 단독가구가 증가하였다. 셋째 직업과 교육 때문에 분거가족이 증가한 것도 한 가지 이유이다.

향후 한국 가족의 규모는 더욱더 축소될 것으로 예측되는데, 이는 지속적인 출산

표 2–3 가구원 수별 가구구성과 평균 가구원 수

(단위: 천 가구, %, 명)

	가구원 수별 가구구성(%)						평균가구원 수(명)
	1인 가구	2인 가구	3인 가구	4인 가구	5인 가구	6인 가구	
1970	–	9.7	13.3	15.5	17.7	43.8	5.2
1975	4.2	8.3	12.3	16.1	18.3	40.7	5
1980	4.8	10.5	14.5	20.3	20	29.8	4.5
1985	6.9	12.3	16.5	25.3	19.5	19.5	4.1
1990	9	13.8	19.1	29.5	18.8	9.8	3.7
1995	12.7	16.9	20.3	31.7	12.9	5.5	3.3
2000	15.5	19.1	20.9	31.1	10.1	3.3	3.1
2005	20	22.2	20.9	27	7.7	2.3	2.9
2010	23.9	24.3	21.3	22.5	6.2	1.8	2.7
2015	27.2	26.1	21.5	18.8	4.9	1.5	2.5
2019	30.2	27.8	20.7	16.2	3.9	1.0	2.4

자료: 통계청, 인구총조사 각년도.

율의 감소에 근거한다. 2019년 현재 출산율은 0.918로 우리나라는 초저출산국이다 (통계청, 2020년). 출산율이 낮은 이유는 한국 사회가족보고서(여성부, 2004)에 의하면, 경제적 이유로 자녀출산 기피, 미혼자들의 결혼에 대한 태도 변화로 인한 결혼 지체 현상, 자녀들을 가계계승이나 노후보장책으로 보지 않는 자녀에 대한 가치관의 변화 그리고 남성과 여성이 모두 일과 가족을 양립하기에 매우 어려운 사회 현실로 인한 자녀양육 부담 등이다.

우리 사회 가족구조의 뚜렷한 변화 중의 또 다른 하나는 다양한 유형의 가족 증가를 들 수 있다. 성과 결혼, 자녀에 대한 가치관 등이 변화하면서 동거가족, 동성가족, 자발적 무자녀 가족 등이 증가하고 있으며, 이혼의 증가에 따라 재혼가족, 한부모가족, 조손가족 등이 늘어나고 있는 것이 현실이다. 또한, 국제결혼의 증가로 다문화가족도 증가하여 우리나라 전체 가족의 1.6%(한국일보, 2020.6.11.)이나.

3) 가족 기능의 변화

가족 기능의 변화는 산업화라는 사회경제적 변화 때문이다(Parsons et al., 1955). 산업화와 더불어 전통적인 가족 기능, 즉 생산과 소비기능, 교육 및 오락기능에 이르기까지 자급자족하던 가족 기능이 더 이상 가족단위로 이루어지지 않기 때문에 '가족 기능의 상실(loss of family function)'로 한때 가족의 존재 여부에 의문이 제시되었다. 그러나 이러한 변화는 가족 기능의 상실이 아니라 가족 기능이 다른 기관으로 확장되었거나 이동되었다(Adams, 1986)고 본다.

변화된 가족 기능을 살펴보면 다음과 같다(김태현 외, 2000).

첫째, 가족이 소비의 주체로 떠오르면서 전통적인 생산기능은 퇴조하고 소비기능이 강화되었다. 현대 가족은 많은 기능을 사회의 전문기관에 이양시키고 일터로부터 분리된 소비기능을 수행하고 있다. 이에 가족원들은 소비의 주체로서 어떤 질적 서비스를 이용해야 하며, 다양한 상품 중에 어떻게 현명한 선택을 이루어야 하는가에 초점을 맞추고 있다.

둘째, 결혼이 부부의 사랑과 성을 중심으로 유지되면서 개인의 성적 만족과 욕구의 충족이 중요한 요인이 되고 있다. 피임도구의 발달, 과학적인 성지식, 각종 성 정보 등의 발달은 가족을 통한 출산이나 성적 통제의 기능을 약화시키고 있어 가족 불안정성을 증가시키는 요인이 되고 있다.

셋째, 부모자녀의 관계는 여전히 중요한 가족관계로 기대되고 있어 가족의 기술이나 취업 등의 교육기능은 감소하였지만, 자녀양육 및 사회화의 기능은 더욱 중시되고 있다. 이에 취업여성의 증가는 자녀양육의 사회화 부분에서 정부의 절대적 지원이 요구되고 있다.

넷째, 가족의 정서적 유대기능과 가족의 여가기능이 점차 중요해지고 있다. 경쟁 사회에서 가족원의 정신적·정서적 욕구를 충족시키는 가족의 심리적 기능이 중시되고 있다.

4) 가족주기의 변화

출산율의 저하, 평균수명의 연장, 여성의 역할 변화 그리고 피임기술의 발달 등과 같은 변화는 가족주기의 뚜렷한 변화를 가져왔다. 즉 자녀출산 및 양육기간은 줄어들고, 막내자녀가 결혼하여 중·노년부부만 남게 되는 빈둥우리 시기(empty nest)가 이전 농경사회보다 빨리 시작되고 길게 지속되는 특징을 보인다. 우리 사회의 가족의 경우 빈둥우리 시기는 52세쯤 시작되며, 마지막 단계인 배우자 사별 후 홀로 보내는 시기까지 합치면 대략 20년에서 25년의 기간이 되고 있다(이기숙 외, 2001).

이 기간은 평균수명의 연장과 연계되어 '빈둥우리 시기'는 '탈양육기의 노부부가족'으로 연장되면서 부부관계의 비중이 점차 증가하리라는 것을 전망케 한다(유영주 외, 2004). 그러나 최근 사회의 경제난으로 조기 은퇴와 실업으로 인한 문제, 이혼의 증가로 다시 되돌아오는 자녀와 손자녀를 돌봐야 하는 문제 등을 고려해 본다면 이러한 문제들은 빈둥우리 시기의 부부에게 새롭게 적응할 과제를 안겨 주고 있다.

5) 가족 가치관의 변화

가족 구조나 기능, 주기 등의 변화를 가져온 사회경제적 변화는 결혼과 가족에 대한 가치관에서 많은 변화를 가져왔다.

첫째, 결혼에 대한 태도에 변화가 있어 왔다. 결혼은 '반드시 해야 하는 것'에서 '하지 않아도 괜찮은 것'으로 변화함으로써 결혼에 대한 유연한 의식을 볼 수 있다. 또한, 결혼이라는 형식을 삶에 당연한 절차로 생각하지 않는 사고의 변화는 결혼 전의 성적 행동의 변화에서도 나타남으로써 혼전동거에 대한 긍정적인 견해로 나타났다. 한편 이혼에 대한 태도 역시 '문제가 있는 결혼생활은 이혼할 수 있다'는 것으로 과거의 이혼이 갖는 부정적 개념에 반해서 수용의 폭이 커졌다.

둘째, 자녀에 대한 인식 변화와 노부모부양에 대한 가치관의 변화를 통해서 가족관계가 부모와 자녀 중심으로 이루어졌던 전통적인 가족의 모습이 변화되었음을 볼 수 있다. 즉 자녀를 '반드시 가져야 한다'에 동의했던 정도가 감소할 뿐만 아니라(여성가족부, 2005) 자발적 무자녀 가족의 증가는 자녀 없는 가족의 모습을 인정하는 것으로 가족관계의 중심이 부모-자녀관계에서 벗어나고 있음을 볼 수 있다.

또한, 노부모부양에 대한 가치관의 변화는 노부모세대들의 생각 변화와 자녀세대의 인식 변화로 나타난다. 즉 노부모 자신들도 자녀에게 의지하지 않고 독립적으로 살려는 경향을 보이고 있으며, 연령이 젊은 자녀세대일수록 노부모를 시설에 모시는 것을 희망한다고 나타나 전통적인 가족 개념이 변화하고 있음을 보여주고 있다(문화일보, 2001).

1. 가족을 이루고 살기 위해서는 무엇이 필요한지 구체적으로 생각해 보자.

2. 미래 최첨단사회에서 가족은 어떤 모습으로 존재할지 예측해 보자.

PART 2

가족의 상호작용

갈등과 의사소통

가족은 한 사회를 구성하는 가장 기본적인 집단으로, 인류가 이 지구상에 출현한 이후 가장 먼저 나타난 집단이며, 현대에 와서도 가족은 국가를 형성하는 가장 기초가 되는 집단이다. 한 국가의 잠재력은 그 국가를 구성하고 지탱하는 기본단위인 가족에 의해서 결정된다. 그러나 최근 들어 우리나라뿐만 아니라 세계적으로 가족 기능의 약화, 위기, 붕괴의 심각성이 지적되고 있으며, 우리 사회에서는 이혼, 혼외관계, 가출, 비행, 부모자녀 간 의사소통 단절, 가정폭력, 노인학대 등 다양한 가족 관련 문제들이 대두되고 있다. 이러한 문제들은 대체로 가족 간에 일상적으로 경험하는 갈등을 해결하지 못하여 발생하는데, 그 해결방법 중 하나로 가족 간 의사소통을 들 수 있다.

따라서 본장에서는 갈등과 의사소통에 관하여 살펴봄으로써 변화하는 사회의 가족갈등에 대처하는 방법을 모색하고자 한다. 이를 위해 갈등의 개념, 갈등의 유형, 가족 갈등과 의사소통의 개념 및 의사소통의 요소, 남녀의 의사소통의 차이와 통신매체를 이용한 의사소통의 방법 그리고 의사소통 시 피해야 할 사항과 그 대안들에 대해서 살펴보고자 한다.

1. 갈등

1) 갈등의 개념

개인의 욕구가 동시에 둘 이상 존재하여 해결에 곤란을 느끼는 상태 또는 개인의 욕구가 사람마다 다름으로 해서 문제가 발생하는 상태를 갈등이라고 한다. 인간의 욕구는 항상 하나만 존재하는 것이 아니기 때문에 때에 따라서는 상반되는 여러 가지 욕구가 동시에 대립하는 상태가 발생한다. 즉, 서로 용납될 수 없는 두 가지 욕구의 대립을 의미한다. 갈등은 곤란을 느끼는 상태이기 때문에 부정적인 것으로 생각하는 경우가 많다. 그러나 갈등은 반드시 부정적인 것만은 아니다. 오히려 활기와 역동적인 자극을 주어 개인의 발전을 촉진시켜 주거나 집단의 결속이나 변혁에 중요한 역할을 하는 긍정적인 면도 있다(유영주·김순옥·김경신, 2008).

2) 갈등의 유형

갈등의 유형에는 여러 가지가 있으나 레빈(Lewin)은 장(場)의 힘의 역학관계에 따라서 다음과 같은 세 개의 갈등형으로 구별하고 있다(김정기, 2003).

(1) 접근-접근의 갈등

두 개의 결정적인 욕구가 동시에 나타나 어떻게 행동해야 좋을지 판단하기가 곤란한 상태를 말한다. 예를 들면 친구 따라 등산도 가고 싶고, 부모 따라 해수욕도 하고 싶을 때나 매력적인 두 사람의 구혼자가 동시에 나타나 두 사람 다 결혼하고 싶은 때의 심리적 갈등으로, Plus-Plus의 갈등이라고도 한다. 접근-접근의 갈등은 여러 가지 갈등 가운데 가장 쉽게 해소된다.

(2) 회피-회피의 갈등

두 개이 부정적인 자극이 동시에 생겨서 나타나는 심리적 갈등이다. 예를 들면 학교에는 가기 싫고 가지 않으면 부모님께 꾸지람을 들을 테니 두렵다든가, 직장은 가기 싫은데 그만두면 생활비 걱정이 두려운, 즉 둘 다 싫은 상태일 때 생기는 갈등으로 Minus-Minus의 갈등이라고도 한다. 회피-회피 갈등은 주저 기간이 매우 길고, 선택과 결정을 기피하려는 경향이 있다. 이러한 갈등의 경우 한쪽의 가치를 보다 강하게 함으로써 갈등을 해소하게 된다.

(3) 접근–회피의 갈등

어떤 자극이 동시에 긍정적이면서 부정적인 경우의 갈등이다. 예를 들면 시험에는 합격하고 싶지만 공부는 하기 싫다든가, 귀엽기도 하고 밉기도 한 아들, 존경하면서도 증오스러운 부모 등과 같이 한 사람에 대해서 사랑과 미움의 두 가지 마음을 품게 되는 경우의 심리적 갈등으로 Plus-Minus의 갈등이라고도 한다. 접근-회피의 갈등은 긴장상태가 비교적 오래 계속되며 불안감을 수반하게 되는데, 이때 생기는 증오심과 적대감을 표출할 수 없는 경우에 부적응 행동이 일어나게 된다.

3) 가족 갈등

가족 갈등은 다른 갈등과 마찬가지로 역동적이지만 다른 갈등과는 다른 점이 있다. 그것은 모든 갈등 중에 가장 개인적이라는 것이다. 사람들은 대부분의 시간을 직장에서 보내기는 하지만 가족 안에서 살아가면서 가족구성원과 상호작용하면서 갈등을 경험한다. 가족 갈등은 다른 갈등과는 다른 방식으로 개인의 정체성에 영향을 주며, 당사자의 자아정체감뿐 아니라 자녀, 조부모 그리고 친척들의 정체성에도 영향을 미친다(Rothman, 1977).

(1) 가족 갈등의 수준

가족 갈등은 가족구성원들의 행동이나 그 행동에 대한 가족구성원들의 사고와 가치의 차이에서 비롯된다. 가족 내의 일관성 없는 규칙이나 애매한 통솔력, 개인의 스트레스와 가족의 욕구 등이 원인이 되기도 한다.

르위키, 손더스와 민턴(Lewicki, Saunders & Minton, 2001)은 가족 갈등을 다음과 같이 네 가지 수준으로 구분하였다(강문희 · 박경 · 강혜련 · 김혜련, 2008 재인용).

① 개인 내적 갈등 수준

개인이 두 가지 마음을 가지고 갈등하는 내적인 투쟁이다. 예를 들면 '나는 부모로서 아이를 위하여 무엇을 해주었나?', '나는 다른 부모처럼 아이들을 위하여 무엇을 해줄 수 있다'와 '나는 아이를 잘 키울 자신이 없으므로 나 대신 다른 좋은 가정으로 아이를 보내는 것이 낫다'와 같이 자녀양육에 관한 내적 갈등을 가지는 경우이다.

② 대인관계 갈등 수준

가족구성원 중 1명 혹은 그 이상의 사람들 간에 자신의 욕구와 상대방의 욕구가 상충한다고 생각될 때 일어나는 갈등이다. 예를 들면 이혼 위기에 있는 가정의 경우 아버지가 원하는 것은 새어머니가 자녀를 양육하는 것인 반면, 어머니는 자녀양육을 포기하지 않으려는 것이다.

③ 집단 내적 갈등 수준

가족 내에서 소수집단이 형성되어 집단 간의 갈등이 일어나는 수준이다. 예를 들면 이혼가정의 경우, 조부모들이 자녀양육에 개입하여 양육의 권리를 자신들이 가져야 한다고 주장하는 반면에, 자녀의 친어머니는 부모로서의 권리를 포기할 수 없다고 함으로써 가족 내 소수집단 간의 갈등이 생기는 경우이다.

④ 집단 간 갈등 수준

가족과 다른 외부집단 간에 갈등이 일어나는 수준이다. 예를 들면 알코올중독과 같은 문제로 어머니가 자녀를 보호할 수 없는 경우, 자녀의 법정대리인이나 양육대리인은 어머니의 자녀양육을 반대하는 입장인 반면에 어머니의 치료를 맡은 사람들과 어머니 자신은 알코올중독 치료 후에 자녀양육을 할 수 있다고 주장하는 경우이다.

가족 갈등은 어떻게 생성되어 어떻게 소멸되는지 그 과정이 중요하다. 간단히 해결되는 갈등도 있지만 오랜 시간 지속되어 관계 악화를 초래하기도 한다. 또한, 가족

갈등은 자살의 원인이 되기도 한다.

(2) 부부 갈등

가족의 중심인 부부는 서로 상호작용을 하며 밀접한 관계 속에서 끊임없이 갈등을 경험하며 살아간다. 서로 사랑한다면 갈등을 피할 수 있을 것이라 생각되지만 사랑하기에 더욱 갈등을 겪을 수밖에 없는 경우도 많다. 이에 부부 갈등 요인과 부부 갈등의 네 가지 위험요소를 밝히고, 갈등 해결의 방해요소인 네 가지 위험요소 체크리스트를 통해 좀 더 구체적으로 살펴보고자 한다(중앙건강가정지원센터, 2008).

① 부부 갈등 요인

- 일상생활 차이: 청결이나 정리정돈의 선호도 차이, 시간 약속에 대한 태도 차이를 들 수 있다.
- 성격 차이: 개인적인 성향으로 활동성의 차이, 대인관계에 대한 성향 차이, 도전적 성향 차이를 말한다.
- 친밀감과 정서 차이: 솔직한 감정표현이나 의사소통의 표현 정도 차이, 상호의존과 독립 정도에 대한 기대 및 의견 차이, 성 욕구 및 성생활 태도의 차이를 들 수 있다.
- 가치관 및 태도 차이: 인생관, 결혼관, 종교관에 대한 가치관 차이, 돈에 대한 태도나 가치관의 차이, 가족이나 친지에 대한 인식 차이, 의사결정에 대한 태도 차이, 성공지향성의 차이를 보이는 경우이다.
- 갈등 해결방법의 차이
- 집안일에 대한 태도 차이
- 자녀양육에 대한 차이

② 부부 갈등의 네 가지 위험요소

부부 갈등은 모든 부부에게서 일어나는 일이며, 부부에게는 어떤 방식으로든 갈등을 표현하는 태도가 있다. 이러한 태도는 부부의 내면적 관계를 적나라하게 드러내는 숨길 수 없는 지표가 된다. 지표가 되는 위험요소를 살펴보면 네 가지 태도로 나타난다.

- 비난: 상대방의 어떤 행동이나 생각이 마음에 들지 않아 상대방 인격이나 능력을 공격하는 태도로, 예를 들어 "그럴 줄 알았어!", "당신이 뻔하지 뭐." 등이 있다.
- 경멸: 상대방에 대한 불만이 가득한 상황에서 상대방을 화나게 하기 위해 폄하하거나 모욕을 주는 태도로, 예를 들어 "웃기고 있네.", "그게 말이 되는 얘기냐?" 등이 있다.
- 자기방어: '내겐 문제없다'라는 태도로 일관하며 '네가 잘못이라는 태도'로 반격하는 태도로, 예를 들어 "당신도 그러잖아!", "나 원래 이래, 몰랐어?" 등이 있다.
- 담쌓기: 상대방에 대한 실망과 분노가 너무 커 서로 말을 안 하고 지내는 태도로, 예를 들면 상대가 이야기하는데 그냥 나가버린다거나 텔레비전을 크게 틀어놓고 보며 딴전을 피우기 등이 있다.

부부싸움을 할 때 나타나는 위의 네 가지 위험요소 중 어떤 유형을 가장 많이 쓰는지 갈등 해결 방해요소 체크리스트 표 3-1을 통해 살펴보도록 한다.

표 3-1 갈등 해결 방해요소 체크리스트

번호	문항	전혀 그렇지 않은 편이다	그렇지 않은 편이다	보통이다	그런 편이다	정말 그렇다
1	일이 잘못되면 누가 그랬는지 아는 것이 중요하다.	1	2	3	4	5
2	나는 감정이 매우 상하기 전까지는 불평을 하지 않는다.	1	2	3	4	5
3	나는 구체적인 상황이나 행동보다는 전반적인 면에 대해 불평하는 편이다.	1	2	3	4	5
4	나는 불평거리들을 오랫동안 쌓아둔 뒤 한꺼번에 터뜨린다.	1	2	3	4	5
5	나는 불평할 때 감정이 매우 격해진다.	1	2	3	4	5
6	나는 불평할 때 배우자의 결점을 들추어낸다.	1	2	3	4	5

(계속)

7	한번 불평하게 되면 아무도 나를 멈추게 할 수 없다.	1	2	3	4	5
8	내가 문제를 제기하는 이유는 내가 옳다는 것을 보여주기 위해서이다.	1	2	3	4	5
9	나는 불평할 때 '당신은 항상', '당신은 절대로'와 같은 말을 자주 한다.	1	2	3	4	5
10	배우자의 자질이 의심스러울 때가 있다.	1	2	3	4	5
11	나는 종종 배우자의 기를 꺾는 말을 한다.	1	2	3	4	5
12	배우자가 거만할 때가 있다.	1	2	3	4	5
13	배우자가 잘난 척한다.	1	2	3	4	5
14	배우자가 너무 고집이 세서 타협이 안 된다.	1	2	3	4	5
15	의견이 서로 다를 때 나는 배우자의 입장을 생각하기 어렵다.	1	2	3	4	5
16	나는 배우자를 존중하는 마음이 없어질 때가 있다.	1	2	3	4	5
17	나는 배우자의 태도에 대해 혐오감을 느낄 때가 많다.	1	2	3	4	5
18	배우자가 어리석을 때가 있다.	1	2	3	4	5
19	배우자가 유능하지 못할 때 나는 한심하다는 생각이 든다.	1	2	3	4	5
20	배우자가 이기적일 때가 있다.	1	2	3	4	5
21	배우자가 나를 헐뜯을 때 나는 앙갚음할 방법을 생각한다.	1	2	3	4	5
22	일이 잘못되었을 때 나에게는 그다지 책임이 없다.	1	2	3	4	5
23	배우자가 지나치게 부정적인 태도를 가지고 있다.	1	2	3	4	5
24	비난을 피하기 위해서는 문제에 대한 이유와 과정을 설명해야만 한다.	1	2	3	4	5
25	배우자가 예민해서 마음의 상처를 쉽게 받는다.	1	2	3	4	5
26	배우자의 불평 중에 맞는 말도 있지만 모두 맞는 건 아니다.	1	2	3	4	5
27	배우자가 불평하면 나는 이것을 물리쳐야 한다고 생각한다.	1	2	3	4	5
28	배우자가 불평하면 나는 죄가 없다는 생각이 든다.	1	2	3	4	5

(계속)

29	배우자가 불평하면 내 자신을 방어할 방법을 찾는다.	1	2	3	4	5
30	배우자가 불평하면 내 입장을 다시 설명하려고 한다.	1	2	3	4	5
31	배우자가 내 입장을 진정으로 이해한다면 그런 불평은 하지 않을 것이다.	1	2	3	4	5
32	배우자가 나를 비난하려고만 한다.	1	2	3	4	5
33	배우자가 너무 고집이 세서 타협이 안 된다.	1	2	3	4	5
34	내 감정이 폭발했을 때 나를 혼자 있게 놔두었으면 한다.	1	2	3	4	5
35	배우자가 화났을 때 가만히 있는 것이 상책이다.	1	2	3	4	5
36	배우자와의 사소한 말다툼이 큰 싸움으로 번져 당혹스러울 때가 있다.	1	2	3	4	5
37	배우자의 감정이 격해지면 그 자리를 피하는 것이 상책이다.	1	2	3	4	5
38	우리가 싸울 때 내가 이런 대접을 받을 이유가 없다는 생각이 든다.	1	2	3	4	5

유형	문항번호	본인 점수	배우자 점수
비난 (9문항)	1–9		
경멸 (12문항)	10–21		
방어 (11문항)	22–32		
냉담 (6문항)	33–38		

자료: 중앙건강가정지원센터 자료집(2008), 가족성장아카데미, pp.57–58.

2. 의사소통

인간은 태어나는 순간부터 타인들과 많은 메시지들을 주고받으며 수많은 상호작용을 하면서 살아간다. 얼굴을 맞대고 전화로, 메신저로, 휴대전화 문자 등 무인도에 혼자 살지 않는 한 하루라도 상호작용을 하지 않고 살아갈 수는 없다. 특히 휴대전화의 발달로 문자나 스마트폰을 이용한 SNS[1]를 사용하여 상호작용을 하는 경우가 많아지고 있다.

의사소통은 대인관계를 원활하게 유지할 수 있도록 촉진하는 역할을 수행하는 매우 중요한 수단이다. 인간관계 속에서 우리는 언어적 혹 비언어적 의사소통의 과정을 통하여 생각과 감정 혹은 행위 등을 표현하게 되고, 때로는 격려와 지지를 받기도 하고 때로는 질책과 책망을 받기도 한다. 격려와 지지로 주고받는 의사소통은 개인의 삶을 성장시키고 발전시키는 도구로서 역할을 하게 되지만, 책망과 질책을 주고받는 의사소통은 개인의 삶을 파괴시키며, 결국 삶의 의미를 상실하게 만드는 존재적 의미를 내포하고 있다(서혜석 · 김영혜 · 강희양 · 이난, 2009)

따라서 인간관계에서 편안하고 서로가 통하는 의사소통을 하기 위해서는 기본적으로 서로를 배려하는 마음과 타인을 존중하는 마음이 필요하다. 특히 지속적인 관계를 유지하는 가족과의 의사소통에서는 어떠한 방법으로 상호작용을 하든지 간에 서로의 차이점을 인식하고 가족구성원들 간에 배려하고 존중하며 효과적인 의사소통 기술을 습득한다면 가족 간의 관계를 개선하는 데 많은 도움이 될 것이다.

1) 의사소통의 개념

현대에 와서 광범위하게 사용되고 있는 의사소통(communication)이란 말은 라틴어의 communis(공유 또는 공통의 뜻) 혹은 communicare(협의하다, 공동체 또는 공동성을 이룩한다, 나누어 가지다의 뜻)이라는 말에서 유래되었다. 그 개념은 둘 혹은 그 이상의 사람들 사이에 사실, 생각, 의견, 감정의 교환을 통하여 공통적 이해를 이룩하고, 수용자 측의 의식이나 태도 혹은 행동의 변화를 일으키게 하는 일련의 행동이라 할 수 있다(이진용, 1990). 또한, 유영주 외(2008)는 의사소통이란 유기체들이 기호를 통하여 서로 정보나 메시지를 전달하고 수신해서 공통된 의미를 수립하고, 나아가서는 서로의 행동에 영향을 끼치는 과정 및 행동이라고 정의하였다. 의사소통

---

1) SNS(Social Network Service): 사회관계망을 구축해주는 온라인 서비스(자료: 매경시사용어사전)

은 두 사람 혹은 여러 사람들 간의 신념, 의견, 지식, 태도, 감정 등을 전달하고 교환하여 그들의 생각을 형성하고 조직화하는 인간 상호작용(human interaction)의 과정이다(홍성희 · 김혜연 · 김성희 · 윤소영 · 고선강, 2008).

2) 의사소통의 3요소: 메러비언의 법칙

인간의 감정과 태도는 말의 내용보다는 억양과 몸짓 같은 비언어적인 면에서 더 많이 드러난다. 메러비언(Mehrabian, 1972, 1981)은 면대면 의사소통의 세 가지 기본 요소로 언어(Verbal: Words), 목소리(Vocal: Tone of voice), 몸짓(Visual: Body language)의 3V를 든다. 일반적으로 의사소통은 이들 세 가지 요소가 어우러져 이루어진다.

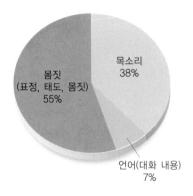

그림 3-1 의사소통의 3요소: 메러비언의 법칙(The Law of Mehrabian)

대화를 나눌 때 듣는 사람은 말하는 사람의 몸짓에서 55%, 목소리에서 38%, 그리고 대화 내용에서 7% 정도를 참고한다고 한다. 즉, 말하는 사람의 얼굴 표정이나 몸짓이 가장 큰 영향을 주고, 그 다음이 목소리이며, 막상 말의 내용이 전달하는 바는 그 영향력이 미미하다.

예를 들어, 텔레비전 예능프로그램에서 전화로 단어를 설명하고 답을 말하는 코너가 있다. 이 코너에서는 출연자들이 목소리와 언어(대화의 내용)만으로 문제를 설명하고 답을 말하기 때문에 정답 확률이 저조하다. 만약 얼굴을 마주보고 단어를 설명 했다면 설명하는 사람의 몸짓을 보며 좀 더 정확한 답을 말할 수 있었을 것이다. 또 미국 대통령 버락 오바마의 목소리는 메케인 후보의 목소리보다 훨씬 신뢰감과 안정 감을 주는 목소리로 알려져 있다(서혜석 외, 2009). 상대에게 신뢰감을 전달하는 역 할을 하는 목소리는 적당한 크기, 적당한 억양, 편안한 음정과 따뜻한 음색을 통해 의사소통을 효과적으로 이끈다. 이렇듯 정확한 의사전달과 효과적인 의사소통을 하 기 위해서는 대화의 내용뿐 아니라 몸짓과 목소리가 중요한 역할을 한다.

이러한 목소리와 몸짓의 비언어적인 메시지는 가족 간 의사소통에서도 중요하게 작용한다. 예를 들어 가족구성원들이 얼굴을 마주보지 않고 컴퓨터를 하고, 설거지 를 하며, 텔레비전을 보며 의사소통을 할 경우 비언어적인 메시지를 간과할 수 있으 므로 서로의 의사전달이 원활하게 되지 않아 오해를 하거나 관계가 악화되는 경우가 있다. 따라서 의사소통을 할 경우에는 가족구성원의 얼굴 표정을 보며 감정을 읽고 목소리를 잘 들으며 의사소통을 하도록 노력하여야 할 것이다.

3) 남녀 의사소통의 차이

가족 간에 의사소통을 하는 데 있어 의사소통 유형이나 성격 유형의 다양함 등으로 인해 서로 많은 어려움을 경험하게 되는데, 이러한 원인 외에도 의사소통 방식에서 그 원인을 찾을 수 있다. 남녀 간의 의사소통 방식을 살펴보면 다음과 같다(Gray, 1996).

첫째, 여성은 의사소통에서 자신의 감정표현에 충실한 반면, 남성은 사실 전달에 치중한다. 그래서 동일한 단어를 사용해도 서로가 전달하려는 내용이 다른 경우가 많다.

둘째, 여성은 의사소통을 통해 이해되기를 원하는 반면, 남성은 인정받기를 원한 다. 그래서 여성은 상대가 자신의 감정을 받아들여주기를 원하며, 남성은 이에 대한 해결책을 제시하기 위해 노력한다.

셋째, 여성은 자신이 원하는 것을 직접적으로 요구하지 않는 반면, 남성은 직접적 으로 표현한다. 여성은 자신이 원하는 것을 표현한다 하더라도 직접적으로 표현하지 않고, 간접적인 표현을 한다. 여성은 상대가 자신을 사랑한다면 자신이 굳이 말하지 않아도 원하는 바를 상대가 알아서 자발적으로 충족시켜 줄 것으로 기대한다. 심지어는 그가 정말로 사랑하는지 시험해 보려고 일부러 말하지 않는 경우도 있다.

넷째, 여성은 문제가 있을 때 자신의 감정을 이야기하는 경향이 있는 반면, 남성은 침묵으로 일관하는 경향을 보인다. 여성은 자신의 문제를 터놓고 이야기하는 방식으로 대처해 나가는 반면, 남성은 오히려 자신만의 세계로 움츠려든다.

이러한 남녀 간 의사소통의 차이를 부부간 의사소통 〈대화 1〉과 주부끼리의 의사소통 〈대화 2〉로 살펴보도록 한다.

두 대화에서 남녀의 의사소통의 차이를 보면, 부부의 의사소통에서는 공감이 아닌

부부간 의사소통 〈대화 1〉

부인: 앞집 슈퍼 문제 있는 것 같아. 물건을 샀는데 안 좋아요.

남편: 그럼 말하면 되지?

부인: 하지만 아무도 그런 말 하지 않는 것 같은데….

남편: 그럼 다른 슈퍼에서 사면 되지!

부인: 그래도 거기가 가깝고 싸고 익숙한데….

남편: 그럼 어떡하겠다는 말이야?

주부끼리의 의사소통 〈대화 2〉

주부 A: 앞집 가게 문제 있는 것 같아요. 물건을 샀는데 안 좋은 것 같아요.

주부 B: 맞아요! 나도 어제 야채를 샀는데 너무 질이 떨어지더라고요.

주부 A: 그러게요. 하루 이틀 살림한 사람들도 아니고 누가 그런 것을 모를까 봐 속이나!

주부 B: 그런 걸 알면서도 싸니까 또다시 가진다니까요.

주부 A: 나도 그래요. 어쩔 수 없죠, 뭐.

자료: 성신여자대학교 가족건강복지센터 자료집(2007), Couple Talk!!!. p.30 재구성.

남편이 해결책을 제시하려고 하며, 주부끼리의 의사소통에서는 공감해 주며 속상한 감정을 읽어주고 있으나 해결책은 제시하지 않고 있다.

이렇듯 남성과 여성은 언어를 사용하는 방법이 다르기 때문에(Kaplan & Sedney, 1988) 서로의 차이점을 이해하고 존중하며 받아들이는 경우 원만한 관계를 유지하고 발전하게 된다.

4) 통신매체를 이용한 의사소통의 방법

우리는 정보통신의 발달로 다양한 수단을 이용하여 자신의 의사를 표현하고 있다. 인터넷 통신이나 휴대전화의 사용 등은 우리의 의사소통을 하는 중요한 방법으로 부각되고 있는 실정이다. 이러한 통신매체를 사용하는 의사소통 방법에는 의성어나 의태어를 사용하는 유형(의성어: 히히, 의태어: 휘리릭), 음절을 줄이는 유형(게임: 겜, 반가워요: 방가), 이어 적는 유형(맞아맞아: 마자마자, 했어요: 해써엽), 이모티콘을 사용하는 유형 등이 있다.

이모티콘은 감정을 뜻하는 이모션(emotion)과 유사기호를 뜻하는 아이콘(ion)의 합성어로 가상공간에서 자신의 정서와 감정 등을 나타내는 상징적 장치를 의미한다. 이모티콘은 텍스트로만 이루어진 메시지 표현의 한계를 극복하기 위해 사용되기 시작하였으며, 함축적 의미전달과 감정적 표현은 이모티콘의 탄생배경이라고 볼 수 있다. 초기의 이모티콘의 형태는 단순한 표정과 사물의 형상에 대한 재현에 미쳤지만, 현재는 다양한 테마와 감정표현은 물론 캐릭터 움직임의 변화와 소리까지 표현하는 수준으로 발전하게 되었다.

이모티콘을 사용하는 것은 문자를 사용하는 것보다 훨씬 더 간단하게 자신의 뜻이나 감정을 전달하는 데 도움이 된다. 경우에 따라서는 말하기 곤란한 내용을 문자언어보다도 더 정확하고 완곡하게 전달할 수 있는 독특한 기능을 하기도 한다(구현정 · 전영옥, 2005).

이러한 이모티콘은 현대사회의 비언어적인 형태의 의사소통이라고 할 수 있으며, 언어의 형태로 나타낼 수 없는 감정표현을 이모티콘을 통하여 전달하고자 하는 수단으로 사용되기도 한다. 즉, 인터넷에서 감정을 표현하는 방법이라고 할 수 있다.

가족 간의 의사소통에서 이런 비언어적인 형태까지, 즉 이모티콘까지도 살피고 이해한다면 좀 더 가까워지고 친밀해지는 가족관계를 형성할 수 있을 것이다. 이모티콘의 종류 중 감정을 표현한 얼굴 이모티콘을 살펴보면 그림 3-2와 같다.

그림 3-2 감정을 표현한 얼굴 이모티콘

	무지			네오		
	표정형 이모티콘	행동형 이모티콘	상황형 이모티콘	표정형 이모티콘	행동형 이모티콘	상황형 이모티콘
기쁘다						
화나다						
슬프다						
즐겁다						
반하다						
절망하다						

자료: 양혜인·이수진·김수정(2017), p.244 재구성.

5) 의사소통 시 피해야 할 사항과 그 대안들

"말 한마디에 천 냥 빚 갚는다."라는 말이 있다. 가족 간 의사소통을 할 때 때로는 힘을 주기도 하고, 때로는 상처를 주기도 한다. 이에 가족 간에 서로 피해야 할 말들과 그에 대처할 수 있는 대안에 대해서 살펴보면 표 3-2와 같다(채규만, 2006).

표 3-2 의사소통 시 피해야 할 사항과 그 대안들

대화 시 피해야 할 사항	대 안
상대방의 자존심을 깎아내리는 대화 (바보, 형편없는, 멍청이 등)	자신의 감정을 말로 설명하라.
과거의 사실을 계속 들추는 대화	현재에 초점을 두어라.
'항상, 전혀, 언제나'의 용어는 피하라.	'대부분, 가끔'으로 이야기하라.
상대방의 마음을 단정(추측)하는 대화	자세히 물어라.
비판적이고 평가적인 대화	그냥 지지자가 되어라. 구체적이고 건전한 대안을 제시하라.
상대방과 시선을 피하는 대화	서로 시선을 맞추고 대화하라.
'당신은', '너 때문에' 등 책임전가식의 대화	자신의 책임을 인정하고 '내 의견인데', '내 생각에는' 식으로 말하라.
기분 나쁜 억양, 표정, 자세	부정적인 감정을 말로 표현하고, 원하는 것을 분명히 밝혀라.
인신공격성의 대화	상대방의 행동을 구체적으로 지적해라.

생각해 보기

1. 현재 자신과 가족이 생활하며 겪고 있는 갈등은 무엇이 있는지, 어떠한 원인으로 발생했는지 생각해 보자.

2. 우리는 수많은 사람들과 의사소통을 하면서 생활하고 있다. 살아가면서 느끼는 남녀의 의사소통의 차이점에 대해 생각해 보자.

3. 우리는 휴대전화 문자, 이메일 등 많은 통신매체를 사용하고 있다. 자신이 사용하고 있는 통신매체의 의사소통 방법에 대해 생각해 보자.

가족스트레스와 가족탄력성

인생을 순탄하고 원만하게 살든지 질곡 있는 인생을 살든지 간에 모든 사람은 일상생활에서 크고 작은 스트레스에 직면한다. 또한, 모든 가족은 생활을 하는 가운데 출산, 입학, 자녀결혼, 승진과 같은 생활사건과 더불어 견디기 힘든 상황이나 역경을 맞이할 수 있다. 그러나 사람마다, 또 가족마다 스트레스 상황을 극복하는 능력이나 과정이 각기 다르다.

이 장에서는 가족적 차원에서 스트레스의 이해와 관리를 돕고자 한다. 최근 스트레스나 위기에 직면하여 그 가족의 문제점이나 취약점이 무엇인지를 밝히기보다는 그 가족이 어떻게 적응하거나 성공하는지를 규명하고자 가족의 강점과 자원에 초점을 두고 가족탄력성이라는 개념을 도입하여 연구하는 경향이 증가하고 있다.

건강한 가족이란 문제가 없는 가족이 아니라 위기상황을 함께 대처하는 문제해결 능력이 있는 가족을 의미한다고 볼 때, 삶의 고비마다 직면하게 되는 스트레스와 위기를 극복하는 과정을 이해하는 것은 가족의 행복과 건강한 사회를 위해 매우 중요하다. 그러므로 이 장에서는 건강한 가족을 위한 가족스트레스와 가족탄력성의 관계를 살펴보고자 한다.

1. 가족스트레스

1) 스트레스

인간은 태어나서 죽을 때까지 크고 작은 스트레스 속에서 살다 간다고 해도 과언이 아닐 정도로 인간의 삶과 스트레스는 밀접한 관계가 있다. 대부분의 사람들이 스트레스 하면 부정적인 감정을 느끼지만 스트레스가 반드시 나쁜 것만은 아니다. 일반적으로 스트레스가 순기능적으로 작용할 때 유스트레스(eustress)라고 하며, 부정적이고도 역기능적인 결과를 초래할 때 디스트레스(distress)라고 한다. 역기능적인 스트레스란 불쾌함, 수치심, 걱정, 불안과 같은 감정을 느끼게 하는 반면에, 기능적인 스트레스는 생활에 활력소가 되고 고무적, 생산적, 행복감을 느끼게 해준다. 동일한 상황과 수준의 스트레스라 하더라도 어떤 사람은 스트레스에 잘 적응하고, 어떤 사람은 부적응적인 모습을 보인다.

본래 스트레스라는 말의 어원은 라틴어의 'stringer'로 '팽팽하게 죄다'라는 뜻에서 유래했는데, 14세기에 이르러 스트레스라는 용어로 쓰이기 시작했다(Ivancevich & Mattesonn, 1980; 김안자, 2005 재인용).

한스 셀리(Hans Selye, 1974)는 스트레스를 어떤 요구에 대한 보편적인 신체의 반응이라 하였으며, 이반세비치와 마테슨(Ivancevich & Matteson, 1980)은 스트레스를 개인의 성격이나 심리적 과정에 의해 중재되는 적응 가능한 반응으로서 특수한 신체적·심리적 요구가 있는 외적인 행동이나 상황, 사건의 결과라 하였다. 카슬(Kasl, 1978)은 요구를 충족시키지 못하면 중대한 결과를 가져오게 되는 상황 아래서 요구와 반응능력 간의 인지된 실제적 불균형이라고 했다. 그 외 플레밍·바움·싱거(Fleming, Baum & Singer, 1984)는 스트레스를 외부환경으로부터의 위험이나 위험에 대한 지각과 반응을 포함하는 과정으로 설명했다(오세진 외, 1996; 김안자, 2005 재인용). 이와 같이 일반적으로 스트레스를 요구와 반응 간의 관계로 보는 경향이 있다.

우리는 스트레스라고 할 때 스트레스원과 스트레스 반응을 때때로 혼용해서 사용하는 경우가 있다. 여기서 스트레스원은 스트레스 반응을 일으키는 원인이고, 스트레스 반응은 스트레스원에 의해 우리에게 나타난(혹은 우리가 나타낸) 결과이다. 일상생활에서는 스트레스원이나 스트레스 반응의 구분 없이 모두 스트레스라는 용어로 사용한다. "공부하는 게 나에게는 스트레스야!"라고 할 때, 여기서 스트레스는 스트레스원의 의미로 쓰인다. "김 부장 때문에 스트레스 쌓여! 스트레스 풀러 술이나 한잔하러 가자."라고 할 때, 여기서 스트레스는 스트레스 반응(예: 심리적 고통의 정서적 반응이나 식욕이 떨어지는 신체적 반응 등)의 의미로 쓰인다. 이런 모호함은 스트레스에 관한 연구들에서도 예외가 아니어서 학자들 간에도 스트레스를 정의하는 방식에 차이가 있다. 스트레스는 보통 세 가지 상이한 방식으로 정의되어 왔고, 그러한 차이가 상이한 스트레스 이론으로 나타났다. 스트레스를 정의하는 세 가지 관점은 자극으로서의 스트레스(자극 접근), 반응으로서의 스트레스(반응 접근), 상호작용으로서의 스트레스(상호작용 접근)이다(김정호·김선주, 2008).

(1) 자극 접근

자극으로서의 스트레스로서 스트레스를 일으키는 사건 자체를 말하는 스트레스원(stressor)으로 개인의 특성과는 무관하게 발생하며, 객관적으로 기술될 수 있는 성질을 가진 자극으로 보는 것이다(김안자, 2005). 이 입장에서는 스트레스를 '압력'과 같은 자극의 개념으로 사용한다. 이것은 초기에 스트레스에 관심을 둔 물리학 분야에서 사용한 개념으로, 기계적인 체계나 구조에 작용하는 장력, 압력, 힘을 의미한다. 이때 스트레스에 대한 반응을 긴장(strain)이라 하는데, 만약 어떤 물체가 과다한 스트레스를 받으면 돌이킬 수 없는 손상이 생긴다는 것이다(박경란·이영숙·전귀연, 2001). 그동안 스트레스에 관한 연구에서 스트레스를 유발하는 외부적 자극으로 생활사건(life event)과 일상적인 스트레스(daily stress)가 많이 연구되었다.

(2) 반응 접근

반응에 의해 나타나는 스트레스로 생물학에 근거를 둔 것이다. 신체에 가해진 어떤 외부 자극에 대하여 신체가 행하는 일반적이고도 불특정한 반응을 말한다. 한스 셀리(1974)는 동물에게 극한적인 온도 자극(심한 더위나 추위 자극)과 위협을 일으키는 심리적 자극을 실시한 결과, 스트레스원의 종류는 달라도 스트레스 반응은 동일하다는 사실을 발견하였다(박경란 외, 2001). 그는 일반 적응 증후군 모형(general adaptational syndrome)을 통해 스트레스는 비특정적 반응으로 수많은 환경적 스트레스원에 의해 그것이 무엇이든지 상관없이 발생하는 일반적인 신체 반응이라고 정의하였다(김정호, 김선주, 2008).

(3) 상호작용적 접근

환경적 자극 요인과 개인의 개별 특징적 반응 간의 상호작용으로 일어나는 스트레스로, 개인의 능력과 자원을 초과하거나 개인이 요구하는 것을 환경이 마련해 주지 못할 때 야기된다고 본다. 즉 스트레스 반응이 상황에 따라 달라진다고 보는 관점이다. 최근에 이르러 인간은 그들의 상황에 단순히 반응하는 수동적인 존재가 아니라 개인의 능력에 따라 환경에 능동적으로 상호작용하는 존재라는 사실을 인식하면서 제안되었다(박경란 외, 2001). 상호작용적 접근에서의 스트레스는 개인과 환경 간의 상호작용으로 심리적 상황에 대한 개인의 인지적 평가에 따라 스트레스가 달라진다고 보는 입장이다.

2) 가족스트레스

(1) 가족스트레스의 개념

가족스트레스(family stress)는 스트레스원으로 인한 적응요구가 가족자원에 크게 부담을 줄 때 일어나는 긴장상태를 말한다(Hill, 1949). 가족스트레스는 불가피하게 가족 내 경험하게 되는 가족체계 내의 긴장과 압력으로, 개인과 가족의 시간의 흐름에 따라 발달, 변화하는 과정을 의미한다(Boss, 1987). 가족스트레스는 어느 한 사람이 스트레스를 경험하게 되면 이는 곧 다른 가족 구성원에게 영향을 미치게 되고 결국 가족 전체의 문제가 된다(Bowen, 1976; 류정남, 이지민, 2017 재인용).

스트레스와 마찬가지로 가족스트레스도 그 자체가 긍정적, 부정적이라기보다는 가족구성원이 변화를 요구하는 긴장이나 압력, 위기에 직면했을 때 가족이 어떻게 인지하고 적응하느냐가 중요하다. 그 변화로 인해 긍정적이거나 부정적 혹은 두 가지 모두에 영향을 미치는 전환점이기 때문에 비교적 불안정한 상태가 된다. 가족이 스트레스를 감당하지 못해 어려움에 처하고 신체적, 심리적 건강 악화와 기능저하를 초래할 수도 있지만, 위기를 벗어나고자 노력하여 가족의 잠재적인 능력이 강화되기도 한다.

그래서 가족스트레스는 개인의 신체 및 정신건강에 영향을 미칠 뿐 아니라 개인의 자아인식 및 정체성의 변화까지 초래한다고 하였다(Thoits, 1995; 류정남, 이지민, 2017 재인용).

(2) 가족스트레스의 요인

스트레스를 일으키는 외부적 자극을 스트레스원, 스트레스 요인 또는 스트레스 유발사건이라고 한다. 보스(Boss, 1988)는 가족스트레스원의 유형을 구분하였는데, 김용미, 서선희, 옥경희, 정혜정(2005)의 가족스트레스 요인의 유형은 다음과 같다.

① 외적 스트레스원과 내적 스트레스원

스트레스 사건이 재해나 불경기, 전쟁, 지진, 테러 등과 같이 가족 밖에서 일어난 경우를 외적 스트레스원이라 하고 자살, 폭력과 같이 가족성원들에 의해 발생되는 경우를 내적 스트레스원이라고 한다. 대체로 외적 스트레스원은 가족 응집력을 강화시키는 반면 내적 스트레스원은 가족원이 서로 비난하기 때문에 가족을 분열시키거나 붕괴시키는 경향이 있다.

② 규범적 스트레스원과 비규범적 스트레스원

발달적 · 비발달적 스트레스원이라고도 한다. 규범적 스트레스원은 가족주기에 따라 대부분의 가족이 일정한 시기에 겪는 결혼, 출산, 자녀의 취학이나 입시, 사망 등의 사건들이다. 비규범적 스트레스원은 가족주기와는 관련 없이 갑자기 예기치 않게 발생하는 사건들로, 사고와 질병, 요절, 유산, 파산, 이혼, 실직 등 어떤 가족에게는 일어날 수 있고 또 어떤 가족에게는 일어나지 않을 수도 있는 사건들이다. 규범적 스트레스원은 예측 가능하여 어느 정도 준비를 할 수 있어 극복하기 쉬우며, 가족 위기를 초래할 가능성도 적다.

③ 의도적 스트레스원과 비의도적 스트레스원

의도적 스트레스원은 가족 또는 가족성원이 원해서 선택적으로 발생한 사건으로, 계획된 출산, 입양, 원해서 이루어진 이혼 등이 이에 속한다. 비의도적 스트레스원은 사건의 발생이 가족의 통제 밖에서 이루어진 경우로, 실직이나 도난 등이 그 예이다. 일반적으로 의도적 스트레스원은 가족원의 의도에 의해 발생하여 미리 예측할 수 있기 때문에 비의도적 스트레스원보다 대응이나 통제가 상대적으로 쉽다.

④ 만성적 스트레스원과 일시적 스트레스원

만성적 스트레스원은 만성질병이나 사고로 인한 영구적 장애 등 스트레스가 오래 지속되는 요인이지만, 일시적 스트레스원은 짧은 수술로 인한 활동장애처럼 단기적이나 일회적 요인에 의한 스트레스를 말한다. 만성적 스트레스원이 일시적 스트레스원보다 극복하기 어렵고 가족 위기를 초래할 가능성이 크다.

⑤ 누적된 스트레스원과 단독 스트레스원

가족스트레스는 하나의 사건에 의해 야기되기보다 여러 개의 요인들이 누적되어 발생하는 경우가 많다. 여러 개의 요인이 누적되어 발생하는 스트레스는 그 중첩 효과에 의해 가족스트레스의 수준이 높아지고 가족 위기를 초래할 가능성이 증가한다.

가장 넓은 의미에서 스트레스를 자원을 위협하는 사건이나 상황으로 볼 때(Lazarus and Folkman, 1984), 가족스트레스를 유발하는 요인은 크게 두 가지 유형으로 분류된다. 즉 생활사건(life events)과 일상적인 긴장(daily strains)이다. 생활사건은 소수에게만 한정된 영향을 미치지만 당사자들에게는 중대한 변화를 초래하는 주요한 생활사건으로, 은퇴, 배우자의 사별이나 가까운 사람의 죽음 등이 이에 해당된다. 일상적인 긴장은 개인과 환경 간의 관계에 영향을 미치는 지속적인 상황으로, 대부분의 사람들이 일상생활에서 흔히 경험하는 사소한 문제거리, 즉 일상적인 스트레스가 바로 그것이다(이영자, 1999).

여기서 홈스와 라에(Holmes & Rahe, 1967)는 '사회 재적응 평가척도(social readjustment rating scale)'라고 불리는 스트레스 척도를 개발하였다. 그는 일상생활에서 흔히 경

표 4-1 사회 재적응 평가척도 - 생활 변화 스트레스 점수 비교

순위	1) 생활사건*	점수	2) 생활사건*	점수
1	배우자의 사망	100	자식 사망	74
2	이혼	73	배우자 사망	73
3	부부 별거	65	부모 사망	66
4	형무소 복역	63	이혼	63
5	가까운 가족성원의 사망	63	형제자매 사망	60
6	개인적인 상해나 질환	53	혼의 정사	59
7	결혼	50	별거 후 재결합	54
8	직장 해고	47	부부의 이혼, 재혼	53
9	부부 재결합	45	별거	51
10	은퇴	45	해고, 파면	50
11	가족성원의 건강상태 변화	44	정든 친구의 사망	50
12	임신	40	결혼	50
13	성생활의 문제	39	징역	49
14	새로운 가족성원을 얻는 것	39	결혼 약속	44
15	사업 재적응	39	중병, 중상	44
16	재정 상태의 변화	38	사업의 일대 재정비	43
17	절친한 친구의 죽음	37	직업 전환	43
18	직업의 다른 부서로의 이동	36	정년퇴직	41
19	배우자와의 논쟁 횟수의 변화	35	해외 취업	39
20	만 달러 이상의 저당	31	유산	38
21	저당금이나 대부금의 압류	30	임신	37
22	직업상의 책임 변화	29	입학시험, 취직 실패	37
23	자녀가 집을 떠나는 것	29	자식의 분가	36
24	인척과의 갈등	29	새 가족 등장	36
25	눈에 띄는 개인적 성취	28	가족 1명의 병	35
26	아내가 직업을 갖거나 그만두는 것	26	성취	35
27	학업을 시작하거나 마치는 것	25	주택, 사업, 부동산 매입	35
28	생활조건의 변화	24	정치적 신념 변화	35
29	개인적 습관 고치기	24	시댁, 처가, 친척과의 압력	34
30	상사와의 갈등	23	학업의 시작, 중단	34
31	근무시간이나 조건의 변화	20		
32	주거의 변화	20		
33	학교를 옮기는 것	20		
34	여가생활의 변화	19		
35	교회활동 변화	19		
36	사회활동 변화	18		
37	만 달러 이하의 저당이나 대부	17		
38	수면습관의 변화	16		
39	함께 사는 가족 수의 변화	15		
40	식습관의 변화	15		
41	휴가	13		
42	크리스마스	12		
43	가벼운 법률 위반	11		

*1) Holmes & Rahe(1967), 2) 홍강의, 정도언(1982)
자료: 박경란·이영숙·전귀연(2001), 현대가족학, p.340.

험하는 43개의 사건들이 개인에게 미치는 영향을 계량화하여 배우자의 죽음을 100으로, 결혼의 스트레스를 50으로 정하고 나머지 사건들의 영향을 상대적으로 평가하였다(박종한, 2006 재인용). 우리나라에서는 홍강의와 정도언(1982)이 한국 실정에 맞는 문항을 첨가하여 한국형 사회재적응평가척도를 제작하였다(표 4-1 참조). 박종한(2006)은 43개의 사건들 중에서 노인들이 경험할 가능성이 비교적 높은 사건들을 지난 1년 동안에 발생했는지의 여부를 질문한 결과, 각 사건의 사회재적응평가척도 점수는 각각 배우자의 사망(73점), 이혼(별거)(57점), 부모·형제·자매의 사망(66점), 큰 병을 앓거나 다침(44점), 해고(은퇴)(45점), 부모·배우자·형제·자매의 질병(36점), 경제적 어려움(34점), 친구의 사망(50점), 이사(29점)인 것으로 나타났다.

우리는 끼니마다 무엇으로 상을 차릴지 고민한다든지, 열심히 뛰어갔는데 버스나 지하철을 놓쳐 발을 동동 구른다든지 하는 일들을 흔히 경험한다. 앞에서 생활사건 척도에 나열된 큰 사건이 아니더라도 일상생활에서 사소한 골칫거리들로 인해 좌절과 괴로움을 경험하기도 한다. 이러한 일상적인 스트레스는 용어 자체가 통일되지 않은 채 연구자에 따라 다양한 용어로 사용되고 있다. 즉, 역할긴장(role stains), 생활긴장(life strains), 만성적 스트레스(chronic stress), 생활상의 곤경(life difficulties), 생활조건(life condition), 만성적인 긴장(chronic strains) 등으로 지칭되고 있다(이영자, 1999).

우리나라 주부는 남편이 늦게 귀가하는 것, 자녀가 공부를 못하는 것, 하루가 단조롭고 지루한 것 등을 일상적인 스트레스원으로 꼽았다. 라자러스는 이러한 일상적인 스트레스를 다음의 여덟 가지로 분류하였다(김정호, 김선주, 2008).

- 가사일 : 식사를 준비하고 장보고 집안을 가꾸는 일
- 건강문제 : 병이나 약 복용 등으로 인한 불편함
- 시간의 압박 : 할 일이 많은데 시간이 부족한 경우
- 내적 생의 문제 : 고독이나 일상생활의 무의미성, 사회적 교제 부담
- 환경문제 : 소음, 공기 오염, 먼지, 이웃에 도둑이 드는 것
- 경제문제 : 사소한 빚이나 월급 전에 돈이 떨어지는 것
- 일에서 생기는 문제 : 일에 대한 불만족, 직원들 간의 마찰, 일의 능률 저하
- 미래에 대한 걱정 : 불안정한 직장, 실직 위협, 불확실한 장래 등

(3) 가족스트레스 이론

가족스트레스이론으로 가장 널리 알려진 이론은 ABCX 모델이론과 Double ABCX 가족스트레스 모델이론이다. 이 중 ABCX 모델 이론은 가족학자 힐(Hill, 1949)이 제안한 이론으로, A는 스트레스원을 나타내고, B는 가족이 위기를 극복할 수 있는 자원들, C는 가족의 스트레스원에 대한 인지와 평가를 의미하는데, B와 C가 상호작용하여 X(위기)를 만든다는 것이다(그림 4-1 참조).

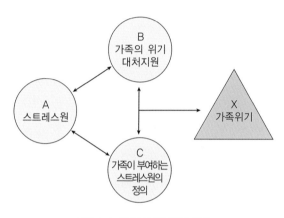

그림 4-1 ABCX 가족 위기 모델

자료: 정현숙·유계숙(2001), 가족관계, p.461.

Double ABCX 가족스트레스 모델(McCubbin & Patterson, 1983)은 힐의 ABCX 모델을 시간에 따른 변화모델로 발전시킨 것이다. 기존의 ABCX 모델에서 네 가지 요인인 누적된 스트레스원(aA), 자원(bB), 상황평가(cC), 적응(xX)을 추가하였다(그림 4-2 참조).

여기서 aA는 누적된 스트레스원으로 개인이나 가족체계에 변화를 일으키는 중요한 생활사건이나 긴장을 말한다. 시간이 지남에 따라 가족위기가 해결되거나 영향을 미치며 가족생활로 인한 누적된 스트레스원과 긴장을 경험한다는 것이다. 즉 초기의 스트레스원으로 인한 가족위기를 경험하고 가족생활의 변화를 요구하는 사건으로 스트레스가 축적됨을 의미한다. 자원(bB)는 기존의 자원과 새로운 자원을 의미하는 것으로 가족의 스트레스에 대한 적응과정에서 사용되는 자원이다. 즉 위기 전에 이미 있었던 기존 자원과 위기에 대처하면서 생긴 새로운 자원을 의미한다. 상황평가(cC)는 가족이 위기상황과 누적된 스트레스 사건을 어떻게 받아들이고 이해하는가하는 상황에 대한 가족의 재정의를 의미한다. 적응(xX)은 누적된 스트레스원이나 위기에 대한 가족의 적응결과로서 순적응과 부적응으로 나뉜다. 가족이 스트레스에 잘 대처하고 균형상태를 이루는 경우 이를 순적응(bonadaptation)이라 하는 반면, 일부 가족은 스트레스 상황에 잘 대처하지 못하여 가족 구성원 간, 가족-지역사회 간 불균형이 지속됨으로써 부적응(maladaptation) 상태에 도달한다(McCubbin & Patterson 1983; 황미진, 정혜정, 2014 재인용).

요컨대 Double ABCX 모델은 시간이 지남에 따라 위기사건을 중심으로 위기이전과 위기이후로 나뉘어서 설명된다고 볼 수 있다. 위기이전에 그 가족이 지니고 있는 기존의 자원과 스트레스원에 대한 인지로 위기상황에 어떻게 적절히 대처하였는지, 그리고 시간이 흐름에 따라 새로이 발생하는 스트레스원이 누적되면서 기존의 자원과 강화된 자원을 가지고 상황을 어떻게 인지하고 평가하느냐에 따라 적응, 부적응으로 나뉜다고 볼 수 있다.

동일한 스트레스 상황이라도 가족에 따라 위기가 기회 또는 위험으로 인식할 수 있으며, 긍정적 사고는 스트레스 사건, 상황을 수용하는 능력을 증가시켜 변화를 이끈다고 한다(McDonald, 2002; 황미진, 정혜정, 2014 재인용).

마지막으로 힐의 모델을 기초로 한 버(Burr)의 모델은 브로데릭(Broderick, 1970),

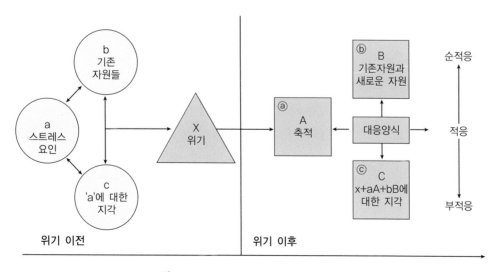

그림 4-2 Double ABCX 가족스트레스 모델

자료: 정현숙·유계숙(2001), 가족관계, p.463.

버(Burr, 1973), 맥커빈(McCubbin, 1979) 등이 경험적 연구를 통하여 스트레스에 대한 가족의 취약성과 가족의 회복력을 첨가시킴으로써 이론을 완성하였으며, 이는 가족스트레스 연구와 이론 정립에 새로운 관심을 불러일으켰다. 스트레스를 일으키는 사건은 가족의 취약성(가족자원의 감소, 결핍, 장애 등)에 따라 가족이 맞는 위기의 양을 변화시키며, 변화를 얼마나 심각하게 받아들이느냐에 따라 가족의 취약성이 영향을 받는다는 것이다. 회복력이란 스트레스 사건으로부터 초래된 예측되는 상황을 극복하기 위한 가족체계의 다양한 능력이라고 하였다(김안자, 2005).

2. 가족탄력성

1) 가족건강성

메이스(Mace, 1985)는 건강한 가족의 수를 증가시키는 것보다 더 인간생활을 행복하게 하는 방법은 없다고 하였다. 가족의 건강성은 가족의 복지와 정서적 건강을 높인다. 많은 학자들이 가족건강성의 의미를 약간씩 다르게 정의하면서 건강한 가족을 나타내는 용어를 달리 사용하여 강한 가족(strong families), 정서적 건강 가족(emotionally healthy families), 행복한 가족(happy families), 성공적인 가족(successful families), 회복력 있는 가족(resilient families) 등으로 다양하게 표현하고 있다. 용어는 다르게 사용한다 하더라도 기본적인 의미는 가족이 함께 기능하고 가족 상호간의 관계에 만족함을 의미한다(유영주, 김순옥, 김경신, 2017). 우리는 건강한 가족이라는 용어를 대표적으로 사용하지만, 서구사회에서는 성공적인 가족이라는 용어를 주로 사용한다.

본래 건강가정은 Otto(1962)의 강한 가족(strong family)의 기능에 대한 논의를 시발점으로 가족원 간 상호작용 유형에 초점을 맞추어 관심의 대상으로 떠올랐다. 가족건강성은 개별 가족원의 복리, 성신건강, 행복에도 중요한 영향을 미치며(Ammoms & Stinnett, 1980; Casas et al., 1984), 사회의 건강과 안정에도 중요하다는 것이 여러 학자들의 공통된 주장이다(어은주, 유영주, 1995; 김혜신, 김경신, 2011 재인용). 올슨과 드프레인(Olson, Defrain, 2003)은 가족건강성이란 가족관계가 원만하고 함께 문제를 극복하며 가족기능이 긍정적인 관계를 유지하는 것이라고 정의하였다. 강명숙(2015)은 가족구성원들이 경제적, 정서적, 심리적으로 안정적이고, 가족 간의 신뢰와 지지를 바탕으로 문제해결 능력을 가지고 있으며, 긍정적인 상호관계를 통하여 공동체적 가치체계를 공유하여 사회성을 연계할 수 있는 기능을 갖춘 가족이라고 정의하였다. 즉 가족건강성은 가족생활의 병리적, 부정적 측면보다는 긍정적 측면을 강조하는 개념으로 가족의 관계적, 기능적 측면을 전제로 하는 개념임을 강조하였다(이서영, 2016).

요컨대, 가족건강성은 문제가 없는 가족을 의미하는 것이 아니며, 가족의 외형적인 구조보다는 가족 상호간 관계의 질과 상호작용에 중점을 두는 것이기 때문에 외형적으로 다양한 가족구조의 생활 속에서 부딪히는 문제를 가족구성원이 함께 해결하고자 노력하며 긍정적인 가족기능을 유지하여 서로 만족스런 삶을 의미한다고 할 수 있다. 유영주(2004)는 한국형 가족건강성 척도에서 '문제해결능력'을 강조하여 '우리 가족은 어려운 문제를 해결하기 위해 함께 노력한다', '우리 가족은 서로를 위해 어떠한 위험도 감수할 용기가 있다'는 문항 등으로 구성하였다(이서영, 2016 재인용).

2) 가족탄력성

(1) 탄력성의 개념

탄력성(Resilience, Resiliency)에는 '되튐, 탄성, 탄력, 복원력, 쾌활성' 등의 의미가 내포되어 있다. 이 말이 사람에게 적용될 때는 '질병, 우울, 충격, 역경으로부터 빨리 회복하는 힘'을 의미한다(뉴 옥스퍼드 사전, 1998; 김안자, 2005 재인용). 국내 연구에서는 레질리언스를 스트레스 이전의 적응 수준으로의 복귀능력으로 이해하는 경우 '적응유연성'이라는 용어로 사용(박현선, 1998, 1999)하였고, 김미옥(2000)은 어떤 상황에 대한 융통성과 외부의 힘에 대한 저항 및 회복의 의미를 동시에 보유하고 있는 '탄력성'이라는 용어로 사용하였다. 또한 회복력이라는 용어로 사용되기도 한다.

여기서 탄력성은 역경으로부터 회복하는 힘이며 어려운 것을 견딜 수 있고 자신을 치유하는 능력을 의미한다(Wolin and Wolin, 2000). 다시 말해 탄력성은 스트레스 상황 속에서 상처받지 않는다는 의미가 아니라, '다시 되돌아오는 경향'의 의미로 스트레스 상황에 잘 대처함으로써 스트레스 정도를 낮출 수 있는 능력을 의미한다(Luthar, Cicchetti, Becker, 2000; 문상정, 2007 재인용).

본래 탄력성의 개념은 1970~80년대 아동발달 및 정신건강 전문가들이 정신장애를 가진 아동에 관한 연구를 진행하는 과정에서 혼란과 역기능 상황에도 불구하고 도태되지 않고 생존하는 아동을 보며 장애라는 위험요인의 취약성을 극복하도록 하는 보호요인이 함께 있음을 발견하여 개인탄력성이라는 개념을 제시하였다. 이후 가족탄력성이라는 개념이 도입된 것은 1990년대 후반으로, 과거의 가족 연구에서 부적응 요인을 밝히고자 하는 병리적인 관점에서 벗어나 강점관점에 기반하여 문제 자체에 대한 관심보다는 해결방안을 발견하고 성공적인 적응을 탐색하고자 가족의 적응적인 능력이나 건강성 등에 초점을 두었다(허보미, 2017).

가족탄력성이란 가족단위에서 부딪치는 위기, 변화, 스트레스원으로부터 다시 일어서는 가족의 잠재력 또는 가능성이며(Danielson et al., 1993; 박지현, 김태현, 2011 재인용), 루타 외(Luthar et al.,2000)는 가족이 스트레스와 역경을 극복하는 것은 가족탄력성 정도에 의해 좌우된다고 하였다(류정남, 이지민, 2017 재인용).

동일한 수준의 스트레스를 경험하더라도 어떤 사람은 잘 적응하는 반면에 어떤 사람은 부적응적인 모습을 보인다. 대부분의 스트레스에 관한 연구에서 스트레스와 적응, 부적응 간에 조절변인 또는 완충변인이 있음을 지적하면서 개인적 변인으로 자아존중감, 자아탄력성 등을, 가족적 변인으로 부모-자녀간의 의사소통, 가족지지, 가족응집성, 가족기능, 가족탄력성, 사회적지지 등을 고찰하였다. 이 중 최근 들어 활발히 연구되고 있는 가족탄력성에 대해 살펴보고자 한다.

(2) 가족탄력성의 구성요인

최근 외국에서는 가족탄력성(Family Resilience)에 대한 연구가 활발히 이루어지고 있는데, 그중에서도 Double ABCX 모델을 발전시켜 가족탄력성 모델을 구성한 맥커빈(McCubbin et al.,1993)의 연구와 가족탄력성의 기원부터 개념, 적용의 실제를 밝힌 월시(Walsh, 1998)의 이론이 중요한 두 축을 이루고 있다. 맥커빈 외(McCubbin et al., 1993)는 가족 형태, 가족 스키마, 가족 지원, 가족 기능, 문제해결과 대처, 사회적 지지 등을 제시하였고, 월시(Walsh, 1998)는 가족탄력성이 신념체계, 조직유형, 의사소통 과정의 세 가지 개념으로 구성되어 있다고 하였다(김안자, 2005 재인용). 월시(Walsh, 1998; 양옥경, 김미옥, 최명민 역, 2002 재인용) 이론을 중심으로 살펴보면 다음과 같다.

첫째, 신념체계이다. 이는 가족탄력성의 본질과 정신이 되는 것으로 역경에 의미를 부여하는 능력을 포함한다. 긍정적 시각과 강점과 가능성에 대한 확신, 역경의 고통을 덜어줄 뿐만 아니라 보다 큰 가치와 목적을 가진 초월적 신념들이 이에 속한다. 이는 가족이 문제와 대안을 어떻게 바라보는가에 따라 적절한 대처와 역경의 극복을 가져올 수도 있고, 역기능과 절망을 가져올 수도 있음을 의미한다.

○ 역경에 대한 의미부여: 역경의 의미는 가족의 상호작용을 통해서 여과되는데, 가족탄력성에서 가족의 위기상황에 대한 이해 및 의미부여는 가장 중요하다(Antonovsky & Sourani, 1988; Patterson & Garwick, 1994). 불확실한 상황에 의미를 부여하고 명확화하는 능력은 더 쉽게 인내하게 한다. 또한, 인생의 새로운 비전과 목적을 가지고 변화할 수 있게 해준다(walsh, 1998; 양옥경 외 역, 2002, 105 재인용).

○ 긍정적 시각: 기능적인 가족들은 인생에 대해 비관주의보다는 낙관적인 관점을 가지고 있다(Beavers & Hampson, 1990; walsh, 1998; 양옥경 외 역, 2002, 116 재인용). 긍정적으로 사고하고 용기가 있으며 가족, 친구, 지역사회의 지지와 격려는 고난을 헤쳐 나가는 데 도움이 되고, 자신감을 갖게 해준다.

○ 초월과 영성: 가족에게 경험과 지식의 한계를 초월하는 가치와 신념체계가 필요한데, 이것은 가족구성원이 고통스럽고, 불확실하며, 두려운 특정한 현실을 희망을 갖고, 사건을 이해하는 시각으로 볼 수 있도록 해준다(walsh, 1998; 양옥경 외 역, 2002, 125 재인용).

둘째, 조직유형이다. 이는 가족의 완충장치로서의 역할을 하는 것으로, 변화를 요구하는 가족스트레스와 위기상황에서 어떻게 가족이 효과적으로 가족구조를 재조직하는가를 의미한다. 가족의 융통성, 연결성, 사회·경제적 자원으로 구성된다.

○ 융통성: 가족은 함께 바쁜 아침일과를 시작하고, 저녁이면 다 함께 모여 식사를

표 4-2 가족탄력성의 핵심적 가족과정과 구성요인

가족과정	구성요인	세부내용
신념체계	역경에 대한 의미 부여	• 협력의 가치 • 가족생활주기의 방향 • 결속력 • 위기, 고통, 회복의 평가
	긍정적 시각	• 적극적 주도성과 인내 • 용기와 격려하기 • 희망과 낙관적 관점의 유지 • 강점과 잠재력에 초점두기 • 가능한 것은 정복하고 변화할 수 없는 것은 수용하기
	초월과 영성	• 보다 큰 가치들과 목적 • 영성: 믿음, 친교, 의식들 • 영감: 새로운 가능성 계획 • 변화: 위기로부터의 학습과 성장
조직유형	융통성	• 안정성과 변화의 균형
	연결성	• 상호지지, 협력, 책임을 통한 강점 • 개인적 욕구, 경계의 존중 • 강력한 리더십 • 재결합
	사회 및 경제적 자원	• 확대된 친지와 사회적 지지의 동원 • 중요한 지역사회망 확립 • 재정 보장 확립
의사소통과정	명료성	• 명확하고 지속적인 메시지 • 애매한 정보의 명료화
	개방적인 정서 표현	• 광범위한 감정공유 • 상호감정이입 • 자신의 감정, 행동에 대한 책임 • 유쾌한 상호작용
	상호협력적 문제해결	• 문제, 스트레스 요인, 대안 • 창조적인 브레인스토밍 • 공유된 의사결정 • 예방적 자세, 문제예방

자료: Walsh(1998). Strengthening Family Resilience. 양옥경, 김미옥, 최명민 역(2002), 가족과 레질리언스, p.99, 142, 181, 재인용.

하는 등 일상적인 일과를 통해 정서적인 안정감은 물론, 가족기능면에서도 안정

성을 유지한다. 그러나 가족발달 측면에서 자녀의 결혼 등 가족구조가 변화하거나 부모의 입원과 같은 사건으로 인한 스트레스 상황에 놓이면 융통성을 발휘하여 가족기능이 일상적으로 유지되도록 안정과 변화 사이의 균형을 이루어야 한다.

○ 연결성: 건강하고 기능적인 가족은 '따로 또 같이'의 가치를 유지하고자 노력한다. 즉 가족구성원이 각자의 자율성을 가지고 성장, 자기계발을 위해 노력하지만 늘 서로 연결되어 있다고 믿으며 가족이 함께 하는 일에도 헌신적이며 투자를 아끼지 않는다. 이렇게 연결성을 통하여 연합과 분리의 조화를 잘 유지할 때 위기나 역경 시 가족의 힘은 배가 된다.

○ 사회 및 경제적 자원: 위기 시 가족기능이 일상적으로 유지되도록 하기 위해서는 친지의 도움이나 지역사회의 복지서비스가 필요하다. 즉 사회적 관계망을 이용하여 주위의 지역사회에서 제공하는 정보나 상담, 경제적 지원 등 구체적인 사회복지서비스를 활용하는 것이다.

셋째, 의사소통 과정이다. 의사소통의 과정을 통해 기능적인 가족과 역기능적인 가족으로 나누어지게 될 만큼 의사소통 과정은 가족기능 활성화에 핵심적인 요인이 된다. 가족구성원들이 서로 말하고 듣는, 상호작용을 통한 언어적, 비언어적 의사소통이 그만큼 가족기능에 중요하다.

○ 명료성: 가족구성원 간에 자신이 생각하고 의미한 바를 직접적으로 솔직하고 명료하게 이야기할수록 기능적인 가족이며, 간접적으로 에둘러서 애매모호한 메시지를 주고받을 때 역기능적인 가족이기 쉽다. 즉 가족기능은 개방적인 의사소통과 밀접한 관계가 있어 가족 간에 기대하는 바를 명료하게 의사소통할 필요가 있다.

○ 개방적인 정서 표현: 개방적으로 가족구성원 간에 감정을 표현하여 정서를 공유하는 것은 위기나 역경 시 더욱 중요하다. 이 때 기쁜 감정은 물론, 고통스런 감정이나 절망, 상실감 같은 부정적인 감정도 가족끼리 나누며 서로 감정이입을 하는 적극적인 경청자세는 가족원에게 어려움을 극복하는 데 힘이 될 수 있다. 또한, "고마워."라는 말 한마디로 가족원간의 갈등이 눈 녹듯이 사라졌다는 상

담사례처럼 고마움, 사랑, 존경과 같은 긍정적인 정서의 표현은 부정적인 정서를 상쇄하는 효과가 있다.

○ 상호 협력적 문제해결: 탄력적인 가족은 갈등을 해결하고자 끊임없이 노력해서 상호 협력적으로 문제를 해결한다. 이를 위해 가족원에게 문제가 되는 스트레스원을 명료화하고, 브레인스토밍을 통해 가능한 여러 대안을 제시할 필요가 있는데, 이 때 배제되는 가족구성원 없이 모두 의사결정에 참여하도록 하며, 협상과 타협을 통해 결정한 내용을 공유할 필요가 있다.

3. 가족스트레스와 가족탄력성 접근법

개인과 가족, 가족과 사회의 관계는 한 유기체 내의 뗄 수 없는 불가분의 관계에 비유할 수 있다. 개인적 스트레스와 가족스트레스가 각각 가지고 있는 자원으로 대처하는 것은 한계점에 노출되기 쉽고 미봉책에 지나지 않는다. 보다 근본적인 문제해결을 위해서, 또 예방적인 측면에서 생태학적, 가족발달적으로 접근할 필요가 있다고 생각하여 이를 소개하고자 한다.

1) 생태학적 접근법

브론펜브레너(Bronfenbrenner, 1989)의 생태학적 이론은 개인과 그를 둘러싼 환경, 개인과 환경과의 관계를 다룬다. 개인을 둘러싼 환경에는 주요한 다섯 체계가 있는데, 이는 미시체계(microsystem), 중간체계(mesosystem), 외체계(exosystem), 거시체계(macrosystem), 시간차원(chronosystem)을 말한다.

이 중 개인에게 가장 가까운 체계는 미시체계(microsystem)이다. 브론펜브레너(Bronfenbrenner, 1974)에 의하면, 개인이 다른 사람과 대면적인 상호작용을 하는 가장 직접적인 체계로, 보통 개인의 생활에 가장 큰 역할을 하는 가족, 선생님, 동료와 같은 친밀한 결합을 포함한다. 중간체계(mesosystem)는 미시체계의 요소간의 관계이다(Bronfenbrenner, 1986). 이러한 관계는 하나 이상의 미시체계를 포함하여 개인에게 영향을 미친다. 예를 들면 아동의 부모와 선생님과의 상호작용이 집에서의 행동에 있어 벌이나 보상을 초래할 수 있다(Coriden, 2015 재인용). 즉 가정생활과 학교생활, 가정생활과 친구관계 등의 상호연관성으로, 부모와 관계가 원만하지 않은 아동은 친구와의 관계도 원만하지 않은 경우가 많은데, 이 때 중간체계가 아동의 발달에 영향을 미친다고 볼 수 있다(조복희, 정옥분, 유가효, 1997).

외체계(exosystem)는 개인에 영향을 미치지 않지만, 체계는 개인에게 영향을 미친다(Bronfenbrenner, 1986). 예를 들어, 아동과 부모의 직업간의 관계에 있어서 아동 개개인은 부모의 직업에 영향을 미치지 않지만 부모가 직장을 잃게 되면 아동은 영향을 받는다. 이러한 체계와 환경의 이론에서 개인은 혼자가 아니며 그를 둘러싼 환경에 의해 끊임없이 영향을 받는다는 것을 기억하는 것이 중요하다. 거시체계(macrosystem)는 신념이나 가치관, 문화 등을 포함한다(Bronfenbrenner, 1989). 이 체계는 무형이지만 지속적으로 개인에게 영향을 미친다. 부모는 그가 양육된 문화를 기초로 자신의 자녀를 양육하는 방법을 부모에게 배울 수 있다. 마지막으로 각각의 체계가 시간이 지남에 따라 달라지는 것을 시간차원(chronosystem)이라 한다(Bronfenbrenner, 1986). 예를 들어 이혼, 실직, 재난 그리고 졸업, 결혼, 출산과 같은 생활사건은 개인의 생태체계에 영향을 미친다. 개인의 인생에 있어서 실직이란 생활사건이 젊을 때 일어난다면 거시체계인 가치관과 문화 또한 변화할 것이다. 가족소득도 변하게 되어 외체계에 영향을 미칠 것이다. 개인적 관계 역시 변하게 되어 개인의 미시체계와 중간체계, 동료관계와 행동에 영향을 미칠 것이다. 이러한 각각의 환경은 개인의 삶에 영향을 미치고 다른 사람과 관계 맺는 방법에 영향을 미칠 것이다(Coriden, 2015 재인용).

2) 가족발달적 접근법

가족발달적 관점은 결혼이라는 가족의 탄생에서부터 배우자 사망, 본인 사망이라는 가족의 소멸에 이르기까지 가족의 시간에 따른 변화과정을 설명하는 접근법이다. 가족의 시간의 따른 변화를 단계별로 나누어 가족생활주기(family life cycle)를 제시하고, 가족의 성장 내지는 발달적 관점에서 각 단계별 가족의 역할, 발달과업을 기술한다. 그런데 현대사회에서 결혼연령이 점차 늦어지고, 자발적 무자녀 가족의 증가, 비동거 가족내지는 1인 가족의 증가 등으로 개인의 생활주기를 분석하는 라이프 코스(life course)적 접근법이 이와 유사한 접근법으로 대두되게 되었다.

가족발달적 접근은 가족생활주기의 각 단계별로 가족의 다양한 역할과 발달과업이 어떻게 수행되는지, 무엇이 문제인지를 분석함으로써 전 가족생활주기에서 나타나는 문제점을 예측하고 가족문제를 예방할 수 있는 가족생활교육의 지침을 제공할 수 있다(유영주 외, 2017). 여기서 가족생활주기는 각 단계를 나눌 때 기준점을 무엇으로 보느냐에 따라 가족원 수의 변화, 가족의 경제적 소득의 변화, 자녀교육의 변화 측면에서 가족생활주기를 학자마다 다르게 나누고 있다. 지난 수십 년 간 가족생활주기에 있어서도 많은 변화가 일어나 가족형성기(결혼~첫 자녀 출산)와 가족확대기(첫 자녀 출산~막내 자녀 출산)는 상당히 단축된 반면, 확대완료기(막내출산~첫 자녀 결혼)와 축소완료기(막내결혼~남편 사망)는 상당히 길어졌다. 따라서 한국의 가족은 지난 반세기 동안 가족생활의 주된 역할이 자녀의 출산이나 양육중심에서 자녀의 교육과 부부중심으로 바뀌었다고 볼 수 있다(공세권, 1993; 유영주 외, 2017 재인용).

4. 가족스트레스와 가족탄력성 관련연구

패터슨(Patterson, 1991)은 장애아동 가족과 가족탄력성의 개념적인 연결을 시도한 최초의 연구로 만성질병을 가진 아동의 탄력적인 가족의 특징을 제시하고 있다. 코스시렉과맥커빈(Kosciulek & McCubbin, 1993)은 뇌손상 가족의 적응을 설명하는 이론적 모델로서 가족탄력성 모델의 유용성을 설명하고 있다. 이는 월시(Walsh, 1998)의 이론에서 가족이 장애를 해석하는 틀을 제시하는 신념체계에 따라 가족의 적응이 달라질 수 있다는 개념과 일치한다(김안자, 2005 재인용).

국내 연구의 경우, 최희정(2009)은 〈가족탄력성이 정신장애인의 자기효능감, 스트레스 대처능력에 미치는 영향〉에서 가족탄력성은 스트레스 대처에 유의미한 영향을 미치는 것으로 나타났다고 보고하면서, 특히 가족탄력성의 하위요인인 의사소통 과정이 높을수록 자기효능감이 높아진다고 하였다. 윤향미(2007)는 〈장애아동 가족의 스트레스와 양육효능감에 관한 연구〉에서 가족탄력성의 하위요인인 신념체계와 의사소통 과정이 양육효능감에 유의미한 영향을 미치는 것으로 나타났다고 보고하였다. 유용식(2007)도 치매노인 가족의 스트레스 및 치매노인 심신기능 손상 정도와 가족 적응과의 관계에서 가족탄력성의 조절 효과가 있다고 보고하였다.

허보미(2017)는 대학생의 취업스트레스가 자살 생각에 미치는 영향에 있어서 우울의 매개효과와 가족탄력성의 조절효과에 관한 연구에서 취업스트레스가 자살생각에 영향을 미칠 때, 가족탄력성의 하위요인인 조직유형이 자살 생각의 관계에서 완충하는 조절효과가 있는 것으로 나타났다고 하였다. 반면에 가족탄력성의 하위요인인 신념체계와 의사소통과정의 경우 조절효과가 나타나지 않았다.

중년기가족의 가족스트레스에 관한 연구를 살펴보면, 류정남, 이지민(2017)은 가족스트레스를 낮게 지각하는 중년기 남녀는 높은 가족탄력성을 보이며, 높은 가족탄력성은 중년기의 우울정서를 낮추어 개인의 건강한 심리적 안녕감의 유지를 돕는다고 하였다. 박지현, 김태현(2011)의 연구에서는 가족탄력성이 사회적 문제해결능력에 큰 영향을 미치고 있으며, 그 중에서도 의사소통과정 중 개방적 감정표현이 가장 큰 영향을 미치는 강력한 변인이고, 다음으로 상호협력적 문제해결, 조직유형의 역할안정성 순으로 나타났다.

한편, 문상정(2017)은 결혼이주여성의 스트레스를 다룬 연구에서 문화관광경험은 긍정적 스트레스 대처기제로서 결혼이주여성이 한국사회에 적응하는 과정에서 발생하는 문화적응스트레스를 완충하고 가족탄력성을 강화하는 것으로 해석하였다.

이상과 같이 가족스트레스와 가족탄력성에 관한 선행연구들은 기존의 연구들이 대부분 가족의 문제와 역기능적인 측면을 강조했던 것과는 달리 빈곤이나 장애, 만성질환을 가진 가족의 경우에도 긍정적인 시각으로 스트레스 환경을 조절해 나가는 역량으로 가족탄력성 요소들을 분석하려 하였다. 특히 가족스트레스와 위기에 처한 가족들이 원활한 가족 기능을 수행해 나가는 데 가족탄력성이 중요한 영향을 미치고 있음을 강조하였다.

맥커빈(McCubbin et al.,1993)의 스트레스이론과 월시(Walsh, 1998)의 가족탄력성이론의 공통점은 가족의 자원과 가족의 스트레스에 대한 인지를 중요한 요인으로 보고 있다는 점이며, 두 이론의 차이점은 가족탄력성이론이 의사소통의 과정을 특별히 강조하고 사회경제적 자원으로 사회적관계망과 같은 사회적 개입을 강조하여 스트레스이론을 확대시켰다는 점이다.

결혼이주여성, 빈곤가족, 한부모 가족, 치매노인 가족 등 가족스트레스에 쉽게 노출되어 어려움을 겪는 취약가족은 물론 취업스트레스나 중년기 가족스트레스를 다룬 연구에서도 어려움을 극복하는데 한계가 있음을 지적하고 있다. 그리고 사회정책적 개입의 필요성을 강조하고 있음을 알 수 있다.

또한 대부분의 연구에서 가족탄력성 변인을 매개변인으로 보았으나(류정남, 이지민, 2017), 독립변인으로 본 연구(박지현, 김태현, 2011)도 있으며, 핵가족 상황에 근거한 가족탄력성에 초점을 집중시키고자 확대가족 지지 및 친구이웃 지지의 하위척도를 제외시키는 등(류정남, 이지민, 2017) 연구마다 가족탄력성 하위척도의 구성을 달리하였는데, 한국인의 정서와 한국인의 문화가 다르므로 한국의 사회문화적 관점에서, 또 중년기 가족탄력성 척도(박혜란, 2014) 외에 전가족발달적 관점에서 척도를 개발하고 탐색할 필요성이 있다고 생각한다.

건강한 가족이란 가족원간의 상호작용의 질이 가족원 개개인의 심리적 안녕에 기여하는 가족이다(유영주 외, 2017). 가족스트레스를 낮추어 가족 개개인의 심리적 안녕에 기여하는데 가족탄력성이 매우 중요한 요인임을 앞서 선행연구결과를 통해서 충분히 알 수 있었다. 그런데 가족탄력성은 어느 날 갑자기 단시간 내에 생성되는 것이 아니라 장기간의 시간을 걸쳐 형성된다는 점을 유념하여야 한다. 신체의 근력을 기르듯이 가족의 탄력성을 길러 어려움이나 위기 시 문제 상황에서 잘 극복할 수 있기를 바라며, 사회정책적 개입으로 가족탄력성이 강화되어 개인, 가족, 지역사회의 관계적 탄력성이 구축되어 건강한 국가가 되기를 기대해 본다.

생각해
보기

1. 우리가 주위에서 소설이나 영화, 신문기사를 통해 접하게 된 가족이야기 또는 상담사례를 ABCX 모델이나 Double ABCX 모델과 같은 가족스트레스 이론에 적용하여 생각해 보자.

2. 가족탄력성은 가족이 스트레스나 위기를 경험하게 될 때 스트레스 이전의 상태로 되돌아가거나 오히려 가족의 기능이 강화되고 성장하는 것을 의미한다. 실용적 측면에서 이 점을 어떻게 가족생활교육이나 가족상담에 적용할 수 있는지 생각해 보자.

가족의 역할

인간은 사회집단 속에서 태어나고, 태어나면서부터 다양한 지위를 갖는다. 지위에 따라 역할이 부여되고, 개인은 역할에 대한 기대에 부응하는 행동을 하며 이와 같이 역할기대에 따라 수행하는 행동을 역할행동이라고 한다. 한 사회가 안정을 유지하는 것은 사회의 개인구성원이 각자의 지위에 따라 기대되는 역할을 수행함으로써 가능해지며, 사회에서 인간이 건강하고 기능적인 구성원으로 살아가기 위해서는 자신의 지위와 역할을 인지하고 이에 적합한 역할행동을 해야 한다.

본장에서는 역할의 개념과 역할취득 과정, 역할갈등에 대해 알아봄으로써 건강하고 기능적인 삶을 영위할 수 있는 역할기대와 역할수행에 대한 기준을 세우고, 역할갈등을 이해하고 해결할 수 있도록 한다. 그리고 인간이 수행하는 다양한 역할 중에서 가장 기본적인 역할인 가정 내 역할을 가족관계에 따라 부부 역할, 부모 역할, 형제자매 역할로 나누어 역할의 특성을 살펴본다. 역할은 시대적·사회문화적 영향을 받아 변화하며 가족원의 성과 세대에 따라서도 차이를 보인다. 따라서 부부 역할, 아버지 역할, 어머니 역할의 변화와 앞으로 건강한 가족관계를 유지하기 위해 지향해야 할 '가족 역할'에 관하여 생각해 보고자 한다.

1. 역할의 개념

사회는 여러 지위 및 그에 관련된 역할의 조직으로 이루어진다. 한 사회구조가 안정을 유지하는 것은 그 사회 내의 개인구성원이 각자의 지위에 따라 기대되는 행동을 수행함으로써 가능하다. 따라서 사회는 개인으로 하여금 그가 사회 속에서 차지하는 지위에 적합한 행동을 하도록 기대한다. 이처럼 사회가 개인의 사회적 지위에 따라 요구하는 행동유형을 역할이라고 한다(유영주·김순옥·김경신, 2013).

역할은 특정 지위를 가진 개인에게 요구되는 행동규준이나 문화적 행동양식으로, 주로 자신이 속한 사회문화를 습득하는 개인에 의해 학습되거나 개인의 성격과 인성에 따라 형성된다. 역할은 구조적 측면과 상호작용적 측면의 두 가지로 정의할 수 있다.

구조적 측면에서 정의할 때 역할은 특정 지위와 관련된 문화유형을 의미하며 사회적인 태도나 지위, 행동 등을 포함하는 것으로 모든 개인은 사회적인 지위를 가지며 지위에 따른 권리와 의무를 수행한다. 예를 들어 '자녀' 지위, '학생' 지위를 가진 개인은 자신이 속한 사회의 '자녀' 및 '학생'으로서의 권리와 의무를 인지하고 수행함으로써 한 가정의 자녀이면서 학생의 역할을 하게 된다.

상호작용적 측면은 역할의 가변적 특성을 의미한다. 사회적 상호작용 과정에서 행동적 균형이 필요할 때 이를 조절할 수 있는 것이 '역할'이다. 그러므로 새로운 요구가 생길 때 역할은 개발될 수 있고, 요구가 사라질 때 소멸될 수 있다. 따라서 역할은 정체적인 것이 아니라 시간의 변화나 사회 환경, 개인의 지위 변화에 따라 창조되거나 변화하는 것이다. 신혼기 부부의 경우, 미혼인 경우와 비교하면 혼인하여 '아내, 남편'이라는 배우자 역할을 새로 수행하고, 자녀를 출산하면 '아버지, 어머니'라는 부모 역할을 하게 된다.

종합해 보면, 역할은 개인이 차지한 지위와 타인과의 상호작용 과정에서 주어지는 행동규준이나 문화적인 행동양식을 말하고, 지위는 한 개인이 사회구조 내에서 타인과 접촉하며 살아가는 과정 중 얻게 되는 보편적인 법적·사회적·전문적인 위치를 말한다. 지위에는 고유지위(ascribed position 또는 생득지위)와 획득지위(achieve position 또는 성취지위)가 있다. 예를 들어 자녀가 출생하면 자녀는 '아들, 딸'과 같은 고유지위를, 부모는 '아버지, 어머니'와 같은 고유지위를 갖게 된다. 학교에 입학

함으로써 얻게 되는 '학생'의 지위나 직업에 따라 얻게 되는 '선생님'의 지위는 획득 지위이다(유영주 외, 2013).

2. 역할취득 과정

역할은 자신이 속한 사회문화를 습득하는 개인에 의해 학습되거나 개인의 성격과 인성에 따라 형성되는 것으로 개인의 역할행동은 역할기대(role-expectation), 역할인지(role-perception), 역할수행(role-performance), 역할평가(role-evaluation), 역할고정(role-fixation)의 과정을 거쳐 획득된다.

- 역할기대는 역할담당자에 대한 타인의 요구나 평가기준으로, 집단 내 타인과의 상호접촉을 통한 모방에 의해 주로 학습되며, 개인의 인성에 영향을 미치기도 한다. 예를 들어 '가족을 위해 희생하는' 장남의 역할을 기대하는 가족은 가족을 위해 희생적인 역할을 수행하는 '장남'을 역할 수행을 잘 한다고 평가할 것이고 반면에 '권위가 있고 가족을 대표하는' 장남의 역할을 기대하는 가족은 권위가 있고 가족을 대표하여 성취하는 역할을 수행하는 '장남'을 높게 평가할 것이다.
- 역할인지는 역할담당자가 어떤 역할을 자신이 수행해야 한다고 지각하고 있는 상태를 말한다.
- 역할수행은 역할담당자가 기대나 인지와의 일치 여부와는 관계없이 실제로 행하는 행동이다.
- 역할평가는 역할담당자에게 부여되는 역할기대와 역할수행 간의 일치나 불일치를 비교해 봄으로써 얻게 되는 개인적 충족감이다.
- 역할고정은 역할평가를 통해 만족할 만하다고 인정되는 역할행동 유형을 자신의 역할로 내면화하는 것이다.

이와 같이 상대방의 기대를 고려하면서 자기의 역할행동을 습득해 가는 과정을 일반적으로 역할취득(role-taking)이라고 한다. 역할취득의 과정에서 각 단계, 즉 역할 기대, 역할인지, 역할수행, 역할평가의 단계가 불일치하면 각 단계를 재검토하여 조정해 가는 피드백을 거치게 된다(유영주 외, 2013).

3. 역할갈등

개인은 사회에서 자신의 지위에 따라 역할을 수행하며 역할취득 과정에서 불일치 또는 역할 내적 갈등 등으로 인해 갈등을 경험하게 된다. 역할갈등이 발생하는 경우는 다음과 같이 세 가지로 구분할 수 있다.

첫째, 역할취득 과정에서 각 단계가 불일치되어 나타나는 역할갈등이 있다. 즉, 일정한 지위에 있는 사람에게 기대되는 행동과 개인이 인식하는 역할구조와의 상이성으로 인하여 역할행동에 대한 기대·인지·수행 등에 차이가 나게 된다. 즉, 역할기대와 인지, 역할기대와 수행, 역할인지와 수행이 서로 일치되지 못할 때 역할갈등이 일어난다(유영주 외, 2013).

예를 들어 성인 자녀가 거동이 불편한 노부모를 부양하는 것을 자녀의 역할로 인지하고 있지만(역할인지-'노부모를 부양하는 것은 성인자녀의 역할이다'), 직장에 다니면서 실제로 노부모를 부양하는 것이 어려울 때(역할 수행-'실제로 노부모를 부양할 수 없다') 역할 갈등이 발생할 수 있다.

둘째, 하나의 역할에 대한 기대들이 불일치되어 나타나는 역할 내적 갈등(intra-role conflict)이 있다. 즉, 개인의 한 가지 역할에 대해 주위의 사람들이 기대하는 역할 내용이 서로 다를 때 발생하는 갈등이다. 예를 들면 부모로서 '자녀양육 역할'을 수행함에 있어 '자녀를 엄하게 다스려야 한다'는 기대와 '자녀에게 온정적이어야 한다'는 역할기대의 차이에서 발생하는 갈등을 말한다(유영주 외, 2013).

셋째, 한 개인이 동시에 여러 가지 지위를 가짐으로써 발생하는 역할 간의 갈등(inter-role conflict)이 있다. 개인은 여러 지위를 갖게 되고, 각각의 지위에 따라 서로 다른 역할이 요구된다. 예를 들어 개인은 가정 내 지위, 직장 내 지위 등을 갖게 되고 동시에 한 개인에게 서로 상반되는 역할이 기대될 때 역할갈등이 생긴다(유영주 외, 2013). 맞벌이 부부의 경우, 직장인, 부모, 배우자, 성인자녀의 역할을 수행하게 되는데 직장에서는 논리적으로 업무를 처리해야 하고, 가정에서는 양육적인 부모 역할을 수행하도록 기대된다. 때로는 학부모로서 자녀들의 학교행사에 참석해야 하는 일정과 출장이 겹치기도 한다. 이처럼 여러 역할에 대한 기대가 다르거나 동시에 여러 가지 역할을 수행해야 할 때 역할 간의 갈등이 발생한다.

역할갈등을 해소하기 위해서는 역할취득의 각 과정에서 개방적인 의사소통을 통하여 자신과 가족원 간의 역할기대·인지·수행 등에 관한 불일치를 해결하거나 상대방을 배려하는 마음으로 가족의 역할을 효율적으로 분담하여 함께 수행하도록 한다. 또한, 사회변화와 가족관계 등을 고려하여 자신이 현실적으로 수행할 수 있는 역할을 기대하고 수행하도록 한다.

10명 중 6명, 가사를 공평분담 해야 한다는 견해에 공감
실제로 공평하게 가사를 분담하는 '남편'은 10명 중 2명

통계청이 발표한 "2020년 사회조사" 중 '가사분담에 관한 견해'를 살펴보면, 가사를「공평하게 분담」해야 한다고 생각하는 사람은 꾸준히 증가하여(2016년(53.5%), 2018년(59.1%)) 2020년에는 응답자의 62.5%가(남자 57.9%, 여자 67.0%) 가사를 공평하게 분담해야 한다고 생각하는 것으로 나타났다.

표 5-1 가사 분담에 대한 견해

(단위: %)

	계	부인이 주도	부인이 전적으로 책임	부인이 주로 하지만 남편도 분담	공평하게 분담	남편이 주도	남편이 주로 하지만 부인도 분담	남편이 전적으로 책임
2016년	100.0	43.8	4.3	39.5	53.5	2.7	2.1	0.6
2018년	100.0	38.4	3.8	34.6	59.1	2.5	1.9	0.6
2020년	100.0	34.8	4.0	30.8	62.5	2.7	1.9	0.8
남 자	100.0	39.5	5.3	34.2	57.9	2.6	1.8	0.8
여 자	100.0	30.1	2.7	27.5	67.0	2.8	2.0	0.8

자료: 통계청(2020), 사회조사(가족·교육과 훈련·건강·범죄와 안전·생활환경).

(계속)

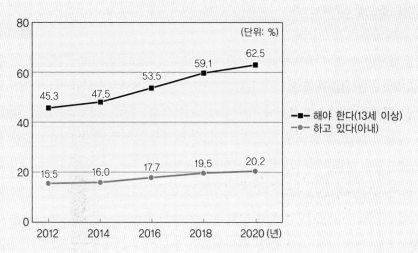

그림 5-1 가사분담을 '공평하게 분담' 해야 한다(견해) VS 하고 있다(아내 실태)

표 5-2 가사 분담에 대한 실태*

		계	아내가 주 도	아 내 가 전적으로 책 임	아 내 가 주로 하지만 남편도 분담	공평하게 분 담	남편이 주 도	남편이 주로 하지만 부인도 분담	남편이 전적으로 책임
2008년	남편	100.0	89.4	33.4	56.0	8.7	1.9	1.4	0.4
	여자	100.0	89.5	35.7	53.8	9.0	1.5	1.2	0.3
2018년	남편	100.0	76.2	21.9	54.3	20.2	3.7	2.9	0.8
	여자	100.0	77.8	26.9	50.8	19.5	2.8	2.4	0.4
2020년	남편	100.0	75.6	21.1	54.6	20.7	3.7	2.7	1.0
	여자	100.0	76.8	25.1	51.7	20.2	3.0	2.5	0.4

*주석: 부부가 함께 살고 있는 가구에서 19세 이상 '남편'과 '아내'만 응답함
자료: 통계청(2020), 사회조사(가족 · 교육과 훈련 · 건강 · 범죄와 안전 · 생활환경).

한편, 부부가 함께 살고 있는 가구* 중 실제로 가사분담을 「공평하게 분담」하고 있다고 응답한 경우는 2008년 남편 8.7%, 아내 9.0%에서 2020년에는 남편 20.7%, 아내 20.2%로 나타났다. 이는 실제로 가사분담을 공평하게 분담하고 있다고 응답한 '남편'이 12년 동안 12.0%p, '아내' 11.2%p 증가한 것이지만, 공평하게 분담해야 한다고 생각하는 남자 57.9%, 여자 67.0% 와는 큰 차이가 있다. 부부 중 남편이 가사를 '공평하게 분담'하는 비율은 연령대별로 19~29세(43.3%)가 가장 높았으며 30~39세(33.0%), 40~49세(19.8%), 50~59세(17.5%) 60세 이상(17.4%) 순으로 나타났다(통계청(2020)).

4. 가족원의 역할

가족구성원은 가족 내에서 주로 성(性)과 세대(世代)에 의해 일정한 지위를 가지며, 그 지위와 관련하여 사회적으로 기대되는 역할을 수행한다. 부부는 성(性)에 따라 남편으로서, 부인으로서의 획득지위를 갖게 되고 그에 따른 역할을 인지하고 수행한다. 그리고 자녀를 출산하거나 입양, 재혼을 하면 '부모', '자녀'의 고유지위를 가지며, 부모 · 조부모와 자녀 · 손자녀의 역할을 하게 된다.

사회에서 규범적으로 부여하는 가족의 역할은 사회문화와 가족에 대한 가치관에 의해 영향을 받는다. 또한, 가족의 생활주기에 따른 전환적 사건에 의해 새로운 역할이 생기기도 하며, 기존의 역할이 없어지기도 한다(정현숙 · 유계숙, 2001). 가족원의 역할을 이해하기 위해 남녀의 성 역할과 부부 역할, 부모 역할, 형제자매 간의 역할을 살펴보고자 한다.

1) 성 역할

성 역할이란 신체적으로 구분되는 남성, 여성에 의해 수행해야 하는 행동유형을 의미한다. 전통적으로 남성은 남성성을, 여성은 여성성을 나타내는 역할을 수행하는 것이 건강하고 바람직하다고 보았다. 파슨스(Parsons, 1955)는 남성성은 목표지향적이고, 주장이 강하며, 타인과 자신을 분리하는 독립적인 행동을 하고, 도구적이며, 기능적인 특성을 지니고 있는 반면, 여성성은 감성적이고, 정서적이며, 이타적이고, 독립적인 개인이기보다는 상호관계를 추구하고, 표현적이며, 친화적인 특성을 지니고 있다고 보았다. 브로버먼 외(Broverman, Clarkson, Rosenkrantz & Vogel, 1970)도 이상적인 남성성은 독립적, 객관적, 자기 확신적, 논리적, 도구적인 특성을 지니며, 이상적인 여성성은 표현적인 특성을 지녔다고 하였다. 그러나 이 주장에 따르면, 독립적이고 논리적인 특성이 나타나는 이상적인 남성성은 이상적인 성인의 특성과 일치하므로 남성은 남성성을 추구함으로써 성숙한 인간이 될 수 있다. 하지만 여성이 이상적인 성인의 특성을 추구하고자 하면 이상적인 여성성의 정체성에 의문을 갖게 되며, 미성숙한 인간으로 남게 되어 여자들은 성 역할 추구의 어려움을 겪게 된다(유영주 외, 2013 재인용).

양극으로 분리된 남성성, 여성성을 자신의 성에 맞게 소유해야 한다는 전통적 성 역할 개념에 반하여 현대 사회에서는 남녀 구분 없이 한 개인이 남성성, 여성성의 특징을 모두 포함하는 양성성을 갖는 것이 더 바람직하고 기능적이라는 견해가 대두되고 있다. 즉 '양성성으로 사회화'하는 것이 훨씬 더 효과적이고 기능적이라는 주장이다(유영주 외, 2013 재인용). 양성성이란 한 인간 내에 남성적 특성과 여성적 특성이 동시에 존재하는 것을 의미하며, 상황에 따라 남성성 또는 여성성이 발휘되는 것이다.

국내외 연구에서도 양성적인 사람이 한 가지 성 역할에 고정된 사람보다 자존감, 자아실현, 성취동기, 결혼만족도, 도덕성 발달 및 자아 수준이 높고 정신적으로도 더 건강한 것으로 나타났다(유영주·서동인·홍숙자·전영자·이정연·오윤자·이인

일 vs. 가정생활 - 일과 가정생활 우선도
일과 가정생활의 균형을 중요시 하는 사람 증가

2019년 '일과 가정생활 우선도' 조사결과(통계청, 2019), 일을 한 적이 있는 사람* 중, 일과 가정생활 우선도가 「둘 다 비슷하다」고 응답한 사람 44.2%, 「일을 우선」으로 생각하는 사람의 비율 42.1%, 「가정생활을 우선」으로 생각하는 비율은 13.7%로 일과 가정의 우선도가 '비슷하다'고 응답한 사람이 가장 많았다. 성별로 구분하여 살펴보면 일과 가정생활의 우선도가 「둘 다 비슷하다」고 응답한 사람은 남자 40.3%, 여자 49.5%로 나타나 여자가 남자보다 9.2%p 높게 나타났다. 남자는 「일을 우선시 한다」고 응답한 비율이 48.2%로 가장 높은 반면, 여자는 「일과 가정생활 둘 다 비슷하다」49.5%로 가장 높게 나타났다. 「가정생활을 우선시 한다」 비율은 남자 2015년 9.4%에서 2019년 11.6%로 2.2%p 증가, 여자 2015년 15.6%에서 2019년 16.6%로 1.0%p 증가하였고, 「일을 우선시 한다」는 비율은 남자 2015년 61.7%에서 2019년 48.2%로 13.5%p 감소, 여자 2015년 42.3%에서 2019년 33.8%로 8.5%p 감소하였다(통계청, 2019). 남녀 모두 일과 가정생활 중 일을 우선시하는 경향은 감소하고 일과 가정생활의 균형을 중시하는 경향이 높아지고 있다.

(계속)

표 5-3 일과 가정생활 우선도(19세 이상)

(단위: %)

| | 계 | 일을 | | | 둘 다 비슷하다 | 가정생활을 | | |
		우선 시	주로	대체로		우선시 한다	주로	대체로
2015	100.0	53.7	25.7	28.0	34.4	11.9	3.5	8.5
남자	100.0	61.7	29.7	32.0	29.0	9.4	2.8	6.5
여자	100.0	42.3	20.1	22.2	42.1	15.6	4.4	11.2
2019	100.0	42.1	18.1	24.0	44.2	13.7	2.5	11.2
남자	100.0	48.2	20.4	27.7	40.3	11.6	2.3	9.3
여자	100.0	33.8	15.0	18.9	49.5	16.6	2.8	13.8

*주석: 지난 1주일 동안 일한 적 있는 사람, 19세 이상 인구
자료: 통계청(2019), 사회조사(복지·사회참여·문화와여가·소득과소비·노동).

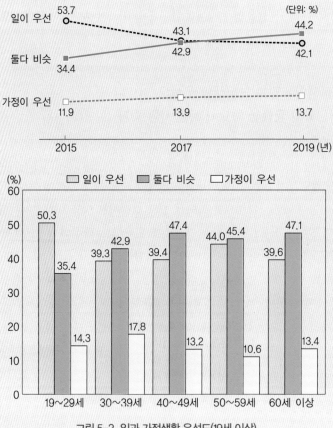

그림 5-2 일과 가정생활 우선도(19세 이상)

자료: 통계청(2019), 사회조사(복지·사회참여·문화와여가·소득과소비·노동).

수, 2000).

융(Jung)은 성 역할의 이원적 개념을 주장하였다. 모든 인간에게는 남성성과 여성성의 두 가지 특성이 모두 공존하는데, 여성 속에는 무의식적 남성적 요소인 아니무스(animus)가, 남성 속에는 무의식적 여성적 요소인 아니마(anima)가 존재한다고 하였다. 또한, 바칸(Bakan, 1966)은 모든 인간은 기능성과 친화성을 어느 정도 소유하고 있으며, 남성은 기능성, 여성은 친화성이 조금 더 강하다고 하였다. 그리고 기능성과 친화성이 모두 공존해야 개인이나 사회가 존속될 수 있다고 하였다(유영주 외, 2013 재인용).

2) 부부 역할

부부는 결혼하면서 남편과 아내의 지위를 갖게 되고, 이에 따라 사회문화적인 규범과 기대에 따라 행동하게 되는데 이를 '부부 역할'이라고 한다. 남편으로서의 역할과 아내로서의 역할을 얼마나 잘 수행하고 만족하는가는 개인의 행복뿐만 아니라 가족 전체의 건강성에도 큰 영향을 미친다. 부부의 역할수행은 시대적·문화적 배경에 따라 차이가 있으므로 전통적인 부부 역할과 현대사회의 변화된 부부 역할을 살펴보았다.

(1) 전통적인 부부 역할

전근대적 농촌사회나 수공업 경제체제하에서의 가정은 생산과 소비의 공동경제단위로서 가장의 직장이 가정과 분리되어 있지 않았다. 한 가족은 생활필수품의 생산과 소득을 위하여 농업 또는 상업과 수공업에 공동으로 종사하고, 가장의 지도하에 활동했다. 그러므로 경제활동이 가족 중심의 생활이었으며, 가장(남편)은 생산과 소비를 전적으로 지배하였다. 이러한 가장의 권력 속에서 부인(아내)은 생활필수품을 직접 구입하거나 가계를 운영하는 소비생활의 독립된 권한을 갖지 못하고 가사를 수행하거나 자녀를 양육하는 역할을 하였다(유영주 외, 2013).

이러한 전통적인 부부간의 역할에 대해 파슨스(Parsons, 1955)는 남편은 목표 지향적이고 가족의 균형유지와 대외적으로 가정생활에 필요한 자원과 수단을 공급하는 수단적 역할(instrument role)을 하고, 아내는 가족구성원을 통합하고 긴장을 완화하는 표현적 역할(expressive role)을 한다고 보았다. 또한, 가족구성원은 남편의 역할을 통해 경제적·사회적 안정을 얻고, 아내의 표현적 역할을 통하여 정서적 안정을 얻게 되며, 남편과 아내가 기능적으로 각자의 역할을 수행할 때 가족이 안정된다고 하였다(유영주 외, 2013).

(2) 변화된 부부 역할

역할은 사회와 밀접한 관계를 맺고 있기 때문에 시대적·문화적 배경에 따라 변화되며 부부간의 역할도 시대에 따라 기대나 수행이 변화한다. 도시화 및 산업화에 따른 사회경제적 변화는 전근대적이었던 역할분담에 변화를 가져왔다. 현대사회에서 맞벌이 가족이 증가하면서 부부 모두 직장생활을 하고 서로 협조하는 부부가 많아졌으며, 양성평등주의 가치관이 확산되면서 부부 역할이 변화되고 있다.

아담스(Adams, 1980)는 부부 역할의 변화 방향을 전통주의, 신전통주의, 여권주의로 구분하고 사회변화에 따라 전통주의에서 신전통주의, 여권주의로 진행한다고 하였다(유영주 외, 2013 재인용).

① 전통주의는 남녀 역할이 각각의 성별 특성에 근거하여 분담되어야 한다는 견해로 여성은 여성성을 나타내는 표현적 역할을, 남성은 남성성을 나타내는 수단적 역할을 담당해야 한다는 것이다. 부부간의 역할공유나 역할전환이 일어나지 않고, 아내는 사회활동이나 경제활동을 하지 않으며, 특수한 경우에만 활동이 허용된다.

② 신전통주의는 남녀 간의 기본적인 역할을 유지하면서 상황에 따라서 대개 여성이 추가적인 역할을 수행하는 것이다. 아내의 역할이 확대되어 가정 내 역할 외에 경제활동이나 사회참여를 할 수 있지만, 남편의 역할은 변하지 않고 역할보완을 기대하지 않는다. 아내가 가정 내 역할과 가정 외 역할 두 가지를 모두 수행하고, 남편은 가정 외 역할만 주로 수행한다(유영주 외, 2013).

③ 여권주의는 남녀의 역할을 공유해야 한다는 견해로 남녀 간에 수행해야 하는 역할이 성별에 따라 구분되지 않고 개인의 특성에 따라 정해진다.

현대사회에서는 부부가 공동으로 가족을 위한 역할을 수행해야 함이 강조되고 있으며, 나이와 맥라프림(Nye & McLaughlim)은 부부의 역할을 다음과 같이 제시하고 있다(최규련, 2014 재인용).

① 가계부양자 역할: 독립적 가정생활을 위해 경제적 소득원을 제공하는 부양자 역할을 한다.

② 가정관리 역할: 의식주 생활을 관리하고 살림을 운영한다.

③ 애정교환 및 성적 역할: 남편과 아내로서 애정교환과 성의 파트너가 된다. 이는 감정적 교류와 대화를 통하여 친밀감을 나누는 것과 불가분의 관계를 가지며, 동반적 관계를 추구하는 현대사회에서 부부관계 유지를 위해 중시되는 역할이다.

④ 치료적 역할: 부부가 서로의 고민과 어려움을 의논하며 문제해결을 돕는 상담자 역할이며, 특히 가치관과 생활양식이 급변하고 경쟁력이 요구되는 현대사회에서 정신적 건강을 유지하고 부부간의 조화를 이루기 위해 필요한 역할이다. 치료적 역할을 수행하지 못하는 경우에는 부부관계에 틈이 생기고 각자 외로움과 고독감을 경험한다.

⑤ 오락 및 휴식의 역할: 심신의 피로와 긴장을 해소하는 역할이다.

⑥ 자녀양육 및 사회화 역할: 자녀를 양육하고 사회적 행동양식을 교육한다.

이제 부부 역할은 '남자의 일' 또는 '여자의 일'로 구분하여 말할 수 없다. 건강하고 행복한 가족을 이루기 위해서 부부 평등이 전제되어야 한다. 평등한 부부관계는 동반적 가족(partnership family) 또는 민주적 가족과 같은 의미로 남성은 부양자, 여성은 가사전담자라는 이분법적인 성 역할의 경계를 완화시키고 동료로 서로 돕는 부부관계를 말한다.

평등한 부부는 각자 자신의 잠재능력을 발휘할 수 있어서 진정한 의미의 자아실현이 가능하며, 환경에 효과적으로 대처하는 높은 적응력을 가진다. 자녀들에게도 건전한 역할모델이 되어 양성적인 자녀로 성장하는 데 도움이 된다(강기정·김연화·박미금·송말희·이미선, 2009).

전체 맞벌이 가구 46.0%, 30대~50대 가구의 절반이상 맞벌이 가구

통계청 조사(2019)에 따르면 2019년 맞벌이 가구는 566만2천 가구로 유배우 가구(1,230만5천 가구)의 46.0% 로 나타났다.

맞벌이 가구 비율을 연령대별로 보면, 40대(40~49세)의 맞벌이 가구 비율이 54.2%로 가장 높고 30대(30~39세) 50.2%, 50대(50~59세)는 50.1% 순으로 맞벌이가구 비율이 높았으며 30대, 40대, 50대의 절반 이상이 맞벌이 가구로 나타났다.

표 5-4 성별 및 연령대별 맞벌이 가구

(단위: 천 가구, %)

	2017			2018			2019		
	유배우 가구	맞벌이 가구	비율	유배우 가구	맞벌이 가구	비율	유배우 가구	맞벌이 가구	비율
전 체	12,224	5,156	44.6	12,245	5,675	46.3	12,305	5,662	46.0
15~29세	179	66	36.8	175	68	38.6	171	68	40.1
30~39세	2,015	954	47.3	1,939	968	49.9	1,849	929	50.2
40~49세	3,175	1,655	52.1	3,104	1,683	54.2	3,008	1,631	54.2
50~59세	4,604	2,240	48.7	4,677	2,360	50.5	4,800	2,404	50.1
60세 이상	2,251	542	24.1	2,350	596	25.4	2,478	631	25.5

* 맞벌이 가구는 동거 여부와 관계없이 부부(가구주와 배우자)가 모두 취업인 가구
** 비율 = (맞벌이 가구 / 유배우 가구) × 100
자료: 통계청, 지역별 고용조사 각년도.

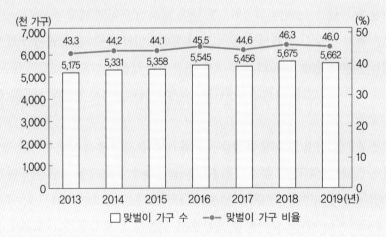

그림 5-3 맞벌이 가구 비율

자료: 통계청 「지역별고용조사」.

3) 부모 역할

자녀는 성인이 될 때까지 성장기를 부모와 지내면서 부모의 영향을 받는다. 부모가 자녀에게 수행하는 역할과 역할수행 과정에서 나타나는 양육태도에 따라서 자녀의 발달적 특성이 다르게 나타나며, 부모는 자녀의 사회화 과정에 있어서 중대한 영향을 미친다.

우리 사회에서는 전통적으로 아버지나 어머니의 역할이 뚜렷이 구분되었으나, 사회의 변화에 따라 부(父)와 모(母)의 역할이 점점 공유되고 역할을 함께 수행하고 있다. 또한, 자녀의 주 양육자였던 어머니의 취업이 증가하면서 자녀양육을 다른 가족이나 사회기관에서 대행하는 등 양육부담을 나누고 있다. 현대사회에서 부모 역할의 특징을 살펴보고, 아버지 역할과 어머니 역할에 대해 생각해보고자 한다.

(1) 부모 역할의 특징

비그너(Bigner, 2002)는 부모 역할 변화의 속성과 양방적인 특성에 초점을 맞추어 부모 역할의 특성을 설명하였다(정현숙 · 유계숙 · 어주경 · 전혜정 · 박주희, 2002 재인용).

① 부모 · 자녀의 관계는 가족이라는 보다 큰 사회적 체계에 포함된 하위체계이며, 양방적인 상호작용이 이루어진다. 부모는 자녀가 성숙한 사람으로 성장하도록 양육하는 기능을 하며, 자녀의 행동과 발달은 부모의 규칙, 양육목표, 상호작용 방식 등을 변화시키며 부모와의 상호작용에 영향을 미친다.

② 부모가 되는 이유는 매우 다양하다. 과거에는 결혼하고 부모가 되는 것을 당연한 것으로 생각했지만, 오늘날에는 다양한 심리적 · 사회적 요인에 근거하여 선택한다.

③ 부모 역할은 성인기에 수행하는 다양한 사회적 역할 중 하나지만, 성인이 경험하는 다른 사회적 역할과 여러 측면에서 차이가 있다. 로시(Rossi, 1968)는 부모 역할과 다른 성인 역할의 차이를 네 가지로 제시하였다.

첫째, 여성이 남성보다 부모 역할 수행에 대한 압력을 더 많이 받는다.

둘째, 부모 역할이 항상 자발적으로 이루어지는 것은 아니다.

셋째, 부모 역할은 일단 수행하면 취소할 수 없다.

넷째, 부모 역할은 역할 수행에 대한 준비가 부족하다.

④ 부모 역할은 발달적 특성을 띤다. 부모의 양육행동과 부모·자녀 간 상호작용
   은 자녀가 발달해 감에 따라 적합하게 변화되어야 하고, 부모 자신이 경험하는
   발달적 변화 역시 부모 역할에 영향을 미친다.

(2) 아버지 역할

전통적으로 아버지의 역할은 '엄부(嚴父)'의 역할을 수행하도록 기대되었다. 즉, 아버지는 자녀에게 가계나 직업을 계승하도록 지도하고, 엄격하고 냉철하게 훈육하는 존재로 인식되었다. 반면 현대 사회의 많은 아버지들은 과거 엄했던 자신들의 아버지와는 다른 친근한 아버지 역할을 수행하며 자녀양육에 적극 참여하고자 한다. 하지만 역할 수행 방법을 잘 모르거나 사회·문화적인 편견과 제도적 뒷받침이 부족하여 어려움을 겪기도 한다.

우리나라에서 아버지에 대한 새로운 인식의 출발은 1990년대 초반 '좋은 아버지가 되려는 사람들의 모임'이 결성되어 가족 부양뿐만 아니라 자녀양육과 교육에 적극 참여하는 '참여적 아버지'라는 새로운 모델을 만들면서부터 시작되었다. 이제 가부장적이고 근대적인 아버지 상에서 벗어나 아버지 역할을 '해주는 일'이 아닌 '함께 해야 하는 일'로 실천해 나가고 있다(시사저널 제551호, 2000. 5. 18). 또한, 자녀와 아버지 자신의 개체성을 인정하고 이해하기 위해 노력하며 자율적인 행동을 중시하여 자녀가 성장할 수 있도록 배려하는 현대적인 아버지 역할(Bigner, 1979)을 수행하는 사람들이 많아졌다(송진숙·권희경·김순기, 2006 재인용). 제도적으로도 '건강가정기본법'과 '남녀고용평등과 일·가정 양립 지원에 관한 법' 등을 제정하여 부와 모 모두 자녀양육을 지원할 수 있도록 양성평등한 육아휴직제 활용을 확대하고 가정친화적인 사회 분위기를 조성하며 직장과 가정을 양립할 수 있도록 돕고 있다.

일반적으로 아버지 역할은 다음과 같다(유영주 외, 2013).

① 아비지는 도구적·수단적 역할(instrumental role)을 담당하고 가정의 경제적
   담당자로서 생활비를 조달한다. 소득을 위해 가정 외 활동을 주로 하므로 자녀와
   간접적·소극적인 관계를 형성하고, 함께 시간을 보내기 어려운 경우가 많다.

② 아버지는 자녀들의 사회적 지위의 표본이 된다. 아버지의 사회적 지위가 바로 자녀의 지위가 되는 것은 아니나, 자녀들의 심리적·내적 요구의 대상이나 목표가 될 수 있고 또한 사회적 안정을 줄 수 있다.

③ 아버지는 자녀의 좋은 동료적 역할을 할 수 있다. 권위적 아버지보다 민주적인 아버지의 경우 자녀들에게 동료적인 역할을 더 잘할 수 있다.

④ 아버지는 이성적이고 공정한 판단자의 역할을 한다. 어머니는 애정적이고 감정에 치우치거나 판단이 애매해지기 쉽다. 이럴 때 아버지는 이성적으로 공정하게 문제를 해결할 수 있으며 자녀에게 용기를 북돋워 줄 수 있다.

'전통적인 좋은 아버지'와 '현대적인 좋은 아버지'를 비교해 보면(표 5-5), 시대 변화에 따라 변화된 '좋은 아버지'에 대한 개념을 알 수 있다.

표 5-5 좋은 아버지 역할의 변화

전통적인 좋은 아버지	현대적인 좋은 아버지
• 자녀를 위해 목표를 세운다. • 자녀를 위해 일하고 무엇인가를 주는 것을 강조한다. • 자녀에게 무엇이 옳은 것인지를 안다고 생각하여 부모가 자녀의 규칙을 정한다. • 아버지는 항상 옳고 강하며 권위적이다. • 자녀에게 지시·명령을 하고 순종하기를 요구한다. • 아버지로서 책임의식이 강하고 자녀를 관리한다. • 자녀에게 엄격하고 과묵하다.	• 자녀의 자율성과 실패할 자유를 허용한다. • 자녀에 대해 비현실적 기대를 갖지 않고 잠재력을 개발하도록 돕는다. • 자녀의 특성과 기질, 생각과 감정을 이해하고 규칙을 정할 때 자녀의 의견을 존중해 준다. • 아버지도 실수할 수 있고 잘못을 사과할 수 있다. • 자녀의 권리뿐 아니라 부모의 권리도 존중된다. • 자녀를 인격체로 대하고 지적·사회적·정서적 발달을 자극한다. • 아버지가 되는 것을 선택하고 자녀와 함께 하는 시간을 즐긴다. • 칭찬과 격려를 잘한다.

자료: Duvall E. A.(1980), Marriage & Family Development, Lippincott. co.; 최규련(2014) 재인용.

아빠의 육아휴직 증가

'아빠 육아'를 위해 육아휴직을 사용하는 남성근로자 및 육아육직자중 남성근로자의 비율은 매년 증가하는 추세이다. 고용노동부(2019)가 발표한 자료에 따르면 2019년 육아휴직을 이용한 남성근로자 수는 22,297명으로 전체 육아휴직자 105,165명 중 21.2%로 2015년 5.6% 대비 15.6%p증가하였다.

표 5-6 육아휴직 현황

(단위: 명, %)

		2015	2016	2017	2018	2019
육아휴직자	계 (명 / %)	87,339 (100.0)	89,795 (100.0)	90,122 (100.0)	99,199 (100.0)	105,165 (100.0)
	여성 근로자	82,467 (94.4)	82,179 (91.5)	78,080 (86.6)	81,537 (82.2)	82,868 (78.8)
	남성 근로자	4,872 (5.6)	7,616 (8.5)	12,042 (13.4)	17,662 (17.8)	22,297 (21.2)

자료: 고용노동부(2019), 출산 및 육아휴직 현황.

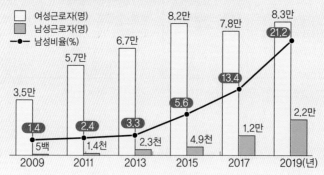

그림 5-4 성별 육아휴직 사용자 수

자료: 통계청(2020), '라떼파파, 아이과 함께 자란다' 머니투데이 기고문(2020.04.06.).

아빠의 육아참여에 도움이 되는 자료를 찾아봅시다!

여성가족부 홈페이지-교육자료실에는 육아가 낯설거나 어려운 아빠들을 위한 다양한 부모교육 자료가 제공되고 있다.

1. 2017 초보 아빠수첩 - 아이의 탄생부터 영유아기까지 아빠의 육아참여를 돕기 위한 정보제공서(수첩)의 내용이 탑재되어 있음.
2. 자녀성장주기별 자녀양육정보 - 놀이, 애착, 훈육, 영유아발달에 대한 정보제공

초보 아빠수첩 표지

자료: 여성가족부 홈페이지-교육자료실.

〈참고 자료– 카드뉴스〉 「맞돌봄 당연하지 '아빠의 육아휴직' 中」

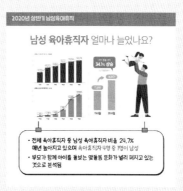

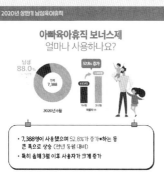

자료: 고용노동부(2020), [카드뉴스], 2020년 상반기 남성육아휴직 활용현황.

(3) 어머니 역할

전통적으로 이상적인 어머니는 '자모(慈母)'의 역할을 수행하도록 기대되었고, 온화하고 자애롭게 자녀를 포용하는 역할을 하였다. 어머니는 임신과 출산을 통해 자녀와 생물학적·심리적으로 밀접한 관계를 맺으며 자녀의 발달에 관여하게 된다. 그리고 출산 후 수유, 배변, 수면 같은 기본 욕구를 충족시켜 주는 과정을 통해 자녀의 건강을 책임지고 신체적으로 보호하는 역할을 수행하며, 자녀의 주 양육자로 애착대상이 된다. 볼비(Bowlby)는 유아는 양육자와 안정적 애착관계를 형성함으로써 인간이 예측할 수 있고 신뢰할 만한 존재이며, 사회적 관계가 만족스럽다는 것을 알게 되고, 이런 과정을 통해 사회적 관계를 능동적으로 형성하고 유지해 나가는 것을 배운다고 하였다(Perry & Bussey, 1989; 정현숙 외, 2002 재인용).

그러나 주로 어머니가 자녀를 양육하는 애착대상자로서 자녀의 정서적 안정과 발달에 영향을 미치는 존재로 강조되면서 자녀양육에 대한 책임이 전적으로 어머니에게 맡겨졌고, 어머니는 과도한 책임과 부담을 느끼고 자녀양육과 가정 내의 역할에 몰입하게 되었다. 또한, '좋은 어머니'를 정의하면서 어머니 자신의 욕구나 시각은 배제된 채 자녀의 욕구와 필요만이 강조되어 어머니 자신의 경험과 상황은 인정받지 못하였다(Woollett & Phoenix, 1991; 정현숙 외, 2002 재인용).

최근 경제활동이나 사회생활을 하는 어머니들이 증가하였지만, 여전히 자녀양육과 가사노동을 어머니 혼자 전담하게 되면서 역할수행에 어려움을 겪는 어머니들이 많아졌다. 이러한 어려움을 해결하기 위하여 어머니 역할분담의 필요성이 강조되고 있으며, 어머니 역할에 주인의식을 가지고 가족과 사회와 함께 역할수행을 공유하려는 움직임이 시작되었다. 특히 많은 가정에서 양육부담으로 자녀를 낳지 않거나 미루게 되면서 저출산 문제가 심각해져 사회에서도 가족의 양육부담 감소를 지원하기 위한 제도적 지원이 마련되고 있다.

일반적으로 어머니 역할은 다음과 같다(유영주 외, 2013).

① 어머니는 자녀의 인성 형성에 중요한 영향을 미쳐 인성의 유형을 결정한다. 자녀들은 출생한 후 최초로 접촉하는 어머니의 품안에서 모성애, 신뢰감, 안정감을 느끼게 되고, 이러한 감정들은 자녀의 인성 발달에 긍정적인 영향을 미친다.

② 어머니는 자녀의 사회화 과정에 있어서 최초의 그리고 장기간의 대행자 역할을 담당한다. 자녀가 이 세상에 태어나 최초로 접촉하는 사람은 어머니이며, 인생의

가장 중요한 시기인 영아기를 어머니와 함께 생활하므로 어머니의 행동과 생활태도는 자녀에게 표본이 되며, 인생의 기본적 틀을 형성해 주는 인성의 교사이다.

③ 어머니는 자녀에 대해 정서적·표현적 역할(expressive role)을 담당한다. 어머니의 자녀에 대한 사랑은 본능적일 만큼 강하고 자녀와 감정적 교류가 많다. 어머니의 사랑의 표현은 자녀의 심리적 긴장을 해소시켜 주고 정서적 안정감을 갖게 한다.

④ 어머니는 자녀의 건강과 위생담당자의 역할을 한다. 현대문명의 발달로 보건·의료시설이 발달하였지만 어머니의 애정이 담긴 간호와 양호는 자녀의 성장에 절대적으로 중요하다.

⑤ 어머니는 교량적인 역할을 한다. 즉, 어머니는 조정자의 위치에서 아버지와 자녀와의 관계를 원만하게 또는 긴밀하게 해주고, 사회생활을 할 수 있는 기초 훈련을 시킨 후 사회로 내보내며, 사회생활에서 얻은 좋은 경험은 격려하고 칭찬해 주며, 잘못된 경험은 올바로 시정하도록 지도해 주는 역할을 한다.

⑥ 어머니는 도덕적인 측면의 교육담당자이다. 어머니는 자녀의 도덕성이나 양심의 발달에 관여하는 교육자이다. 즉, 자녀와의 대화를 통해 올바른 생활태도, 신념, 가치관이 자연스럽게 흡수되도록 하는 가정교육 담당자이다.

현대사회에서 '좋은 어머니'는 자녀에게 자신감과 자율성을 갖도록 해주며, 정서적 요구를 충족시켜 주고 사회적 발달을 조장한다. 또한, 정신적 성장을 자극하고 양육적인 환경을 제공하며, 발달적 요구에 주의를 기울여야 한다. 그리고 이해를 통한 훈육을 해야 한다고 강조되고 있다(유영주 외, 2013).

표 5-7에서 '전통적인 좋은 어머니'와 '현대적인 좋은 어머니'를 비교해 보았다.

표 5-7 좋은 어머니 역할의 변화

전통적인 좋은 어머니	현대적인 좋은 어머니
• 가사의 의무(요리, 청소, 빨래 등)를 수행한다. • 자녀의 신체적 욕구를 충족시킨다. • 자녀를 훈련시킨다(규칙적 습관). • 도덕교육을 수행한다. • 자녀의 훈련을 담당한다.	• 자신감과 자율성을 위해 자녀를 훈련한다. • 자녀의 정서적 욕구를 충족시킨다. • 자녀의 사회성 발달을 격려한다. • 자녀의 지적 성장을 자극한다. • 자녀에게 좋은 양육환경을 제공한다. • 자녀 개인의 발달적 욕구에 관심을 갖는다. • 이해심을 갖고 훈육한다.

자료: Duvall, E. A.(1977), Marriage & Family Development, Lippincott, co.; 정현숙 외(2001) 재인용.

남녀의 고용률 - 엄마의 일, 아빠의 일

2018년 고용률을 살펴보면(통계청, 2019), 남자가 70.8%로 여자(50.9%) 보다 19.9%p 높으나, 남녀 고용률 차이는 2015년 21.3%p, 2016년 20.9%p, 2017년 20.4%p 로 계속 줄어드는 추세이다. 2018년 혼인상태별 남녀 고용률 차이는, 미혼인 경우 1.6%p이나 배우자가 있는 경우는 남자 81.1%, 여자 53.5%로 차이가 27.6%p까지 벌어지는 것으로 나타났다.

표 5-8 혼인상태별·성별 고용동향(2018)

(단위: %)

		고용률											
		2015			2016			2017			2018		
전체		60.5			60.6			60.8			60.7		
성별		남자	여자	차이 (남-여)	남자	여자	차이 (남-여)	남자	여자	차이 (남-여)	남자	여자	차이 (남-여)
		71.4	50.1	21.3	71.2	50.3	20.9	71.2	50.8	20.4	70.8	50.9	19.9
혼인 상태별	미혼	51.3	50.1	1.2	51.8	50.5	1.3	52.8	51.2	1.6	53.7	52.1	1.6
	유배우	82.5	52.6	29.9	82.3	52.9	29.4	81.9	53.4	28.5	81.1	53.5	27.6
	이혼	73.7	70.1	3.6	73.1	69.7	3.4	74.1	70.5	3.6	73.2	67.6	5.6
	사별	39.6	31.4	8.2	39.2	30.8	8.4	39.0	30.9	8.1	37.3	30.9	6.4

자료: 통계청(2018), 「경제활동인구조사」 각년도, 2019년 일·가정 양립지표(재인용).

2018년 막내 자녀를 기준으로 18세 미만 자녀를 둔 부(父)의 고용률은 96.0%, 모(母)의 고용률은 56.8%로 나타났다. 2017년과 비교하여 부(父)의 고용률은 감소하고, 모(母) 고용률은 증가하였다.

그러나 자녀의 연령이 어릴수록 모(母)의 고용률은 낮은 경향이 있어, 6세 이하의 자녀를 경우 둔 부(父)와 모(母)의 고용률 차이는 48.0%p 이다(통계청, 2019).

표 5-9 자녀연령별 부모의 고용률

(단위: %, %p)

	2016				2017				2018			
	0~17세	6세 이하	7~12세	13~17세	0~17세	6세 이하	7~12세	13~17세	0~17세	6세 이하	7~12세	13~17세
부(父) 모(母)	96.3 55.3	96.7 44.9	96.8 59.6	95.1 67.3	96.3 56.3	97.1 46.4	96.5 59.5	94.7 69.2	96.0 56.8	96.0 48.6	95.0 60.5	94.8 67.2
차이 (부-모)	41.0	51.8	37.2	27.8	40.0	50.7	37.0	25.5	39.2	48.0	37.0	27.6

* 15세 이상 인구 전체를 기준으로 기혼(유배우,이혼,사별)이면서 자녀와 동거하는 경우로, 자녀의 연령은 막내 자녀를 기준으로 함.

자료: 통계청, 「지역별 고용조사」 각년도, 2019년 일·가정 양립지표(재인용).

기혼 여성(15~54세) 취업자 중 37.5%가 경력단절 경험이 있음

2018년 통계청 조사 결과(지역별고용조사)를 보면 15~54세의 기혼 여성 취업자 554만9천명 중 결혼, 임신 및 출산, 육아, 자녀 교육, 가족돌봄 등의 사유로 직장(일)을 그만 둔 적이 있는 경험자는 208만3천명(37.5%)로 나타났다. 경력단절 경험자의 비율을 연령별로 살펴보면 40~49세가 46.7%로 가장 높고, 30~39세(26.5%), 50~54세(23.9%), 15~29세(2.9%) 순이었다. 경력단절 경험 사유는 「결혼」이 37.5%로 가장 많고 「임신·출산」, 「가족돌봄」, 「육아」, 「자녀교육」 순으로 나타났으나 연령계층별로 구분하여 보면 30~39세는 「임신·출산」, 나머지 연령대에서는 「결혼」으로 인한 사유가 가장 높게 나타났다.

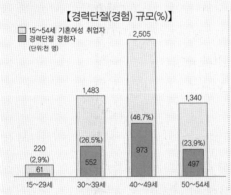
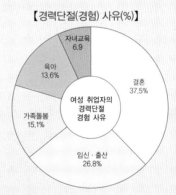

그림 5-5 여성 경력단절 규모 및 사유

자료: 통계청, 지역별 고용조사, 각년도.

표 5-10 여성 취업자의 경력단절 경험 규모 및 사유(2018)

(단위: 천명, %)

	15~54세 기혼여성 취업자											
	취업자의 경력단절 경험자			경력 단절 사유								
			총 비율	결혼		임신·출산		육아		자녀교육		가족돌봄	
	인원	분포	비율		비율		비율		비율		비율		비율
합 계	5,549	2,083	100.0	100.0	782	37.5	559	26.8	283	13.6	144	6.9	316	15.1
15~29세	220	61	2.9	100.0	28	45.2	21	34.6	9	15.1	0	0.7	3	4.4
30~39세	1,483	552	26.5	100.0	189	34.2	213	38.7	99	17.9	24	4.4	27	4.8
40~49세	2,505	973	46.7	100.0	365	37.5	241	24.8	130	13.4	85	8.7	152	15.7
50~54세	1,340	497	23.9	100.0	201	40.4	83	16.6	45	9.1	34	6.9	134	26.9

자료: 통계청(2018), 지역별고용조사, 2018년 일·가정 양립지표.

4) 형제자매 역할

대부분의 형제자매는 같은 부모로부터 유전자를 물려받고 유사한 환경에서 살고 있으며 많은 시간을 함께 보내면서 일상생활 중에 많은 경험을 공유하므로 외모나 태도가 유사한 경우가 많다. 그러나 똑같은 유전자나 환경을 가진 것은 아니며, 성과 출생순위 등에 따라 서로에게 가족환경의 일부로 작용하기 때문에 성격이나 행동의 특이성이 나타나기도 한다.

형제자매 관계는 부모의 출산, 입양, 재혼 등을 통하여 형성된다. 우리 사회의 저출산 현상의 결과로 형제 없는 외둥이와 형제와 터울이 나서 각자 외둥이처럼 자라는 형제도 많아졌다. 이와 같이 현대사회에서 다양해지고 있는 형제관계는 유사성과 특이성을 가지면서 가족 내에서 중요한 기능을 수행한다. 형제자매 간의 역할을 살펴보면 다음과 같다.

(1) 놀이·공부친구 역할

형제자매가 있어서 가장 좋은 점은 함께 지낼 수 있고 같이 놀 수 있는 시간이 많다는 것이다. 혼자 노는 것보다 여럿이 함께 노는 것이 더 창조적이고 재미있다. 형제자매는 특별히 어떤 일을 하지 않아도 함께 있는 친구로서 중요하고 고독감에서 벗어날 수 있게 해준다. 같이 놀고 서로의 필요를 인식하면서 형제자매는 강한 애착을 느끼고, 미래의 사회적 상호작용에 대한 준비를 하게 된다. 아동은 놀이를 통해 각자의 경험을 반영하고 해석하며 의미 있는 관계를 형성하거나 협동심과 지적 기술을 개발하기도 하는데, 이러한 형제간의 놀이는 학습에 매우 효과적이다.

성과 출생순위는 형제간 놀이·공부친구가 되는 데 영향을 미친다. 형제자매는 일반적으로 놀이친구로 동성(同性)의 형제를 선택하는 경향이 많다. 그러나 이성형제끼리 자란 경우는 동성형제끼리 자란 경우보다 이성놀이친구를 선택하는 경향이 높다. 이에 놀이나 공부를 함께할 때 손위형제는 행동을 제안하거나 시범을 보이는 역할을 주로 하고, 비슷한 연령의 형제자매들이 함께 노는 경우가 많다(유영주 외, 2013).

최근에는 자녀를 적게 낳음으로써 형제자매가 없는 외둥이가 많아지고 있다. 따라서 외둥이가 외톨이가 되지 않고 함께 놀 친구를 사귀고 형제 같은 관계를 형성하는 것을 돕기 위한 다양한 '커뮤니티'도 생겨나고 있다.

(2) 학습자·교육 역할

형제자매는 의식적 또는 무의식적으로 서로를 가르친다. 일반적으로 형이 동생보다 경험이 많고 발달수준이 앞서기 때문에 동생을 가르치거나 시범을 보이며, 여러 가지 강화행동을 통해 동생의 발달을 촉진하는 역할을 한다(유영주 외, 2013). 형은 성장기 동생에게 운동 기술과 학업, 학교생활, 친구관계, 진로선택의 모범이 된다. 성인기에는 이성교제, 직업선택, 결혼과정, 자녀양육, 결혼생활, 가족생활, 직장생활에 영향을 미치고 노년기에는 노화과정, 가족생활, 여가생활, 죽음 준비 등에서 동생에게 인생선배로서 모델이 되며 발달과제 수행을 촉진시키는 역할을 한다(최규련, 2014). 특히 장자녀는 동생들에게 좋은 선생님이 되는 경우가 많고 형제 중 가장 권위 있다. 또한, 동생들을 보살피고 도와주면서 어른스럽고 사려 깊고 지도력이 있는 태도를 갖게 된다.

성 역할 학습은 형제자매의 영향을 많이 받는다. 차자녀의 성 행동유형은 장자녀의 성 행동유형을 닮는 경우가 많고, 특히 아버지가 없는 경우에 형이 동생에게 중요한 역할을 한다(유영주 외, 2013). 형제간의 상호작용을 통하여 성 역할을 학습하고 이성에 대한 지식을 갖게 되며, 인간관계에서 이해하고 협력하는 방법을 배우게 된다.

(3) 보호자·의존자 역할

우리 사회에서 '맏딸은 살림 밑천'이라고 하여 장녀는 어머니를 대신하거나 보조해서 동생을 돌보고 가사를 담당하는 것으로 기대되었고, 맏아들의 경우 동생들의 모범이 되고 부모를 대신하여 동생을 돌보고 보호하는 '장남' 역할을 하도록 기대되었다(최규련, 2014). 간혹 형제들이 밖에서 싸우는 경우에도 손위형제가 동생을 보호하고 동생은 형에게 의지하게 된다. 이처럼 손위형제는 외부의 공격이나 위협으로부터 동생을 보호한다.

가족 수가 많은 경우 형제간에 양육을 하기도 한다. 특히 부모가 무기력하거나 건강이 나쁠 때 형제자매가 양육을 하기도 하고, 부모가 어린 자녀의 감독과 보호를 손위자녀에게 위임하는 경우도 있다. 손위형제가 부모의 보조자로서 역할을 하는 경우 동생이 형이나 언니에게 순종하면 형제간의 호의적 관계가 유지되고 친밀감이 생긴다. 그러나 과중한 의무를 수행하는 장자녀는 성장 후 결혼하여 자녀를 갖는 것을 싫어하기도 한다. 한편 막내와 같이 의존적인 입장에만 있어 온 아동은 성장 후 더 많은 자녀를 갖기를 바라기도 한다(유영주 외, 2013).

자신이 돌보고 있는 동생이 불리한 조건에 있을 때, 예를 들어 지적장애가 있는 형제가 있는 비장애형제의 경우 개인적 성공보다 헌신, 희생, 봉사 등에 더 많은 관심을 갖기도 한다. 또한, 장애형제의 비장애형제는 일찍부터 성인 역할, 즉 대리보호자의 역할을 하거나 보호자의 역할을 해야 한다는 부담을 갖기도 한다(Bowen, 1995; 성지현·여지영·우국희·최승희, 2009 재인용).

(4) 중재자 역할

형제자매는 부모세대와 자녀세대 간 또는 부모와 또래 간을 중재하는 역할을 한다. 형제자매 중 한 사람이 부모와 의견이 충돌하면 중재하기도 하고 서로 힘을 합쳐 부모와 협상하기도 한다. 이렇게 부모를 대상으로 형제자매 간에 연합하는 일은 부모에게 형이나 동생의 입장을 중간에 이해시키거나 설득시키는 일과 형이나 동생에게 부모의 입장을 이해시키고 대처하는 방법을 의논하는 일을 포함한다(최규련, 2014).

(5) 경쟁자 역할

형제자매 간에 경쟁의식을 갖거나 시기, 질투를 하기도 한다. 일반적으로 남자 형제들끼리의 갈등이 더 심하게 표출되긴 하지만, 여자 형제들 역시 싸움 형식은 다를지라도 심각하게 싸우는 경우가 있다.

동생이 없는 첫 자녀는 다른 형제자매와 부모의 사랑을 나누어 가질 필요가 없다. 어머니의 사랑을 받는 아버지를 경쟁자로 의식하기는 해도 다른 경쟁자인 형제가 그를 괴롭히지는 않는다. 그러나 동생의 출생은 매우 중요한 변화의 계기가 되어 대부분의 장자녀는 동생을 방해자로 느낀다. 이것은 장자녀에게는 유아 시절의 종말을 의미하는 것으로, 어머니는 새로운 아기인 동생에게 관심을 집중하게 된다. 어머니는 동생을 가지게 되는 장자녀의 정서적 충격을 덜어주기 위해 많이 노력하지만, 새로 태어난 아기에게 장자녀보다 시간이나 주의를 더 많이 기울이게 된다. 장자녀는 혼자일 때 받은 애정을 모두 빼앗기는 것 같아서 아기에게 질투심을 느끼게 된다.

나중에 태어나서 동생이 된 자녀는 적어도 1명 이상의 손위형제가 있는데, 이들이 더 크고 힘도 세며 능력도 있다. 나중에 태어난 자녀의 입장에서 보면 부모의 관심이 자신에게 많다는 것을 느끼기는 어렵고 언니나 형이 자기보다 힘이 세고 영향력이 크다는 것을 알게 되면서 형만 못하다는 열등의식이 싹트게 된다. 이러한 인식을 통하여 아동들은 형제자매 간 상호작용에서 어떻게 자신의 힘이나 영향력이 작용하는가를 학습하게 된다.

동생은 형을 리더나 지배자로 인식한다. 형은 명령하고 꾸짖고 벌을 주며, 동생의 권리를 박탈하거나 지배하고 신체적으로 구속하며, 공격하고 상을 주기도 한다. 반면 동생은 항변하고 울기도 하고 토라지기도 하며, 성가시게 굴거나 괴롭히고 당황하게 만든다. 또한 도움이나 동정을 구하고 화를 내거나 고집을 부리기도 한다(유영주 외, 2013).

경쟁자 역할은 출생순위에 따른 자연스런 현상으로 나타나기도 하지만 환경적인 원인이 작용하기도 한다. 어른들이 형제자매를 비교하거나 특정한 자녀를 편애하고 차별하는 것이 원인이 되기도 하고, 형제자매가 서로의 행동을 통제하고 권력을 행사하려는 다툼이 발생하기 때문이기도 하다. 또한, 형제자매가 서로의 능력과 성취를 인정해 주지 않고 열등감이 시기심으로 나타나기 때문에 경쟁적 관계를 형성하기도 한다(최규련, 2014).

요즘 아이들, 형제자매가 없어요

통계청 조사결과, '95~'99년 혼인코호트의 기대자녀수는 1.94명, '00~'04년은 1.92명, '05~'09년은 1.91명, '10~'15년은 2.07명으로, 인구를 현상 유지하는데 필요한 최소한의 출산 수준인 '인구대체 수준'(2.1명) 이하로 나타났다.

표 5-11 기혼여성의 혼인코호트별 출생아수(추가계획 자녀수)

(단위: 명)

	'90~'94	'95~'99	'00~'04	'05~'09	'10~'15
출생아수 (추가계획자녀수)	2.00 –	1.93 (0.01)	1.88 (0.03)	1.77 (0.14)	1.32 (0.76)
기대자녀수	2.00	1.94	1.92	1.91	2.07

혼인코호트별 출생아수 분포를 보면, '70~'74년 혼인코호트까지 3명 이상의 비중이 높았으나, '75~'79년 혼인코호트부터는 3명 이상의 비중은 감소하고, 2명의 비중이 증가하며, '95년 이후 혼인코호트부터 1명의 비중이 20% 이상으로 높아졌다. 또한 무자녀 비중은 '80~'84년 혼인코호트는 2.0%였으나, 이후 지속적으로 증가하여 '90~'94년은 2.6%, '00~'04년은 5.9%이다.

또한 최근 혼인코호트의 기대자녀수를 0명의 비중을 살펴보면, '05~'09년 결혼코호트은 5.8%, '10~'15년은 8.2%이며, 기대자녀수 1명의 비중은 '05~'09년 결혼코호트 26.0%, '10~'15년은 33.6%으로 기대자녀수 0명과 1명의 합계 비중이 41.8%으로 나타났다.

표 5-12 기혼여성의 혼인코호트별 출생아수 분포

(단위: %)

	'70~'74	'75~'79	'80~'84	'85~'89	'90~'94	'95~'99	'00~'04	'05~'09	'10~'15
0명	1.8	1.9	2.0	2.6	2.6	3.8	5.9	9.0	37.2
1명	8.3	10.8	17.7	17.1	16.3	21.1	24.9	30.1	43.7
2명	39.4	57.9	65.3	66.1	66.6	62.2	56.6	52.0	18.1
3명 이상	50.6	29.4	15.0	14.2	14.5	12.8	12.6	8.9	0.9

자료: 통계청(2017), 생애주기별 주요 특성 분석(출산, 아동보육, 청년층, 경력단절).

(계속)

표 5-13 기혼여성의 혼인코호트별 기대자녀수 분포

(단위: %)

	'70~'74	'75~'79	'80~'84	'85~'89	'90~'94	'95~'99	'00~'04	'05~'09	'10~'15
0명	1.8	1.9	2.0	2.6	2.6	3.6	5.0	5.8	8.2
1명	8.3	10.8	17.7	17.1	16.3	21.0	24.3	26.0	33.6
2명	39.4	57.9	65.3	66.1	66.5	62.3	57.2	56.3	50.9
3명 이상	50.6	29.4	15.0	14.2	14.6	13.0	13.5	11.8	7.4

자료: 통계청(2017), 생애주기별 주요 특성 분석(출산, 아동보육, 청년층, 경력단절).

현명한 엄마, 아빠의 형제자매 키우기
-동생이 생길 때, 큰 아이 마음에 더 관심을 가져주세요-

1. 큰아이도 아직은 어린아이라는 사실을 인정해주세요.

   어린 자녀들은 동생이 생겨도 부모님의 사랑을 변함없이 받고 있다고 느끼고 안심이 되어야 동생과 더 가까워집니다. 엄마나 아빠의 품을 어린 동생한테 뺏겨 속상한 마음을 달래주시고 '사랑해'라고 자주 말해주세요.

2. 큰아이도 동생을 맞이할 준비시간이 필요해요.

   자녀의 출생을 미리 준비하는 부모님과는 달리 어린 자녀에게 동생의 출현은 당황스럽고 갑작스러운 일입니다. 가능하면 큰아이가 동생을 자연스럽게 받아들일 수 있도록 동생이 태어나기 전부터 준비시켜 주세요.

3. 큰아이와 어린 동생의 놀잇감을 각각 마련해 주는 것도 좋아요.

   협동 놀이를 할 수 있고 양보하는 마음이 생겨나는 나이가 될 때까지는 비슷한 장난감이라도 몇 가지는 따로 가지고 놀도록 마련해주세요. 아이들은 부모님의 사랑이 공평하다고 받아들이게 되고 형제자매 끼리 다투지 않고 잘 지내는데 도움이 됩니다.

4. 자녀들마다 개성이 있어요. 다르게 대해 주세요.

   자녀들마다 타고난 기질 특성이 똑같을 수 없습니다. 큰아이를 키운 방식이 작은아이에게 잘 맞지 않을 수 있습니다. '큰 아이 때에도 그렇게 했는데'라고 결정하기 전에 아이들 각자의 개성이 무엇인지 살펴봐주세요..

5. 혹시 한 자녀를 더 예뻐하는지 살펴봐주세요.

   똑같이 사랑스러운 자녀들이지만 때로는 한 아이가 더 귀엽고 손길이 더 가게 되는 경우가 있습니다. 자녀들에게 사랑이 공평하게 표현되는지 살펴봐주세요.

자료: 여성가족부 홈페이지-교육자료실: 자녀성장주기별 자녀양육정보. 제4편. 형제자매 키우기

1. 자신이 현재 수행하고 있는 역할 중 하나를 선택하여(예를 들면, '학생의 역할' 또는 '아들이나 딸의 역할' 등) 역할에 대한 기대, 인지, 수행의 정도를 분석하고 평가해 보자. 그리고 역할평가를 역할취득의 각 단계에 피드백하여 현재 수행하고 있는 역할을 향상시키기 위한 방법들을 생각해 보자.

2. 자신이나 가족이 최근에 경험한 역할갈등을 분석해 보고 해결방법을 생각해 보자.

3. 다양한 가족의 가족원들이 수행하는 가족역할에 대해 조사해 보고, 건강한 가족 역할수행을 돕기 위한 개인적 노력과 사회적·제도적 방안을 생각해 보자. 예를 들어, 한부모가족의 '자녀를 양육하는 아버지' 역할에 대해 조사하고, 역할수행을 돕기 위한 개인적·사회적인 개선책과 역할수행에 대한 만족을 높이기 위한 방안 등을 제시해 보자.

PART **3**

가족생활주기에 따른 가족

6

신혼기

신혼기란 결혼생활의 뿌리다. 이 시기는 성인 남녀가 새로운 가족을 형성하여 즐거움과 행복을 느끼는 시기이기도 하지만, 자기 나름대로의 성격과 생활방식, 태도를 지닌 두 개인의 인격이 표출되어 갈등을 경험하는 시기이기도 하다.

대부분의 예비 부부는 결혼에 대한 환상에 빠져 부부가 준비하고 노력해야 할 것들에 대한 생각은 미처 하지 못한 채 결혼생활을 시작하게 된다. 이들은 주로 혼수, 예단, 결혼식 등 결혼행사와 관련된 내용들만 준비하고, 정작 결혼생활 적응에 필요한 준비는 거의 하지 않는다. 부부가 평생 행복하고 건강한 부부관계, 가족관계를 유지하기 위해서는 가족의 뿌리를 내리는 시기인 신혼기부터 부부가 함께 끊임없이 노력해야 한다.

이 장에서는 신혼기에 이룩해야 할 부부간의 다양한 적응과 부모됨에 대해 살펴보고자 한다.

1. 가족생활주기와 신혼기

가족생활주기는 결혼으로 형성된 가족이 부부의 사망으로 소멸되기까지 계속해서 변화하고 발달하는 전 과정을 말한다. 즉, 남녀의 결혼으로 새로운 가족을 형성하고 자녀를 출산하여 양육과 교육을 하면서 가족이 확대되고, 자녀가 성장하여 부모로부터 독립하면서 가족이 축소하기 시작해서 부부가 사망함으로써 소멸되는 가족의 변화과정이다(박태영, 2003). 가족은 시간의 흐름에 따라 그 생활구조가 달라지고, 그에 따라 가족원들의 역할이나 상대하는 인간관계가 달라지는데, 대부분의 가족들은 세월의 흐름에 따라 비슷한 발달과정을 겪게 된다.

가족생활주기는 학자들마다 주장하는 단계가 조금씩 다르지만 종합적으로 정리해 보면, 가족의 규모와 가족생활에 커다란 변화를 가져온 사건을 중심으로 가족형성기, 가족확대기, 가족축소기, 가족해체기 등의 네 단계로 나누어 볼 수 있다(김수경, 2009).

첫 번째 단계인 '가족형성기'는 결혼으로부터 첫 자녀가 태어나기 전까지의 시기로, 부부간에 적응이 잘 이루어지지 않을 경우 이혼을 하게 될 확률이 가장 높은 시기이다. 두 번째 단계는 '가족확대기'로, 첫 자녀가 태어나면서부터 자녀가 독립하기까지의 시기이다. 자녀의 출생과 양육에 따라 가족 내 역할이 증가하며, 정신적·시간적·경제적 부담이 증가하는 시기이다. 세 번째 단계는 '가족축소기'로, 자녀가 모두 독립한 후의 시기로서 '빈둥우리 시기'라고도 한다. 지금까지 자녀 중심으로 살아온 부부가 부부 둘만의 생활로 전환하면서 공허감을 느끼기도 한다. 이 시기는 부모 역할에서 조부모 역할로 세대관계가 확대되고 신체적 노화, 자녀의 독립이나 결혼, 은퇴 등으로 인한 상실감을 경험하는 시기이다. 마지막 '가족해체기'는 한쪽 배우자의 사망부터 남은 한 사람의 사망까지의 기간으로, 부부가 모두 사망함으로써 가족이 소멸되는 시기이다.

가족생활주기의 각 단계들에는 그 단계에 달성해야 하는 발달과업이 있다. 각 단계의 발달과업은 서로 연관성을 가지고 있으며, 전 단계의 과업이 무리 없이 이루어져야 다음 단계의 과업 수행도 순조롭게 이루어진다. 따라서 가족구성원들은 가족생활주기 상 예상되는 사건이나 문제들을 미리 예견하고 준비하며, 가족성원 모두가 함께 과업을 수행하면 발달과업 달성이 한결 쉽고 행복한 가족생활을 유지하게 될 것이다.

2. 신혼기 부부 적응

부부 적응은 성공적인 결혼생활의 판단 여부를 제공해 주는 단서가 될 수 있으며, 개인의 행복과 가족의 행복으로 연결되고, 더 나아가 이후의 부모자녀관계에도 영향을 미친다. 결혼생활은 계속적인 적응의 과정으로, 부부 적응은 부부간에 정적이라기보다는 동적인 관계를 형성한다. 여기서 '동적'이란 '발전하는 상호적 관계'를 의미한다. 이를 좀 더 구체적으로 말하면, 상대방의 기대에 보다 잘 부응하기 위하여 각자 자신의 행위를 적절히 변화시켜야 한다. 또한, 부부가 한 단위로 상호작용하기 위해서는 이러한 변화를 바람직한 것으로 받아들여야 한다는 점이 전제된다(한국가족관계학회, 1999).

웰스(Wells, 1984)는 결혼생활 적응에 대한 다섯 가지 관점을 제시하고 있다.

첫째는 결혼생활 적응을 결혼생활에서 드러나는 부부간의 차이점에 대해 상호 조화시켜 나가는 과정으로 보는 관점이다.

둘째는 결혼생활 적응을 결혼한 부부의 상호관계나 상호작용이 결혼하기 전과는 다르게 변화해 나가는 과정으로 보는 관점이다. 결혼 전의 상호작용은 대체로 이성교제와 구애의 목적을 강화하는 기능에 국한된 것이었으나 결혼 후의 관계는 결혼 전과는 상이한 상황에서 이루어지기 때문에 원만한 결혼생활에 기여하는 방향으로 재조정되어야 한다.

셋째는 개인의 인성을 결혼생활이나 성인생활에 적절하도록 조정해 나가는 '사회화 과정'의 한 부분으로 결혼생활 적응을 보는 관점이다. 결혼은 개인의 생애주기에서 새로운 역할로의 전환을 의미하기 때문에 결혼생활 적응이 새로운 역할에 대한 사회화 과정이라는 것이다.

넷째로 결혼생활 적응을 결혼생활에서 요구되는 일상적 과업들을 학습해 가는 과

표 6-1 부부 적응 하위요인의 학자별 분류

표 6-1 부부 적응 하위요인의 학자별 분류

학자	연도	하위요인
Spanier	1976	부부간의 의견 일치, 부부 결합, 부부 만족, 애정표현
오명숙	1979	행복, 성관계, 대화, 신뢰와 의견일치, 경제
이정덕 외	1998	성격, 성관계, 경제, 인척관계
김시업	1999	성격, 성관계, 부부간의 역할

자료: 임유진(2007).

정이라고 보는 관점이다. 결혼 전과는 상이한 새로운 과업들을 수행하기 위해서는 부부의 생활을 새롭게 조직하여 일상화시켜야 하며, 이러한 과정이 결혼생활 적응에 요구된다.

다섯째는 결혼생활 적응을 두 사람의 독자적인 생활양식을 융합하는 과정으로 보는 관점이다. 영향력 있는 배우자 쪽에서 자신의 생활유형을 보다 강력히 주장하는 경향을 보이고, 갓 대학을 졸업했거나 조혼인 경우 자신이 성장한 가족의 생활유형에 더욱 집착하는 경향을 보인다.

부부 적응을 구성하는 하위요인들을 살펴보면 표 6-1과 같다.

이렇듯 신혼기 부부로 시작하여 평생 동안 함께 노력해야 할 부부 적응의 측면을 김시업(1999)의 구분으로 나누어 성격적 적응, 성생활 적응, 부부간의 역할 적응 등으로 살펴보려고 한다.

1) 성격적 적응

신혼기는 가족생활주기의 첫 번째 단계로, 이 단계에서 문제가 발생하거나 발달과업을 충분히 수행하지 못한 채 다음 단계로 넘어가면 결혼생활 전반에 부정적인 영향을 미칠 수 있는 매우 중요한 단계이다. 이 단계부터 평생을 거쳐 부부가 부부간의 적응을 위해 노력해야 한다. 특히 신혼기는 연애기간과는 달리 두 사람이 모든 생활을 함께하는 시기이기 때문에 그 전에 알지 못했던 부분들을 알게 되고 각자의 성격 특성이 드러나게 된다. 따라서 이 시기에는 서로 다름에 대한 부분들을 서로 맞춰 가야 하는데, 특히 부부간의 적응에 영향을 미치는 요인이 성격적인 측면이다.

부부는 이 세상에 나와 성격이 똑같은 사람이 없다는 점을 인식하여 신혼기부터 서로 다른 부분을 이해하고 차이를 인정하면서 맞춰 나가는 생활을 해야 한다. 부부가 성격의 서로 다른 부분을 보완해 줄 수 있을 때에 더욱 건강한 부부관계, 가족관계를 만들 수 있다.

부부간의 성격적 적응을 위해서는 먼저 각 개인의 인격적 성숙과 정서적 안정이 선행되어야 하며, 서로 대화를 통해 이해의 폭을 넓혀 나가야 한다. 특히 성격은 하루아침에 고칠 수 있는 것이 아니므로 어느 정도의 적응기간이 필요하다는 점을 부부 모두 인식해야 한다. 부부간의 성격적 적응을 높이기 위해서는 다음의 사항을 유념할 필요가 있다(김경자 외, 2007).

첫째, 부부는 성격적 적응시간을 가지는 것이 당연하다는 것을 인정하고, 상대방의 행동과 성격적 특성을 이해하도록 노력해야 한다. 성격은 한 개인이 가지고 있는 가치관, 사고 패턴, 감정적 반응, 주위환경에 대한 사회적 반응을 총체적으로 일컫는다. 개인의 성격은 외부로 드러나는 부분과 내면에 자리 잡고 있어서 외부로 드러나지 않는 부분이 있다. 따라서 단시간에 상대의 성격을 알기는 어려우며, 몇 가지 드러나는 부분으로 '그 사람 전체'를 파악하는 것이 쉽지 않다. 그렇기 때문에 상대방을 '알고자 하는 자세'로 관심을 가지고 지켜보는 것이 필요하다.

둘째, 부부는 상대방을 인격적으로 존중하며, 서로의 장점과 단점을 알고 발전적인 방향으로 성장해 갈 수 있도록 도와야 한다. 부부는 서로 경쟁상대가 아니며, 인간관계에서는 어느 한 사람이 항상 옳을 수는 없다. 결혼생활을 통해 서로 적응하고 발전시켜야 할 부분이 바로 서로의 장단점을 알고 보완하면서 긍정적인 자원을 최대한 활용할 수 있도록 돕는 것이다. 이러한 과정을 통해 상대방의 자율성과 독립성을 인성할 수 있게 된다.

셋째, 부부간의 갈등을 당연하고 정상적인 것으로 받아들인다. 갈등은 모든 인간관계에서 언제나 나타나는 자연스런 현상이다. 특히 전인격적으로 부딪히는 부부 사이에는 언제라도 일어날 수 있는 현상이다. 다만 갈등이 일어났을 때 부부가 긍정적으로 해결하는 것이 중요하며, 문제가 생겼을 때 미루지 말고 즉각적으로 해결할 수 있는 방법을 찾아야 한다. 이때 가장 중요한 기술이 의사소통 기술이다. 의사소통이란 인간이 상징을 사용하여 메시지를 보내어 의미를 만들어 내고 그 의미를 상대와 공유하는 상징적이면서도 상호방향적인 과정이다.

현대사회에서 가족의 기능 중 가족원들의 정서적 지지 기능이 더욱 중시됨에 따라 가족원들이 단순히 각자의 역할을 수행하는 도구적 차원보다는 주로 감정을 나누고 공유함으로써 형성되는 관계적 차원이 더 중요하게 되었다. 따라서 서로 다른 원가족에서의 생활과 서로 다른 인격적 특성을 지닌 신혼기 부부가 감정을 공유하고 정서적으로 친밀해지며 적응을 잘하기 위해서는 의사소통 기술을 발전시켜야 한다.

성격적 적응을 위해 가장 필요한 의사소통을 효율적으로 잘하는 방법은 다음과 같다.

첫째, 의사소통 증진을 위한 기본적인 태도를 형성해야 한다. 먼저 상대에 대한 존경 및 배려하는 태도를 가져야 한다. 또한, 결혼에 대한 신념이 있어야 하는데, 이는 부부 스스로가 행복한 결혼생활을 만들겠다는 의지와 의사소통에 대한 신념을 갖는 것을 의미한다.

둘째, 의사소통 기술을 학습해야 한다. 자신의 메시지, 즉 할 말을 정확히 표현하는 능력이 있어야 하며, 무엇보다도 경청하는 태도가 필요하다. 경청이라는 글자 중 '들을 청(聽)'을 자세히 살펴보면 눈, 귀, 마음이라는 뜻이 포함되어 있다. 그만큼 경청이란 신체의 감각기관뿐 아니라 마음으로 듣는 것이다. 더 나아가 상대의 진정한 마음의 소리를 알아챌 수 있어야 한다.

셋째, 부부간에 갈등이 생기고 다툼이 일어나면 그 사실을 먼저 인정하고 전략적으로 대응해야 한다. 건강하고 행복한 부부관계에서도 갈등과 부부싸움은 있을 수 있다는 점을 부부가 모두 받아들여야 한다.

성공적인 부부싸움을 하기 위해서는 다음과 같은 전략을 이용하는 것이 좋다. 먼저 갈등에 신속히 대처해야 하며, 한번에 한 가지씩의 문제에 대처하고, 구체적인 것에 초점을 맞추며, 같은 편이 되어 상대의 입장을 생각해 본다. 감정적 대응은 절대 하지 않으며, 쌓여서 폭발하기 전에 대화로 해결하려는 자세가 필요하다.

2) 성적 적응

인간의 성(性)은 먹고 마시고 잠자는 것과 같이 태어난 직후부터 생활의 일부가 되어 죽는 순간까지 지속된다. 성을 생각하고 원하고 행하는 것은 나이와 상관없이 가능한 일이며, 결코 어색하거나 창피한 일이 아니다. 이와 같이 성은 우리 인생에서 매우 중요한 영역으로 결코 무시되어서는 안 된다.

프랭크 외(Frank et. al., 1986)는 부부의 성생활 만족이란 신체적 자극과 심리적 자극 간의 함수 결과라고 하였다. 성생활은 단지 생물학적 부분만을 의미하는 것이 아니라 부부의 정서적 관계를 포함한 생활 전반과 밀접하게 관련되어 있다. 부부는 성을 통하여 일체감, 감사, 긴장 완화, 사랑의 표현, 합의, 기분전환 등을 경험할 뿐만 아니라 부부관계를 발전시키고 성숙시킬 수 있다. 성생활은 생식의 목적이나 즐거움 이외에 배우자와의 질적 관계 향상 등 관계적 측면의 핵심 요소이므로 성생활 만족은 개인의 안녕, 부부간의 친밀감과 직결된다.

부부의 성적 만족도는 결혼생활이 지속되면서 자녀출산, 신체적 노화현상, 성기능 감소 등의 영향을 받는다. 개인적·사회적 가치, 성행동의 다양성 등으로 인하여 부부 성생활의 일반적인 만족도의 표준을 말하기는 쉽지 않다. 부부의 성생활 정도가 만족할 수준인지 그렇지 않은지에 대해 객관적으로 말하는 것 또한 쉽지 않은 일이다. 그러나 일반적인 남성과 여성의 성적 욕구와 활동성을 기준으로 볼 때 남성과 여성은 정신적·육체적 구조의 복잡성 때문에 육체적인 성행위에 있어서 서로 차이를 보이는 경향이 있다. 즉, 결혼 초에는 성행위가 남성에 의해 주도되지만, 여성의 성행위는 출산과 관련된 다양한 신체적·심리적 변화, 직업 등의 사회적 요인에 의해 영향을 받으므로 간단히 말하기는 어렵다. 따라서 부부는 이러한 남녀의 차이를 이해하려고 노력해야만 한다(박수선 외, 2009).

과거에는 결혼생활의 주요 장애요소로 경제적 이유나 고부간의 갈등을 들었다. 오늘날 부부 중심의 핵가족 시대가 됨에 따라 과거와는 달리 성에 대해 자유로운 시대적 분위기를 반영하여 친밀감이나 성 만족도 등이 결혼생활 만족도에 중요한 영향을 미치고 있다는 것이 여러 연구들을 통해 밝혀졌다.

마스터스와 존슨(Masters & Johnson, 1966)은 부부관계의 특징과 성 만족도와의 관계를 살펴본 결과, 행복한 부부가 행복한 성생활을 유지한다고 하였다. 즉, 부부간의 성적 만족도는 부부간의 상호작용에 따라 차이를 보여 자신들의 관계를 긍정적으로 지각한 부부일수록 성생활 만족도가 높은 것으로 나타났다. 이는 친밀한 부부는 자신의 성적 욕구나 감정을 솔직하게 표현하고 받아들이며, 의견이 다르더라도 서로 조정하고 합의하려고 노력하고 있음을 알 수 있다. 이러한 결과는 서로 신뢰와 사랑을 인식하고 표현함으로써 가능한 일이다.

유교문화권인 한국 사회에서는 부부가 성생활에 대해 자신과 상대방의 욕구를 이해하고 솔직하게 소통하는 등의 노력을 회피하거나 불필요한 것으로 간주하여 왔던 것이 사실이다. 그 원인으로는 가부장제 사회에서의 부부간의 성 인식의 차가 한몫을 했다고 볼 수 있다.

무엇보다도 중요한 것은 부부 사이의 만족스런 성관계는 친밀한 정서적 관계가 바탕이 되어야만 한다는 점이다(박수선 외, 2009). 부부간의 성관계도 일종의 커뮤니케이션이며, 커뮤니케이션이란 소통을 의미한다. 부부 모두가 만족하는 성생활, 즉 원활한 소통을 위해서는 서로 표현하고 교류해야 한다. 성적 욕망을 솔직하게 표현하려면 상대가 이를 잘 받아들일 때 가능하다. 서로 원활한 소통이 되기 위해서는 상대에 대한 존중이 무엇보다도 선행되어야 하며, 상대가 자신의 성적 욕망이나 성행위와 관련된 이야기를 했을 때 색안경을 끼고 보지 말아야 한다. 부부가 서로를 진심으로 신뢰하는 가운데 솔직하게 대화하고 있는 그대로 받아들이려는 자세가 소통의 기본이다.

3) 부부 역할

역할이란 본인이 담당해야 할 일로, 특정한 사회에서 개인의 지위에 따라 결정되는 사회적으로 기대되는 행동유형이다. 이렇듯 역할은 시대에 따라 변화하며 부부간의 역할 역시 과거에 비해 많은 변화를 겪고 있다. 부부 역할은 부부가 가족에 대한 책임을 어떻게 조정하는지 그리고 부부가 집안일을 어떻게 분담하는지와 관련된다 (Olson & Olson, 21세기 가족문화연구소 역, 2003). 파슨스(Parsons)에 의하면 가족

안에서 남성은 경제적인 수입을 벌어오는 도구적 역할을 수행하고, 여성은 자녀를 양육하고 가족관계를 유연하게 하는 등의 표현적 역할을 수행하는 이분법적 구조를 갖고 있다고 하였다.

맞벌이 부부가 증가하고 남녀의 의식이 변화하는 현대사회에서는 과거의 전통적인 남녀 역할의 구분 역시 변하고 있다. 신혼기는 새로운 가족의 틀을 형성하고 가족생활의 다양한 규칙을 세우며 가족계획, 자녀교육문제, 경제계획 등을 정립하는 시기이다. 따라서 신혼기의 부부 역할은 이후의 결혼생활 전반에 매우 중요한 영향을 미치게 된다.

특히 현대사회에서 지속적으로 증가하고 있는 맞벌이 가족의 경우 가사분담, 자녀출산 및 양육 등과 관련한 역할분담에 대한 문제가 부부 적응의 중요한 영역으로 대두되고 있다. 이 시기에 이런 역할 관련 문제들로 부부는 갈등을 경험하게 된다. 특히 신혼기는 직업적 측면에서 기반을 닦아야 할 직장생활의 초년병 단계인데, 결혼하여 자녀출산을 준비하는 등 일과 가족 두 영역에서 동시에 새로운 역할에 적응해야 하는 어려움을 겪게 된다.

대부분의 젊은 부부들, 특히 아내들은 평등한 부부관계를 원하지만 이를 달성하기는 쉽지 않다. 평등한 부부관계는, 예를 들어 누가 빨래를 할 것인지, 누가 돈을 관리할 것인지, 누가 식사를 준비할 것인지, 누가 쇼핑을 할 것인지, 누가 청소를 할 것인지 등 많은 협상을 필요로 한다. 부부는 일과 가족을 조화시키기 위해 평생 동안 지속적으로 노력해야 하며, 평등한 부부관계를 형성하고 유지하기 위한 인간관계 기술을 익혀야 한다.

대다수의 통계결과를 보면 2008년 금융위기의 여파로 여성고용이 매우 큰 타격을 받은 것으로 보고되었다. 여성 5명 중 1명은 결혼, 육아, 가사와 직장생활 병행의 어려움으로 첫 직장을 그만둔 것으로 나타났다. 남성은 보수나 장래성을 이유로 첫 직장을 그만둔 비율이 45%로 가장 높은 반면에 여성은 결혼, 육아, 가사(20.2%)를 가장 큰 요인으로 꼽았다. 이는 여성들이 일을 하면서 가족을 함께 돌볼 수 있는 여건이 여전히 취약하다는 점을 입증하는 셈이다(여성신문, 2009. 11. 27).

신혼기에 부부 역할과 관련하여 우선 결정해야 할 중요한 사안은 첫 자녀를 언제 출산하느냐 하는 것이다. 부모가 될 시기를 결정하는 문제는 특히 여성들의 취업 유형과 밀접한 관계를 갖는다. 자녀출산과 관련하여 취업여성은 네 가지 선택—첫째, 자녀출산과 함께 영원히 직장을 그만두는 관습형, 둘째, 직업 초기 단계에 퇴직하여 자녀를 낳은 후 재취업하는 초기 중단형, 셋째, 자녀 갖기를 연기하여 직업의 기반을 다진 후(대체로 30대) 늦게 자녀를 출산하고 복직하는 후기 중단형, 넷째, 자녀출산보다는 사실상 경제적 형편에 따라 취업과 퇴직을 반복하는 불안정형—을 하게 된다.

이처럼 일과 관련하여 자녀 갖기를 앞당기느냐 혹은 뒤로 미루느냐 하는 문제는 각각 장단점이 있다. 초기 중단형은 동년배와 비슷한 시기에 부모가 됨으로써 자녀 양육에 관한 공통 관심사나 문제들을 함께 나눌 수 있다는 장점이 있으나, 자녀출산 후 재취업이 쉽지 않을 뿐 아니라 일·가족생활 초기에 경제적 부담이 크다는 단점이 있다. 후기 중단형은 일·가족생활 초기에 집중될 역할 긴장이나 경제적 부담을 겪지 않아도 되며 자신의 직업 기반을 확고히 할 수 있다는 장점은 있으나, 자녀 갖기를 미루다 영원히 무자녀 가족으로 남을 수 있을 뿐만 아니라 늦은 나이에 자녀를 출산해야 한다는 문제점도 안고 있다(정현숙 외, 2003).

이와 같은 맞벌이 부부의 역할갈등을 해결하기 위해서는 부부 모두의 일과 가족 역할에 대한 균형을 맞추려는 노력이다. 여기서 말하는 균형이란 가족과 가족 밖에서의 일을 50 대 50으로 똑같이 수행하라는 것이 아니다. 일과 가족의 조화를 위해 전통적인 남녀 역할을 공평하게 재분배하여 남성과 마찬가지로 여성에게도 가족 부양의 책임이 돌아가고, 남성에게도 여성과 마찬가지로 가사와 육아의 책임이 부여되는 것을 말한다. 이러한 부부를 현대사회에서는 동반자적 부부라고 부른다. 이는 평생 동안 함께하는 파트너로서 동반자 역할을 하기 위해 계속적으로 조정하고 노력하는 관계를 의미한다.

현대사회에서는 가사노동 역시 여성만의 일이라기보다 가족구성원 모두의 책임으로 생각된다. 그러나 가사노동 분담에 관한 최근의 연구결과에 따르면, 맞벌이 여성의 가사노동은 남편보다 7배나 많은 것으로 나타났다. 미취학 아동을 둔 맞벌이 기혼여성 253명을 대상으로 이루어진 연구에 따르면, 미취학 아동이 있는 맞벌이 가족의 가사분담은 평일의 경우 남편이 0.57시간, 부인이 4.06시간, 주말에는 남편이 2.88시간, 부인이 9.26시간으로 나타났다(여성신문, 2009. 12. 31).

대부분의 부부들에게 있어서 역할분담 문제는 결혼 초보다 해가 갈수록 심화된다.

평등한 부부관을 가졌던 부부조차 첫 자녀가 태어난 이후에는 보다 전통적인 남편과 아내의 역할로 복귀하는 경향을 보인다. 그러나 남녀의 역할이 분리되면 부부는 의사결정 시 자주 언쟁하게 되고, 결혼 만족도가 떨어지며, 심한 경우 별거나 이혼까지

가사노동 – '우리 부부'는 함께 하고 있나요?

많은 여성들이 가족의 경제적 책임을 남편과 공유하게 되면서 여성과 남성의 역할 분업에도 큰 변화가 일어나게 되었다. 가사노동은 더 이상 여성만이 해야 할 영역이 아니라 부부가 상황에 맞게 나눠야 할 영역으로 인식되고 대다수 여성들은 물론 많은 남성들까지 맞벌이 부부는 가사노동을 공평하게 나눠야 한다는 태도로 바뀌고 있다.

그렇지만 맞벌이 가구의 여성과 남성이 실제 가사노동에 투여하는 시간을 비교해 보면 남자 40분, 여자 3시간 14분(통계청, 2016)으로 태도와 현실 사이의 차이가 크다는 것을 알 수 있다. 여전히 취업 여부와 상관없이 여성들은 남성들에 비해 압도적으로 많은 시간을 식사 준비와 집안 청소, 빨래 등에 사용하고 있다. 그 추이를 살펴보면 2009년 가사노동 시간 남자 37분, 여자 3시간 20분에서 2014년 가사노동 시간 남자 40분, 여자 3시간 14분으로 남자는 3분 증가하고 여자는 6분 감소하여 여성과 남성의 가사노동 시간의 차이가 조금씩 줄어드는 변화가 일어나고 있다(통계청, 2016).

맞벌이 상태별 가사노동 시간

(단위: 시간, 분)

	2004				2009				2014			
	맞벌이		비맞벌이		맞벌이		비맞벌이		맞벌이		비맞벌이	
	남자	여자	남자	여자	남자	여자	남자	여자	남자	여자	남자	여자
가사노동	0:32	3:28	0:31	6:25	0:37	3:20	0:39	6:1	0:40	3:14	0:47	6:16
가정관리	0:20	2:47	0:15	4:19	0:24	2:38	0:19	4:11	0:26	2:35	0:25	4:14
가족 및 가구원 돌보기	0:12	0:41	0:16	2:06	0:13	0:42	0:20	2:07	0:14	0:39	0:22	2:02

※ 가사노동 시간은 20세 이상 기혼 남녀가 1일 평균 가사노동에 사용한 시간임. 가사노동에는 음식 준비 및 정리, 의류관리, 청소 및 정리, 집 관리, 가정관리 관련 물품구입, 가정경영, 기타 가사일 등의 가정관리와 가족 보살피기 등이 포함됨
자료: 통계청(2016), 생활시간조사 각년도. 2016 일·가정양립 지표.

생각하게 된다. 그러므로 성별에 따른 고정관념으로 역할분담을 하기보다는 평등한 분담을 유지하는 것이 결혼생활을 행복하게 이끄는 원동력이 될 것이다.

부부 역할을 개선하기 위한 방법으로 올슨과 올슨(Olson & Olson, 2003)은 다음과 같은 세 가지 방법을 제안하였다.

첫째, '집안일에 대한 책임을 함께하기'이다. 집안일을 할 때 누군가의 도움을 구한다는 생각을 머릿속에서 지워버리고 함께 책임진다는 생각을 가져야 한다. 결혼생활에는 협력이 필요하다는 점을 항상 기억해야 하며, 부부가 집안일을 공평하게 분담하고 균형을 유지하는 것이 행복한 부부관계를 이루는 데 많은 도움이 된다. 평등한 가사분담은 부부관계에 긍정적인 영향을 미칠 뿐 아니라 건전한 역할 모델이 되어 자녀에게도 긍정적인 영향을 미치게 된다.

둘째, '일주일에 한 번씩 역할관계에 대해서 논의하기'이다. 균형 있는 역할을 유지하기 위해 부부는 정기적으로 역할관계에 대해 의논할 필요가 있다. 부부간의 역할이 변화할 수 있다는 점을 기억하고 집안일이나 가족과 관련된 일 중에서 좋아하는 일과 잘할 수 있는 일 그리고 부부 각자가 해야 할 일 등에 대해 함께 의논한다.

셋째, '변화에 대해 유연하게 대처하기'이다. 부부는 서로에게 도움을 주면서 함께 일하는 한 팀이다. 평등한 관계를 유지하는 부부가 그렇지 않은 부부들보다 훨씬 행복하다는 것을 입증하는 많은 선행연구들이 있다. 권력을 공유하며 의사결정을 함께하는 부부가 더 행복하다(Olson & Olson, 21세기 가족문화연구소 역, 2003).

3. 가족계획과 부모관

자녀를 갖는다는 것은 개인적, 가족적 그리고 사회적으로 매우 의미있는 일이다. 자녀양육을 위해서는 경제적 비용뿐만 아니라 부모들의 시간과 노력이 필요하다. 폭력과 비행 등 여러 가지 문제들이 산재해 있는 현대사회에서는 자녀양육에 대한 부모들의 관심이 더욱더 요구된다. 한편 자녀가 생김으로써 부모들은 이전의 사회생활과 여가 등 자신들의 생활방식을 상당 부분 재조정하거나 포기해야 한다. 따라서 부모가 된다는 것은 인생에서 아주 커다란 전환을 이루는 사건이다.

이처럼 부모 역할에 대한 요구와 압력이 과거보다 거세지면서 우리 주변에는 자녀 갖기를 연기하거나 자발적으로 무자녀를 선택하는 부부가 늘고 있다. 최근 초혼 연령이 상승하고 직업과 라이프스타일에 대한 선택의 폭이 넓어지면서 결혼과 출산은 필수가 아닌 선택이 되었으며, 결혼과 출산의 시기도 자신에게 적합한 시기로 자유롭게 조정이 가능해졌다. 또한, 다양한 피임방법들 역시 자녀 갖기를 보다 쉽게 늦출 수 있도록 하고 있다.

자녀 갖기를 잠정적으로 연기한 부부 중에는 시간이 흐르면서 영원히 아이를 갖지 않기로 결정하는 사람들도 있다. 부부가 자발적으로 무자녀를 선택하는 이유는 직업상 경력을 쌓거나 부부관계를 방해받지 않기 위해 또는 부모 역할 수행에 대한 자신감이 없어서 등 매우 다양하다. 자발적으로 자녀를 갖지 않는 부부는 일반적으로 교육수준이 높고 직업 지향적이다. 이들은 자녀가 없기 때문에 부부가 공유하는 시간과 활동이 많아 결혼만족도는 높은 편이나 부부간에 갈등이나 문제가 생길 경우 자녀 때문에 불행한 결혼관계를 유지할 필요가 없으므로 이혼의 가능성도 높다(정현숙 외, 2003).

부모됨은 어느 정도의 대가를 수반하지만, 대부분의 사람들은 부모가 됨으로써 얻는 이익이 그러한 대가를 능가한다고 믿는다. 즉, 자녀들은 일방적으로 부모의 양육을 받기만 하는 것이 아니라 정서적 유대관계를 통하여 부모에게 사랑과 기쁨을 가져다주며, 부모 역할을 수행하도록 함으로써 성인의 지위를 부여해 주고, 부모로서의 자부심과 성취감 그리고 가계의 계승을 통한 영생의 욕구를 충족시켜 준다(정현숙 외, 2003).

그러므로 신혼기 부부는 우선 스스로 '부모가 될 준비가 되어 있는지'를 점검하고, '언제 부모가 될 것인지'를 신중히 결정하여 부모가 됨으로써 개인의 행복과 건강한 가족 나아가 사회의 안녕에 기여하여야 할 것이다.

생각해
보기

1. 신혼기 부부가 적응해야 하는 측면으로 본장에 소개된 내용 이외에 어떤 부분이 있을지 구체적으로 생각해 보자.

2. 자녀의 의미를 각자 이야기해 보고, 자녀양육의 긍정적인 측면과 그렇지 못한 측면을 나누어서 생각해 보자.

7

자녀양육 및 교육기

자녀 출생과 함께 시작되는 부모됨은 하나의 전환점이다. 부모가 되는 순간 항상 자녀에 대한 책임이 뒤따르며 자녀의 올바른 성장과 건강한 부모–자녀 관계를 위해 노력해야 한다. 부모됨은 부부 및 부모–자녀가 건강한 관계로 거듭나는 중요한 과정이며, 부부는 함께 자녀를 양육하는 공동육아 수행자로서의 부모 역할을 지향하는 것이 바람직하다. 부모 역할은 자녀의 성장발달에 따라 달라진다. 영유아기 자녀에 대해 신체적 양육이 주를 이룬다면 아동기와 청소년기를 거쳐 가면서 신체적 양육보다는 정서적 양육의 비중이 높아지게 된다. 본 장에서는 자녀양육 및 교육기 부모됨의 의미와 부모 역할에 대해 살펴본다.

1. 자녀양육과 부모됨의 의미

1) 자녀와 부모됨에 대한 인식

부모됨(parenthood)은 아이를 출산하여 부모가 되는 상태를 이르는 말이다. 전통사회에서는 부모됨이 성인으로서 당연한 과정이며 적정 나이가 되면 꼭 이루어야 할 필수적인 것으로 인식하였다. 그러나 여성의 경제활동 참가, 양성평등 인식의 확산, 가족 및 자녀가치관의 변화 등 사회변화에 따라 자녀 및 부모됨에 대한 인식도 변화하고 있다. 한국인의 부모됨 인식과 자녀양육관에 대한 연구(2016)에 의하면 전체 응답자의 64.5%가 자녀는 꼭 있어야 한다고 응답한 반면, 여성의 경우 없어도 된다는 응답이 약 20%에 달하는 것으로 나타났다. 이것은 오늘날 우리사회의 자녀관 및 부모됨에 대한 인식을 잘 보여준다. 자녀가 결혼생활의 필수조건이라는 인식은 이제 선택적인 것으로 바뀌어 가고 있다. 이러한 인식은 경제적 요인이 가장 큰 원인이지만 이 외에 자녀를 더 이상 노후의 경제적 지원자, 혹은 집안의 혈통을 잇기 위한 수단적 가치로 여기지 않는다는 것을 의미한다. 대신에 자녀를 갖는 것은 인생에서 가치 있는 일이며 부부관계를 더 굳건히 하는 것으로 인식하고 있어(문무경 외, 2016), 가족의 자녀가치관 변화를 보여준다.

한편, 부모됨은 행복하고 기대되는 일이지만 경제적, 심리·정서적 준비가 필요하며 젊은 세대일수록 부모 모두 자녀양육에 참여해야 한다고 인식하는 경향이 강한 것으로 나타나 젊은 부모들의 육아에 대한 적극적인 참여의지를 볼 수 있다. 또한, 좋은 부모의 조건은 경제력 외에 자녀와의 소통, 인내심으로 나타나 부모됨은 단순히 출산을 통해 부모가 되는 것을 넘어서는 것이며, 부부 협력 하에서 가족 내 관계와 소통이 중요한 요소로 작용한다는 것을 알 수 있다.

따라서 자녀양육과 부모됨은 자녀 출산으로 인한 가족의 구조적 변화에 적응하는 것뿐만 아니라 관계적 측면에서 다양한 경험을 통하여 성숙한 부부 및 부모로서 성장할 수 있는 기회이며, 그에 적절한 부모 역할 수행을 위해 노력하는 것 또한 포함하는 것으로 인식되고 있음을 알 수 있다.

2) 부모됨의 동기

부모가 되는 것은 본능이라기보다는 사회적으로 길러지면서 획득되는 동기에 의한 것이라고 본다(신용주, 김혜수, 2017). 따라서 사회변화나 개인에 따라 부모됨의 동기나 의미가 달라진다. 과거의 부모됨은 집안의 혈통을 잇거나 노후보장, 노동력과 같은 경제적 기여도가 주된 동기였지만 오늘날은 자녀양육에 대한 많은 시간과 경제력이 뒷받침되어야 하는 까닭으로 부모됨의 동기가 과거보다 약하다. 그러나 많은 사람들이 그럼에도 불구하고 부모가 되려고 한다. Rabin(1965)은 부모가 되는 동기를 네 가지로 제시하였다.

(1) 숙명론적 동기(fatal motive)

부모가 되는 것은 인간의 숙명이며 부모됨을 선택이라기보다는 필수로 본다. 이러한 사람들은 자녀를 통해 가계를 계승하며 운명에 순종하는 부모됨의 동기를 가진다. 사회적으로 보편적인 통과의례의 수순으로 부모됨을 정의하고 이에 따르는 것을 바람직하다 여긴다. 또한 적정 시기가 되면 자녀를 낳아 기르는 것을 당연하게 받아들인다.

(2) 이타주의적 동기(altruistic motive)

인간은 성인이 되면 타인을 돌보고 보살펴 주려는 욕구를 가지게 되는데 이러한 이타주의적 동기로 부모가 되고자 한다. 이들은 부모가 되고자 하는 기본적인 욕구를 가지고 있으며, 자녀에 대한 관심과 애정을 표현하고자 한다.

(3) 자아도취적 동기(narcissistic motive)

어떤 사람들은 자녀를 가짐으로써 다른 사람들처럼 부모가 되었다는 사실을 통해 심리적 안정감을 얻기도 하는데, 이러한 동기에서 자녀를 갖게 된다. 자녀를 가짐으로써 자신이 사회적으로 성숙했다는 자아도취적 혹은 성취적 성향을 보인다.

(4) 도구적 동기(instrumental motive)

부모됨에 대한 도구적 동기는 자신이 이루지 못한 꿈이나 삶을 자녀를 통해 실현시키고자 하는 욕구에서 비롯된다. 부모는 자녀가 부모에게 만족감을 주고 부모의 꿈에 대한 대리보상을 해 주길 바란다. 또한 자녀를 통해 부부간의 불화가 완화되기를 바라는 마음으로 부모가 되기도 하는데, 이 또한 도구적 동기에 포함된다(허혜경 외, 2013).

3) 부모됨의 의미

사회변화에 따라 부모됨에 대한 인식과 동기가 변화하고 있으며, 자녀를 갖는 것도 필수가 아닌 선택이라 생각하는 경향이 커지고 있다. 부모됨의 선택 동기는 개인마다 다르기 때문에 부모됨의 의미 또한 각 개인마다 다를 수 있다. 여기서는 부모됨의 의미를 자아확장, 사랑·애정의 욕구, 사회적 지위의 획득, 성취감의 측면에서 살펴보기로 한다(신용주, 김혜수, 2017).

(1) 자아확장으로서의 부모됨

부모가 됨으로써 자녀를 통해 자신의 세대가 연장되는 자아확장감을 가지게 된다. 자녀는 부모의 연장선상에 있으면서 부모의 가치관을 전달받고 이를 이어나간다. 즉, 부모는 자녀를 사회화함에 있어서 사회적응 기술 외에 부모의 성격특성이나 행동, 가족의 규칙, 가족문화를 배우고 내재화 하게 되는데 이것은 결국 부모의 자아확장의 결과라 할 수 있다.

(2) 애정(사랑)을 주고받음

매슬로(Maslow)의 욕구 위계이론에 의하면 인간에게는 생리적 욕구, 안전에 대한 욕구, 애정과 소속의 욕구, 자아존중감의 욕구, 자기실현의 욕구의 다섯 가지 욕구가 있다고 하였다. 부모가 됨으로써 자녀를 사랑하고, 돌보고, 상호 교감을 나누며 애정의 욕구를 충족시킬 수 있다. 이러한 애정의 욕구는 자녀를 양육하면서 부모의 사랑을 줌으로써 충족될 뿐 아니라 자녀가 부모에게 애정을 표현하면서 부모가 사랑을 받는 것도 포함된다.

(3) 사회적 지위 획득

부모가 됨으로써 획득되는 사회적 지위는 사회 통념적으로 부모를 동일 연령대의 무자녀인 사람들보다 상대적으로 성숙한 성인의 위치에 서게 한다. 이는 자녀를 양육하면서 겪게 되는 여러 상황들과 발달과업을 수행하기 때문으로 볼 수 있다. 부모됨을 성숙한 성인의 필수 조건으로 보기는 어렵지만, 부모됨의 여러 의미 중 하나는 바로 이러한 사회적 지위의 획득에서 찾아볼 수 있다.

(4) 성취감

부모됨은 성취감을 느끼게 한다. 자녀를 낳아 단계별 발달과업을 수행하고 사회화를 통해 하나의 성숙한 인격체로 길러내는 것은 부모로써의 보람을 느끼게 한다. 또한 부모의 가치관과 신념, 가족의 문화를 자녀에게 전승하는 것은 자아확장감과 함께 생산성의 측면에서 성취감을 느끼게 하는 중요한 요소이다.

2. 부부가 함께하는 부모 역할

1) 어머니 역할과 아버지 역할 구분의 약화

과거 우리 사회의 유교적 사상과 가부장제의 남녀구분은 남성이 바깥일을 하고 여성이 집안일을 맡는 것을 당연시하였다. 아버지는 집안의 대표로서 역할하고 자녀양육은 어머니에게 그 책임이 있었다. 따라서 부모 역할은 곧 어머니의 역할로 인식되어 어머니가 양육자로서의 역할을 수행하고 아버지는 이차적 역할(secondary role)을 수행하는 것이 자연스러운 것으로 여겨졌다. 이는 서양에서도 마찬가지였다. 파슨즈와 베일스(Parsons & Bales, 1955)는 구조기능론적 관점에서 남성과 여성의 역할을 도구적 역할과 표현적 역할로 구분하여 아버지는 집안의 대표자이자 생계를 책임지고 어머니는 가족원의 정서적 욕구를 충족시켜줄 때 그 가족은 가장 기능적이라고 하였다.

부모-자녀 관계에 있어서도 엄부자모(嚴父慈母)라 하여 아버지와 어머니의 역할을 구분하였다. 아버지는 집안의 가장으로서 존경하고 따라야 할 대상으로 여겨져 친밀한 관계를 형성하기보다는 심리적 거리감을 두게 되는 경우가 대부분이었던 반면, 어머니는 자녀에게 온정적이고 정서적 지지를 제공하여 자녀와 친밀한 관계 형성이 훨씬 수월하였다.

그러나 사회가 변화하면서 부모 역할도 변화하였다. 가부장제는 약화되었고, 여성의 교육수준 향상과 사회참여로 더 이상 여성이 집안에서 가사일과 육아를 담당하는 것이 당연한 일이 아닌 개인 선택의 문제로 인식되고 있다. 어머니가 자녀양육의 일차적 책임자로서 가정을 꾸려 나갈지, 직업을 가지면서 자녀 양육을 제3자 혹은 기관의 도움을 받아 병행할 것인지는 개인과 그 가족의 선택이다. 아버지의 역할도 과거 이차적 역할 수행에 그치지 않고 더욱 적극적으로 변화하고 있다. 자녀 출생의 순간 분만실에서부터 함께 하며 이를 기념하거나, 자녀의 성장발달 과정에 관심을 갖고 참여하며 친밀한 관계 형성을 위해 노력하는 아버지가 늘어나고 있다. 실제로 라테파파(lattepapa)[1]나 프렌디(friendy)[2]라는 신조어가 생길 정도로 아버지의 자녀양육 참여는 훨씬 적극적이다. 그러므로 오늘날의 부모 역할은 과거의 그것과는 차이가 있으며 어머니와 아버지 역할의 구분이 약화되고 있는 것을 볼 수 있다. 오늘날의 부모 역할은 서로 협력하며 함께하는 공동의 역할이라 할 수 있다.

2) 부부가 함께하는 자녀양육: 공동양육자로서의 부모 역할

역사적으로 많은 연구들은 어머니의 역할을 자녀의 신체발달, 정서발달 및 인격 형

---

1) 한 손에는 라테를 들고 한 손으로는 유모차를 끌고 다니는 모습에서 유래된 말로, 자녀양육에 적극적으로 참여하는 스칸디나비아 스타일의 자녀 양육법을 추구하는 아빠를 일컫는다.
2) 'friend'와 'daddy'의 합성어로 친구 같은 아빠를 의미한다.

성, 사회화, 여성의 성 역할 발달 등을 위한 것으로 보고 있으며, 아버지의 역할은 남성의 성 역할 발달, 자녀의 사회성 발달, 인지발달, 동기부여를 위한 것으로 정의하고 있다. 그러나 앞서 말했듯 사회가 변화함에 따라 이러한 구분은 점점 경계가 흐려지고 있다. 맞벌이가 과거에 비해 일반적인 가족의 형태로 받아들여지고 실제로 부모 모두 직업을 가진 경우가 늘어나면서 과거 어머니의 역할이라고 여겨져 왔던 일들은 더 이상 어머니만의 일이 아니다. 아버지가 가족의 생계를 책임지며 고생하는 만큼 가정에 소홀할 수밖에 없다는 논리 또한 더 이상 당연한 이야기가 아니다. 부부는 부모로서, 그리고 사회참여자로서 일과 가정의 양립을 위해 서로의 역할을 공유하고 보완한다. 실제로 육아휴직을 쓰는 남성이 늘어나고 있고, 자녀 출산 후 아내가 경제활동을 유지하며 남편이 육아를 전담하는 경우도 종종 볼 수 있다. 이는 점점 자녀양육의 일차적 책임이 어머니에서 부부 공동의 책임으로 전환되고 있음을 보여주는 것이다.

과거 모성은 본능으로, 부성은 학습되는 것으로 인식되어 어머니가 자녀를 돌보고 아버지는 그 부차적 역할을 수행하는 보조적 위치에 있어 왔으나 모성과 부성이라는 부모로서의 특성은 모두 학습되는 것으로 밝혀지고 있다. 또한, 어머니와 아버지가 가지고 있는 성별특성으로 인한 차이는 있을 수 있지만 자녀양육을 위한 최적화된 조건이란 생래적으로 타고난다기보다는 자녀의 성장발달을 위한 부모의 관심과 노력에서 비롯되는 것이다. 그러므로 부모 역할은 어머니와 아버지의 역할을 명확하게 구분하기보다는 부부가 함께하는 공동양육자로서의 부모 역할을 지향함이 바람직하다. 공동양육자로서의 부모 역할을 살펴보면 다음과 같다.

(1) 관계 맺기의 기초 형성

부모는 자녀가 배가 고픈지, 기저귀가 젖었는지, 졸리지 않은지 등을 살펴 자녀의 욕구에 가장 먼저 반응해야 한다. 부모는 자녀에게 편안한 환경을 제공하며 함께 눈을 맞추고 교감한다. 이러한 부모의 민감한 반응은 자녀로 하여금 관계 맺기의 기초를 경험하게 하며 세상에 대한 신뢰감을 형성시킨다. 자녀는 울음이나 신호를 보내면 일관성 있고 적절한 반응이 되돌아오는 것을 보면서 상호작용하는 방법을 배울 수 있으며, 자녀가 성장하면서 요구가 다양해짐에 따라 이러한 상호작용은 점점 복잡한 형태를 띠게 된다. 결국 부모는 관계 맺기의 기술을 가르쳐주는 역할을 하며 이는 자녀 성장 후 또래 관계 맺기나 더 나아가 성인기 인간관계 맺기에 영향을 미치게 된다.

(2) 인격 형성의 역할

인격이란 비교적 일관되게 나타나는 성격 및 경향과 그에 따른 비교적 예측 가능한 개인의 행동유형을 말한다. 이러한 인격 형성은 부모의 양육방식에 의해 큰 영향을 받는다. 즉 부모가 자녀에 대하여 어떤 가족규칙을 적용하는가, 부모로서 어떠한 가치관을 가지고 자녀를 사회화하는가, 자녀의 신체 및 정서발달을 위하여 어떤 양육방식을 선택하는가는 자녀의 성격형성과 행동양식에 매우 중요한 영향을 미친다.

(3) 교사로서의 역할

부모는 자녀가 첫 번째로 만나는 교사라 할 수 있다. 자녀의 발달단계별로 적절한 자극을 주며 신체·인지·정서·사회적 성장을 돕는다. 즉 기본적인 생활습관 지도와 동시에 자녀의 의식주에 대한 욕구를 충족시켜 줌으로써 신체 발달을 지원하고, 자녀와 의사소통하며 책 또는 시청각자료 제공을 통하여 인지발달을 돕는다. 또한 자녀의 정서에 적절히 반응하고 상호작용하여 여러 감정이 골고루 발달될 수 있도록 감정조절 능력을 키워주며, 하고 싶은 일과 하지 않아야 할 일을 구분하고 자신을 통제하는 법을 가르쳐 사회구성원으로서 올바른 성장을 할 수 있도록 돕는다.

(4) 조력자의 역할

부모는 교육자인 동시에 조력자 역할을 하게 된다. 조력자란 말 그대로 옆에서 돕는 사람을 뜻한다. 다시 말해, 부모의 조력자로서의 역할은 자녀가 어떤 목표를 가지고 과업을 수행할 때 이것을 옆에서 응원하며 지켜보다가 자녀가 어려움을 겪거나 도움을 요청할 때 물리적으로나 정서적으로 지원 또는 개입하는 것을 말한다. 이러한 조력자 역할은 자녀가 과업을 수행할 때 어느 정도 수준에서 개입하는가에 따라 자녀 성장발달의 결과가 달라질 수 있다. 과잉 개입을 할 경우 자녀는 부모에게 강하게 의존하게 되어 독립적인 성장은 상대적으로 취약해지게 된다. 반면, 개입의 정도가 너무 부족할 경우 방임이 될 수 있으므로 적절한 수준에서 조력자 역할을 수행하는 것이 중요하다. 자녀의 긍정적이고 건강한 성장발달을 돕는 조건 하에서 독립성을 인정하면서 스스로 결정하고 성취할 수 있도록 기다려주고 도와주는 것이 가장 이상적인 조력자 역할이라 할 수 있다.

(5) 가치관 형성 및 전달자로서의 역할

사람들은 저마다 자신의 가치관과 신념을 가지고 이를 바탕으로 삶을 영위해 나간다. 이러한 가치관 및 신념은 보편적이거나 독특한 것일 수 있는데, 각 개인의 삶의 근간이 되며 대부분 가족으로부터 전달받아 계승하게 된다. 하나의 체계로서의 가족이 같은 가치관을 가지고 비슷한 상호작용 패턴을 갖게 되는 것은 그 때문이다. 부모가 중요하게 생각하는 가치나 삶의 방식, 세상을 바라보는 자세 등은 그 가족의 규칙으로서 적용되고 이를 자녀에게 따르게 함으로써 전달된다. 이렇게 형성된 가치관은 자녀가 사회구성원으로 역할 하는 데 보편적인 지향점을 따르게 할 수도 있고, 개인의 독특한 생활양식을 만들어 내기도 한다.

3. 발달단계별 부모 역할

인간은 태내에서 수정되는 순간부터 생애 동안 일련의 발달과정을 거치게 되며, 각 발달단계에 맞는 욕구가 충족되고 발달과업을 이루어야 건강한 성인으로 성장할 수 있다. 따라서 자녀 발달단계의 특성을 파악하고 이해하는 것은 적절한 부모 역할을 수행하기 위한 필수조건이라 할 수 있다.

1) 태내기와 부모 역할

태내기는 수정 시부터 출생 전까지 40주 정도의 짧은 시간이지만 인간 발달의 기초를 이루는 매우 중요한 시기이다. 우리나라는 서양과 달리 태어나면부터 나이를 한

살로 치는데, 이것은 수정되는 순간부터 하나의 완전한 생명체로 인정하는 것으로 우리나라의 태내기의 중요성에 대한 인식을 보여준다. 태아과학이 발달하면서 태내기는 이제 전 세계적으로 일생의 초석을 마련하는 중요한 시기로 인식되고 있다. 태아는 태내환경의 영향에 민감하기 때문에 건강한 태내환경과 정서적 안정을 제공해주는 것이 태내기 부모 역할이라 할 수 있다.

(1) 건강한 태내환경 조성

태내기 부모 역할의 첫 번째는 건강한 태내환경을 조성하는 것이다. 태아의 두뇌발달과 신체발달을 위해 필수적인 칼슘, 단백질, 철분, 비타민 등의 섭취와 충분한 영양공급이 필요하다. 이와 함께 질병관리도 필요한데, 임산부가 풍진, 임질이나 매독, 에이즈, B형간염과 같은 질병을 앓게 되면 태아에게 치명적인 영향을 미치게 되므로 임신 중뿐 아니라 임신 전부터의 건강관리가 필요하다. 한편, 임산부가 복용하는 약물이나 흡연, 음주도 태아에게 심각한 영향을 미치므로 각별한 주의를 요한다. 탈리도마이드와 같은 신경안정제, 마약류의 향정신성 약물 등은 태아에게 영구적인 손상을 입히며, 흡연은 저체중아 및 조산아 출산 확률을 높이기 때문에 직·간접흡연 모두 피하는 것이 좋다. 알코올은 빠른 속도로 태반에 침투하여 장시간 영향을 미친다. 태아의 알코올 분해 능력은 성인의 절반 밖에 되지 않고 매우 민감하게 반응하므로 소량의 알코올로도 태아에게 비정상적인 발달을 야기할 수 있다. 그러므로 임신부의 알코올 섭취는 제한하는 것이 바람직하다.

(2) 정서적 안정

임신 중 어머니와 태아는 심리·정서적으로 긴밀하게 연결되어 있다. 임신 중 모체의 정서 상태는 태아에게 영향을 미치며 출산 후까지도 그 영향은 계속된다. 그러므로 태내기에 부모 모두 정서적 안정을 이루는 것은 중요한 부모 역할이라 할 수 있다. 부부는 서로의 정서적 안정에 영향을 미치기 때문이다. 실제로 태내기에 정서적으로 안정되지 못한 어머니에게서 태어난 영아는 과잉행동을 보이고, 성급한 성격특성을 지니며, 소화기 장애를 보이는 것으로 나타나(정옥분, 정순화, 2017; Omer & Everly, 1988), 태내기 정서적 안정의 중요성을 보여주고 있다. 따라서 어머니와 아버지 모두 긍정적이고 편안한 마음을 가질 수 있도록 힘써야 한다.

(3) 아버지의 영향

태내기 부모 역할은 어머니의 역할에 초점이 맞춰져 왔으나 아버지 또한 태내환경에 많은 영향을 미친다는 것이 밝혀졌다. 아버지의 흡연 및 음주습관, 화학약품에의 노출정도 등은 건강한 정자 형성에 영향을 미치며 태아의 건강상태에도 영향을 미치는 것으로 나타났다. 따라서 건강한 자녀의 출산은 여성뿐 아니라 남성에게도 책임이 있다. 아울러, 아버지가 태아에게 건네는 태담, 아내와 함께하는 태교, 출산준비의 참여 등은 어머니와 태아의 심리적 안정에 크게 기여하므로 태내기 아버지의 역할은 과거보다 더 중요한 것으로 인식되고 있다.

2) 영아기와 부모 역할

자녀가 태어나면서 많은 것들에 변화를 겪게 되며 여러 적응이 필요한 시기를 맞이하게 된다. 영아기 부모 역할을 살펴보면 다음과 같다.

(1) 부모로서의 역할 적응

지금까지 부부관계만 있던 핵가족 체계는 자녀가 출생하면서 더 복잡한 구조를 띠게 된다. 이에 따라 부모는 개인과 부부체계 뿐 아니라 부-자녀체계, 모-자녀체계, 부모-자녀체계 등 복합적인 체계 안에서 상호작용하게 된다. 즉, 지금까지의 역할에 부모 역할을 추가적으로 수행하면서 다양한 역할에 적응해야 한다. 영아기는 자녀를 보살피는 데 손이 많이 가는 시기이므로 수면도 부족하고 신체적으로 에너지 소모가 많은 때이다. 지금까지 부부가 해 오던 문화생활, 여가나 휴식 시간도 절대적으로 줄어들며 그 시간을 양육에 투입해야 한다. 부부는 이제 한 생명의 보호자로서 역할을 해야 한다. 이 때 양육과 가사에 대한 역할 분담 및 부모로서의 역할 전환이 잘 이루어지지 않으면 부부갈등이 고조되기 쉽고 개인적으로도 적지 않은 스트레스를 경험하게 된다. 직업을 가지고 있었다면 직업활동을 계속 할 것인지 포기할 것인지 선택에 갈등을 겪기도 하고, 직업활동을 계속할 경우 자녀 양육에 대한 원조를 구하는 데 어려움을 경험하기도 한다. 경제활동을 그만둘 경우 적어지는 수입에 적응하는 과정도 염두에 두어야 한다. 이처럼 부모 역할에 적응하는 것은 그리 쉬운 일은 아니다. 그렇기 때문에 결혼 전 예비부부교육을 통해 이러한 적응에 대한 사전 정보를 얻고 대처방안을 탐색하는 것이 바람직하다. 함께 할 수 있는 가족원이 생겨남을 기쁜 마음으로 받아들이고 새로운 환경과 주어진 역할 수행에 적응하기 위해 노력한다면 자녀를 낳아 기르는 보람과 부모로서의 성취감을 느낄 수 있다. 이는 부모가 되어보지 않으면 경험하기 어려운 것으로 힘든 만큼 가치 있는 일이라 할 수 있다.

(2) 자녀의 기본적 신뢰감과 자율감 발달

영아기는 출생 후부터 24개월까지를 말하며, 에릭슨의 심리사회적 이론에 의하면 이 시기는 기본적 신뢰감과 자율성에 대한 시기이다. 영아에 대한 적절한 보살핌이 제공되면 세상에 대한 믿음과 사람에 대한 신뢰가 형성되지만 일관성 없는 양육을 경험하게 되면 불신감이 생긴다. 이러한 신뢰감은 향후 자신과 세상에 대한 신뢰감을 바탕으로 타인과의 원만한 인간관계를 맺는 데 영향을 미친다. 따라서 영아기 자녀의 욕구에 대한 부모의 일관성 있는 반응은 매우 중요하다. 한편, 에릭슨은 자율감의 발달을 1~3세경으로 보았기 때문에 영아기는 신뢰감의 발달과 함께 자율감이 싹트기 시작하는 때로 볼 수 있다. 그러므로 부모는 각 월령에 적절한 다양한 자극 및 발달 경험을 제공하면서 첫 돌이 지나면서부터는 자녀가 자율적으로 성장할 수 있도록 스스로 먹고, 입으며, 자신을 돌보기 위한 연습을 단계적으로 시작하는 것이 바람직하다.

3) 유아기와 부모 역할

유아기는 만 2세부터 초등입학 전까지를 말한다. 이 시기의 아동은 인지능력이 발달하고 주변 환경에 대한 탐색이 더욱 활발해지며, 언어가 발달하여 의사소통이 점차 정교해지는 시기이다. 때문에 부모 역할도 이전의 그것보다 복합적인 역할을 수행하게 된다.

(1) 보호자로서의 역할

유아기의 아동은 신체능력이 발달함에 따라 더욱 적극적으로 주변 환경을 탐색하고 활발한 활동을 하게 된다. 유아기에는 호기심이 왕성하고 무엇이든 체험을 통해 세상을 배워나가려는 경향이 있으므로 무엇보다 안전한 환경 조성이 필요하다. 유아기 여러 부모 역할 중 하나는 안전한 환경을 조성하는 보호자로서의 역할이다. 이 시기 아동들에게는 주어진 환경에 맞추어 행동하도록 하는 것이 불가능하다. 가령, 뜨거운 주전자가 있는데 이를 만지지 않도록 조심하라고 말하는 것은 소용이 없다. 뜨거운 주전자에 가까이 가지 않도록 자녀를 교육시킴과 동시에 자녀가 위험한 상황에 처하는 일이 생기지 않도록 주전자를 치우는 것이 바로 이 시기 부모의 역할이다. 안전한 환경을 만들어줌으로써 자녀가 마음껏 주위 환경을 탐색하고 세상을 경험하도록 하는 것이다.

(2) 훈육자로서의 부모 역할

에릭슨은 유아기를 자율감과 주도성 발달의 시기로 보았다. 자율감은 스스로 밥을 먹고 옷을 입고 신발을 신는 등 독립적인 개체로서 기능하기 위한 기초적인 요건이다. 따라서 서툴더라도 아동이 혼자서 하려는 욕구가 있으면 스스로 해볼 수 있는 기회를 주고 기다려 주어야 한다. 자녀가 곧잘 하지 못하거나 부모가 보기에 답답하여 자꾸만 대신 해주게 되면 자녀는 자율성을 발달시키지 못하고, 자신의 능력을 의심하고 수치심을 느끼는 등 부정적인 영향을 초래할 수 있다.

한편, 3~6세에는 주도성이 발달하게 되는데 아동은 자신의 목표를 세우고 이를 위해 행동하려 하며 이것이 부모나 다른 가족의 목표와 상충하게 되면 갈등이나 죄의식을 갖게 된다. 다시 말해, 유아가 설정한 계획과 기대가 성공적으로 이루어지면 주도성이 확립되지만, 유아가 잦은 실패와 갈등, 부모를 비롯한 주변의 억압을 경험하게 되는 경우에는 죄책감을 갖게 된다. 따라서 이 때 부모는 자녀의 주도성을 인정하면서도 타인의 권리나 목표를 침범하지 않는 법을 알려주어야 한다. 이와 함께 이 시기 식사습관을 들이거나 발달과업인 배변훈련을 시작하여 마치고, 기본생활습관을 완성하도록 하는 것은 중요한 부모 역할이다. 유아의 호기심에 민감하게 대처하면서도 부모가 자녀에게 일관성 있는 규칙을 적용하는 것은 유아기 자녀의 성장발달을 위해 중요한 측면이기 때문이다.

(3) 학습기회 및 지적 자극 제공

유아기는 호기심이 왕성한 시기임과 동시에 초등학교 입학 전 준비단계로 다양한 학습기회와 지적 자극을 필요로 하는 시기이기도 하다. 이러한 학습과 지적 자극은 주로 놀이를 통해 받아들여지므로 부모는 유아와의 놀이를 통해 학습 욕구 및 지적 자극에 대한 욕구를 충족시켜주게 된다. 이 시기에는 유치원이나 다른 또래 집단을 통해 놀이집단에서 놀 수 있는 기회와 놀이재료를 제공받아 충분한 경험을 하게 되기도 한다. 또한 부모와 바깥나들이를 통해 세상을 경험하고 다양한 체험을 하며 유아의 호기심과 지적 욕구를 충족시켜 줄 수 있다.

(4) 감정조절능력의 배양

유아기 감정조절능력은 향후 성인이 되어서도 영향을 미친다. 성숙한 방향으로 감정을 조절하여 상황에 적절하게 대처하는 법은 부모에게서 배우게 된다. 특히 떼를 쓰거나 분노를 표출하고 이를 다루는 방식은 부모의 양육방식과도 밀접한 연관이 있다. 부모의 감정조절능력이 부족하거나 일관성 없는 양육태도를 유지하게 되면 자녀는 원하는 것을 얻거나 욕구를 충족시키기 위해 떼를 쓰는 방법을 선택하고 일관성이 결여될수록 감정의 고조도 더욱 격해지게 된다. 이 때문에 부모는 양육스트레스의 증가를 경험하게 되고 부모-자녀 관계 또한 손상을 입게 된다. 일관성 있는 태도란 옳고 그름, 해도 되는 것과 안 되는 것 사이의 제한된 경계를 분명히 하여 부모가 일정한 규칙을 자녀에게 적용하는 것을 말한다. 자녀의 감정 상태를 읽고 민감하고 따뜻하게 반응함과 동시에 자녀에게 일관된 규칙을 적용하는 것은 자녀의 감정조절능력 배양에 필수적인 부모의 역할이다.

4) 아동기와 부모 역할

아동기는 만 6~11세까지의 초등학교에 다니는 시기를 말하며 흔히 학령기라 일컫는다. 이 시기에는 자녀가 학교생활을 하기 때문에 가족보다 또래와 학교환경이 자녀에게 더 큰 영향을 미치게 된다. 교사나 친구와의 상호작용이 중요하게 인식되며 대인관계에 필요한 기술을 습득하고 주변에서 받게 되는 평가와 피드백을 기반으로 자아개념을 형성하게 된다. 그러므로 이 시기의 부모는 자녀를 직접적인 통제 하에 두기보다 한 발 물러서 있으면서 격려자로서의 역할을 하게 된다.

(1) 근면성의 발달

초등학교 시기인 아동기는 근면성을 발달시키는 시기이다. 이 시기의 아동은 자신의 재능을 발휘하는 일에 몰두하게 된다. 자신이 무엇을 할 수 있는지를 중심으로 자기를 평가하며 기준에 합당하지 못하면 열등감을 갖게 되고 부정적인 자아개념을 형성하게 된다(정옥분, 정순화, 2017). 이 때문에 이러한 비교를 통해 자녀 자신이 속한 집단의 또래 친구들과 수준이 같거나 더 높으면 근면성을 형성해 나가게 되지만, 자신의 수준이 친구들보다 더 낮다고 판단되면 자신의 능력에 의문을 가지고 열등감을 가지게 된다. 이러한 비교의 기준은 학업성취도로 평가되기 쉬운데, 이 시기 부모들은 다른 아동과의 비교를 통해 자신의 자녀가 또래친구보다 앞서고 우월하기를 바라는 경우가 많다. 그러나 이는 자녀의 근면성 발달에 저해가 될 수 있으므로 학업적인 성취를 너무 높은 수준에서 요구하거나 다른 친구와 비교하기보다는 자녀 수준에 적절한 과제 수행을 통하여 성취감을 맛보게 하고 자녀가 잘 하는 것을 더욱 격려하며, 자녀의 재능으로서 인정해주는 자세가 필요하다.

(2) 격려자·조언자로서의 역할

자녀가 아동기에 들어서면 그 생활의 중심이 가족에서 또래 및 학교로 옮아가기 때문에 자녀의 삶에서 또래와의 상호작용이나 교사의 평가는 중요하다. 또래친구나 교사가 자녀에게 긍정적인 영향을 미치면 더할 나위 없이 좋겠지만 그렇지 않은 경우도 종종 발생한다. 이 때 부모는 자녀가 또래집단과 잘 어울릴 수 있도록 격려하고 타인과 원활히 상호작용할 수 있도록 조언을 제공해야 한다. 이러한 의미에서 자녀에게 학교생활 지도를 하는 것도 중요한 부모 역할이라 할 수 있다. 일정한 시간에 학교에 가고 숙제를 하고 교사와 또래집단에 적응하는 문제에 대해 부모의 적절한 지도와 통제가 필요하다. 그러므로 자녀가 잘 적응할 수 있는 학교와 또래집단에 속하는 것도 중요하지만 부모가 교사를 존경하고 학교를 긍정적인 시각에서 바라보며 이를 자녀에게 전달하는 것도 중요하다. 한편, 아동에게 문제가 있는 경우 부모는 아동의 지지자로서 역할 해야 하며, 이를 해결하기 위해 학교와 긴밀한 유대관계를 형성하기도 한다.

(3) 진로적성탐색을 위한 다양한 경험 제공

아동기는 자신의 재능을 발휘하고 이로부터 근면성을 발달시키는 시기라 하였다. 이는 향후 아동의 성장과정에 지속적으로 영향을 미치기 때문에 부모가 자녀의 진로적성을 함께 탐색하고 이를 발굴해 내기 위한 다양한 경험을 제공하는 것이 필요하다. 학원 등의 사교육보다는 자녀가 잘 하는 것은 어떤 것이며, 무엇을 원하는지 가까이서 관찰하고 자녀와 대화를 통해 파악하여 다양한 경험을 할 수 있도록 기회를 마련해 주는 것이 바람직하다.

4. 부모 역할 수행을 위한 노력: 어떤 부모가 될 것인가

부모 역할을 수행함에 있어서 자녀를 어떻게 키울 것인가에 대해 생각해 보는 것도 중요하지만 어떤 부모가 될 것인가에 대해 생각해 보는 것은 더 중요하다. 자녀를 건강하고 행복하게 키우기 위해서는 부모의 행복과 건강이 선행되어야 하기 때문이다.

바움린드(Baumrind, 1973)는 부모의 양육유형을 자녀를 애정과 수용으로 대하여 제한된 범위 안에서 아동이 자율성을 갖도록 격려하는 권위 있는 양육유형, 자녀의 행동을 통제하는 데 체벌이나 강압적 방법을 사용하며 부모의 결정이나 규칙을 절대적으로 복종하도록 하는 통제적인 양육유형, 온정적이기는 하지만 자녀를 통제하지 못하고 성숙한 행동을 길러주지도 못하는 허용적인 양육유형, 애정과 통제수준이 모두 낮으며 자녀양육에 관여하지 않는 무관심한 양육유형의 네 가지로 나누었다. 가트만(Gottman, 2007)은 자녀의 부정적 감정을 무관심하거나 대수롭지 않게 여기는 축소전환형, 자녀가 부정적인 감정을 드러내는 것을 비판하는 억압형, 자녀의 감정을 인정하고 공감하지만 자녀의 행동을 바람직한 방향으로 이끌거나 한계를 제시하지 못하는 방임형, 자녀의 감정에 관여하여 적절히 대처하도록 양육하는 감정코치형 부모로 양육유형을 나누어 다양한 양육유형에 대해 언급하였다. 이 중 권위 있는 양육유형이나 감정코치형 양육유형은 바람직한 양육유형으로서 권장된다. 결국 바람직한 양육유형은 자녀의 감정을 그대로 인정하고 받아들이며, 제한된 범위 내에서 자율성을 인정하고 온정적으로 대하는 것으로 종합할 수 있다. 이러한 양육유형은 부모의 부모로부터 보고 배워 당연하게 수행되는 경우도 있지만 바람직한 부모 역할을 위하여 노력과 훈련이 필요한 부모도 있다. 그러므로 부모교육이 더욱 필요하며 이들의 좋은 부모가 되기 위한 노력은 지역사회의 지속적인 도움 및 지원과 함께 할 때 계속될 수 있을 것이다.

바람직한 부모 역할을 하기 위한 노력과 함께 생각해 볼 것은 훈육과 관련된 체벌이다. 체벌은 자녀를 통제하기 위한 가장 손쉬운 수단이다. 그러나 체벌의 효과는 없는 것으로 밝혀지고 있다. 오히려 체벌을 통해 자신의 잘못을 뉘우치고 반성하기보다는 공포와 고통, 무시와 멸시 등의 부정적인 감정이 강하게 각인되어 본질적인 행동의 수정을 가져오기보다는 억압과 분노의 감정이 쌓이게 만들고 반사회적인 행동과 공격적인 성향을 갖게 되기 쉽다. 부모의 훈육적 체벌은 선한 의도를 가지고 행하기 때문에 신체의 온전성이나 인간의 존엄성을 침해하지 않는다는 주장은 사실상 부모 중심, 성인 중심의 해석일 뿐이다(김희경, 2017). 사랑의 매는 없는 것이다. 체벌은 자녀로 하여금 잘못을 하면 마땅히 맞을 수 있다는 인식을 정상적인 것으로 내재화한다. 타인 혹은 권위자의 가치에 상충되는 경우 자신의 의견과 행동과 몸에 대한 권리나 주체성과는 상관없이 인격을 무시당하는 것을 당연하게 받아들이게 되기도 한다. 이는 결코 건강한 인격체라 할 수 없다. 따라서 부모는 가벼운 체벌이라 하더라도 금해야 하며 당장에 시간이 걸리고 눈에 보이는 만족스러운 결과가 나타나지 않더라도 자녀를 기다려주고 대화로써 이끌어 나가는 성숙한 자세를 보여야 할 것이다.

마지막으로 부모 역할에서 중요한 것은 몸과 마음이 건강한 부모가 되는 것이다. 부모의 자존감이 높지 않고 마음이 건강하지 못한데 자녀의 자존감과 정서가 긍정적이기는 어렵다. 자녀의 신체와 정서가 건강하게 성장하기를 원한다면 부모도 건강해야 한다. 그 동안 경험해 보지 못했던 보호자·부모 역할로의 전환으로 인해 야기되는 부담과 긴장에 적응하고, 일과 가정을 양립하는 문제를 해결해 나가며, 부모-자녀 간의 건강한 상호작용을 이루어내는 일이 쉬운 일은 아니다. 그러나 그 속에서 가족의 강점을 찾아내고 긍정적인 정서를 이끌어낸다면 부모됨과 부모 역할은 보람되고 한번쯤 해 볼만 한 가치 있는 일이 될 것이다. 이를 위해 부모는 자신의 장점을 찾아내고 자기를 돌볼 수 있어야 한다. 또한, 자녀를 부모의 기준에 맞추려 하기보다는 자녀의 특성을 인정하고 받아들이는 여유로움도 필요하다. 자녀의 성장과 함께 부모도 성장한다는 사실을 깨닫고 자녀는 가족의 일원인 동시에 동반자이며, 행복하고 풍요로운 삶을 위한 부모 자신의 선택이자 선물이라는 것을 인식해야 한다.

1. 자녀양육을 위해 남성의 육아휴직은 필요한가?

2. 부모의 자존감과 건강성은 자녀에게 어떤 영향을 미치는가?

3. 부모 역할 중 가장 중요한 역할은 무엇이라고 생각하는가?

중년기

중년기 부부는 갱년기와 노화를 경험하기 시작하며 청소년기 자녀의 교육 및 성인 초기 자녀의 정서적·경제적 독립의 토대를 마련해야 할 뿐만 아니라, 노부모부양이 시작되는 전환점에 있기 때문에 경제적·정서적인 압박과 무기력을 경험할 수 있다. 또한, 자신의 삶에서도 중년기 이전의 삶을 회고하면서 가족 내에서와 사회에서 자아정체성을 재확립하는 시기이기도 하다. 따라서 점차적으로 부부관계의 강화가 필요한 때이며, 자녀교육은 부모 위주의 방식에서 자녀와 공감대를 형성하는 방식으로 변화를 주고, 노부모부양에 대한 실제적이고 현실적인 방안을 탐색하는 시기가 되어야 한다.

이 장에서는 중년기 부부관계의 강화, 청소년기 자녀의 부모교육, 노부모부양의 세 부분을 중심으로 살펴보고자 한다.

1. 중년기 부부관계의 강화

최근 중년기 가족은 평균 초혼연령의 증가와 평균 가구원 수의 감소 및 미혼 1인 가구의 급증[1]이라는 변화추세를 보이고 있다. 이러한 현상이 예전에는 청소년기 이후 성인 초기 자녀들이 결혼하면서 부모로부터 독립했다면, 요즈음에는 자녀가 학업이나 취업 등의 이유로 부모로부터 독립하여 결혼 전에 분가하는 형태로 증가하고 있다. 이는 노년기 이전 중년의 시기에 부부가 함께하는 시간이 많아지고 있음을 시사해 준다.

이와 같이 중년기에 자녀가 자기 자신의 세계를 갖고자 독립하려는 시도를 하면서 가족관계의 성격이 부부 중심으로 바뀌게 되는 시기이다. 남편 아내 모두 중년기 위기를 경험하면서 부부관계에 소원해질 수도 있고, 그동안 누적된 부부간의 불만으로 긴장과 갈등이 발생할 수도 있다(지영숙·이광자·곽소현, 2003). 또한, 중년기 부부는 개인이 갖는 자아정체감 위기, 사회심리적 갈등, 신체적 쇠퇴 등과 자녀의 교육 및 진로, 노부모와의 관계 등 여러 요인에 의해 영향을 받으면서 어느 정도의 긴장감을 수반한다(Rosenberg & Farrell, 1981).

우리나라 40~60대 중년기 부부들의 배우자와의 관계에 대한 만족도 조사결과를 보면, 표 8-1에서와 같이 '배우자와의 관계에 만족한다'는 응답에서 남자와 여자 모두 40대에서 60대로 갈수록 배우자에 대한 만족도가 감소하고 있으며, 특이점은 남자들이 여자보다 배우자 만족도가 높다(통계청, 2008).

중년기 부부는 전반적으로 다양한 문제들로 인해 스트레스를 경험하며, 이러한 스트레스는 부부관계 만족도를 낮출 수 있다. 40, 50대들의 스트레스를 살펴본 결과(오경자·김은정, 1998), 40대는 노화 75.4%, 외모 63%, 자녀의 학업성적 저하 61.5%, 남편과 불화 56.2%, 경제적 어려움 55.1%로 나타났으며, 50대는 노화 86.4%, 남편과 불화 65.2%, 신체적 질병 63.2%, 외모 55.1%, 경제적 어려움 44.9% 등으로 나타났다. 전반적으로 개인적 변인인 노화나 외모에 대한 스트레스가 높았지만, 남편과의 불화나 자녀의 성적 등의 가족관계에 대한 고민도 많음을 알 수 있다.

---

[1] 평균 초혼 연령은 남성 33.2세, 여성 30.4세(통계청, 2019)
평균 가구원수: 2015년 2.5명, 2016년 2.5명, 2019년 2.39명(통계청, 2019)
미혼 1인 가구: 2010년 184만 3천명, 2015년 228만 4천명(통계청, 2018)

표 8-1 중년기 부부들의 배우자와의 관계만족도

문항 / 성별		연령 40대	50대	60대
배우자와의 관계에 만족한다	남자	72.3%	64.5%	60.4%
	여자	59.1%	52.7%	50.8%

자료: 통계청(2008), 사회조사–가족.

그러나 최근에는 중년기를 긍정적인 변화의 시기로 인식하고 있는 추세이다(정현숙·유계숙, 2001; Levinson, 1978). 레빈슨(Levinson, 1978)은 중년기의 위기감을 경험하지 않고 다음 단계로 넘어가는 경우 다음 단계에서 발전시켜야 할 생동감을 잃기 쉬우며, 자신에게 발생하는 일을 느끼고 변화시킴으로써 자아를 발견하고 자신과 다른 사람을 수용할 수 있는 능력이 증대한다고 하였다. 따라서, 부부는 중년기에 당면하는 여러 가지 문제들을 위기의식으로 여기고 두려워하기보다는 부부관계와 가족을 강화하는 부분에 초점을 맞추는 것이 필요하다.

우리나라는 1970년대 말부터 결혼만족도에 대한 연구들이 시작되었다. 초기 연구들은 사회경제적 변인들과 일상생활에서 받는 스트레스 같은 환경 변인에 관심을 가졌으며, 그 이후에는 부부 개인의 내적 변인들(성격·정서·인지 등)과 역할기대, 의사소통, 애정표현방식 등과 같은 상호작용 변인에 초점을 두고 있다. 최근에는 고도의 산업화와 핵가족화로 인해 직장 등의 사회적 인간관계가 점차 소원해지면서 부부 간의 친밀감이 중요한 변인으로 대두되고 있다(송진경·채규만, 2006).

이러한 변화는 부부관계가 평등적·동반자적인 관계로 변화하면서 부부 중심의 생활로 바뀌고, 부부의 역할과 심리적인 안정성이 많이 강조되고 있기 때문이다(김연·유영주, 2002). 따라서 중년기 부부는 경제나 개인 내적인 부분들도 중요하지만 부부간에 상호작용 부분을 발전시키는 것이 중요하며, 특히 친밀감과 같은 정서적인 부분이 매우 중요하다.

부부 사이의 정서적인 측면인 좋아하고 존중하는 마음, 인지적인 측면의 의미 공유하기, 행동적인 측면인 의사소통, 배우자의 영향력 수용하기의 네 가지 변인 중에

서 결혼만족도를 가장 잘 예측해 주는 변인으로는 정서적인 측면인 좋아하고 존중하는 마음이었으며, 이러한 긍정적인 정서는 결혼 불만족도를 70%나 현저하게 낮추는 것으로 보고되었다(송진경·채규만, 2006).

우리나라 중년기 부부는 그동안 자녀양육이나 다른 가족들에 대해 초점을 맞추며 살아온 세대들이다. 자녀양육이나 가사 역할분담, 노부모부양, 여가 등에 대해서는 어느 정도 의사소통을 하면서도 배우자와는 상호작용이 적어 서로 어색해하며, 각자 소외감과 외로움을 느끼면서도 서로 어떻게 친밀한 관계를 맺어야 할지 잘 모르는 경우가 많다. 따라서, 부부관계에 초점이 맞추어지기 시작하는 중년기의 부부는 이전의 신뢰관계에 기반을 두고 더 돈독한 애정과 친밀감 증진을 위해 서로를 재발견하는 것이 필요하다.

2. 청소년기 자녀의 부모 교육

1) 청소년기 자녀의 발달과업

청소년기 자녀는 초등학교에서 중학교로 진학하면서 학교 분위기, 교사와 또래관계 등에서 전환점을 맞게 된다. 학업에 대한 성취감이 증가하게 되며, 자아정체감을 확립하는 것이 중요한 과업이다. 이 시기는 부모와 자녀의 경계선 확립과 자녀에 대한 지원이 계속되어야 하는 시기이기도 하다.

표 8-2와 같이 이 시기에 자녀가 싸우는 형태의 논쟁이나 허풍으로 자기과시가 심할 때는 주의를 기울일 필요가 있다. 무엇인가 해결되지 않는 갈등이 있을 수 있기 때문이다. 이런 증상들을 간과하는 경우에 식욕부진이나 폭식증과 같은 섭식장애나 우울증 같은 장애수준의 질병이 나타날 수도 있다. 이러한 문제들은 청소년기 자녀들의 가족 내 환경과 부모와의 관계에서 발생하는 경우가 많다. 따라서, 자녀가 아동기에서 청소년기로 잘 전환하여 발달과업을 정상적으로 획득하고 자신의 정체감을 확립할 수 있도록 하는 데 부모의 역할이 매우 중요하다.

표 8-2 청소년기의 발달과업

발달시기	정상 발달과업	문제수준	장애수준
청소년기	아동기로부터 전환, 이성관계, 가족과의 분리, 정체감 확립, 증가된 책임감	논쟁, 허풍떨기	식욕부진, 폭식증, 비행, 자살시도, 약물남용, 정신분열병, 우울증

자료: Achenbach(1982); 강문희 외(2007). 현대사회와 아동−심리학적 이해. p.341 재인용.

2) 청소년기 자녀와 부모 역할

카터와 맥골드릭(Carter & McGoldrick, 1980)은 중년기 부모와 자녀와의 관계를 사춘기 자녀를 둔 단계와 독립하는 자녀를 둔 단계로 보았다. 이 시기의 가장 큰 변화는 자녀의 독립과 의존의 갈등이 심화되면서 부모의 역할과 자녀양육의 범위를 설정하는 부분에서 끊임없이 재조정과 협상을 해나가는 것이다. 이 시기에 부모들이 청소년기 자녀를 이해하고 양육하는 데 필요한 청소년 자녀의 신체적 · 정서적 변화, 의사소통, 독립성, 학습과 진로지도 부분을 중심으로 살펴보고자 한다.

(1) 자녀의 신체적 · 정서적 변화

청소년기 자녀의 생물학적이고 신체적인 변화인 2차 성징이나 급속한 성장에서 오는 신체적 · 정서적인 혼란스러움을 이해해야 한다. 청소년기 자녀가 아들인 경우에는 몽정, 자위를 어떻게 다루어야 하는지, 딸인 경우에는 브래지어 착용이나 생리를 시작할 때 어떻게 해야 하며 생리대는 무엇이 좋은지 등의 실제적인 도움을 줄 수 있어야 한다. 또한, 정서적으로는 급격한 신체적 성장과 호르몬의 변화 등으로 인해 이유 없이 웃거나 울다가 화를 내는 등의 감정기복이 나타나기도 한다.

이 시기에 청소년 자녀의 방문을 노크 없이 여는 행동은 삼가야 하며, 자녀의 개별적인 공간을 인정해 주어야 한다. 얼마 전 청소년 부모를 상담했던 사례를 하나 소개하고자 한다. 이 사례는 자녀의 신체적 · 정서석 변화를 인정하지 않아 문제가 발생한 경우이다. 따라서, 자녀의 발달단계의 변화를 아는 것이 자녀를 이해하는 첫걸음임을 잊어서는 안 된다.

학교에서 아이들에게 따돌림을 받아서 내원한 고1의 남학생이었다. 그런데 어머니는 자녀의 신체적 변화나 학교생활에서의 정서적 고통을 전혀 눈치 채지 못하고 있었다. 자녀가 방문을 열어놓지 않으면 어머니의 마음이 답답하고 불안하다고 문을 닫지 못하게 하고 성적에 대한 요구만 높았다. 이 남학생은 학교에서 친구들과의 단순한 문제라기보다는 가족 안에서 자녀의 발달단계에 대한 이해가 부족한 부모와의 문제라는 것을 알 수 있었다. 자녀가 밤에 몽정을 하고 자위도 하고 있었는데, 속옷이나 휴지가 모두 안방에 있어서 안방을 여러 번 들락거리는 데도 어머니는 자녀를 야단만 치고 자녀가 왜 그러는지를 전혀 몰랐다고 한다. 어머니는 자녀가 몽정을 하는 것도 몰랐을 뿐 아니라, 우리 아이는 자위 같은 것은 절대로 안 한다며 흥분하였다. 어머니는 자녀가 청소년기에 겪는 문제들에 대한 지식이나 이해가 없었으며, 자녀를 수용하려는 태도도 없다는 것을 알 수 있다.

(2) 자녀와의 의사소통

자녀들은 아동기 때 부모의 말을 잘 듣고 학교생활이나 친구에 대한 이야기를 나누는 등 부모와 정감이 있는 관계를 맺다가 중·고등학교에 가면서 부모와의 대화도 줄어들고 자기 생활에 몰두하는 경우가 많다. 부모가 궁금해서 물어보면 귀찮아하고 더 물어보면 의심한다며 퉁명스럽게 나올 수도 있다. 이러한 변화에 대해 중년의 부모들은 서운함과 소외감을 느끼며, 배신감마저 느끼는 경우도 있다.

이와 같이 의사소통에 어려움이 생기는 상황에 자녀가 학교생활에서 성적 저하나 친구관계의 갈등으로 시작하여 흡연, 음주, 이성교제, 폭력, 도벽, 자퇴, 가출 등의 문제수준까지 나타나기도 하는데, 이때 부모들은 그런 사실들을 받아들이기가 쉽지 않아 대부분 감정적으로 대응하기 쉽다. 청소년기 자녀들은 발달단계에서의 급격한 변화로 인해 정서적으로 예민하고 혼란스러운 것들을 분노로 폭발하기도 하고, 반항을 넘어서 행동의 문제를 보이기도 하는데, 아주 심하지만 않다면 자녀들이 청소년기 발달단계에서의 방황이라고 보면 될 것이다.

따라서 부모들은 자녀가 청소년이 되기 이전 단계에서부터 발달에서 오는 문제들이 무엇인지 알고 자연스럽게 수용하는 것이 우선되어야 한다. 또한, 자녀가 방황을 시작하더라도 평소에 자녀와 신뢰관계가 형성되어 왔고, 어떻게 의사소통을 해야 하는지 알고 있다면 크게 염려하지 않아도 된다. 적극적인 부모역할훈련(APT)[2)과 같은 부모교육을 미리 배워두면 청소년기 자녀의 도발적인 행동이나 반항 같은 문제가 발생했을 때 어떻게 대처할지 알 수 있다. APT에서는 자녀가 행동한 결과에 대한 상벌보다는 자녀가 그 행동을 한 이면의 욕구를 파악하여 그 부분을 존중하면서 의사소통을 하기 때문에 부모자녀 간에 갈등이 줄어들고 자녀의 문제행동도 감소한다.

가족생활주기로 볼 때, 중년기의 부모 역시 신체적으로 노화와 갱년기 증상을 경험하면서 예민한 상태이고, 자녀는 신체의 성장에 비해 인지적 발달은 못 미치고 정서적으로는 매우 불안정한 상태이므로 부모자녀 간에 부딪히기가 쉽다. 부모들이 자녀가 겪고 있는 입시스트레스를 생각하여 자녀를 무조건 이해하고 과보호하다 보면 자녀는 독립적으로 성장하지 못하게 되고, 부모도 스트레스가 쌓여 분노를 폭발하는 단계가 올 수 있다. 따라서 자녀에게 불만이 있거나 부모가 힘든 상황들을 자녀에게 '나-전달법(I-message)' 같은 의사소통기술을 익혀서 생활화하면 자녀의 반항이 줄고, 부모와 청소년기 자녀와의 신뢰도 쌓이게 될 것이다.

(3) 자녀의 독립성과 부모로서의 버팀목

청소년기 자녀는 독립성이 증가되는 시기이므로 실제 생활에서 자녀가 독립성을 증가시킬 수 있도록 해준다. 자녀가 학업으로 바쁘지만, 자기 방의 정리정돈이나 간단한 집안일은 시키고, 용돈을 스스로 관리하도록 지도하는 것이 부모뿐만 아니라 자녀에게도 안정감을 준다. 이외에도 자녀의 전반적인 생활에 대한 관심은 갖되 일일이 간섭하기보다는 약간 멀리서 바라보는 느낌으로 지도한다. 그러나 친구관계나 이성교제, 교사와의 관계, 가족관계, 건강상태, 종교생활 등 전반적인 부분에 지속적으로 주의 깊게 관심을 가져야 한다. 이는 청소년기 자녀가 성인이 되기까지 균형 있

---

2) APT(Active Parenting Training): 부모와 자녀가 인격적으로 동등한 관계라는 것에 기초한 드레이커스(Dreikurs)의 이론을 토대로 팝킨(Popkin)이 만든 부모교육이다. 자녀들이 살고 있는 사회에서 생존하고 번영하도록 자녀의 발달단계에 맞게 적극적으로 보호해 주고 미리 준비한다는 의미에서 '적극적인 부모역할훈련'이라고 한다.

는 발달과 성장 및 사회화를 해야 하기 때문이다.

또한, 청소년기 자녀는 독립의 욕구가 큰 반면에 부모에게 의존하고자 하는 욕구도 크다. 부모가 아동기 때 자녀의 학교생활이나 일상생활을 일일이 보살피다가 청소년기에 갑자기 스스로 하라고 하면, 자녀들은 어떻게 할지 막막하기도 하고 부모가 애정을 철회한 것으로 느끼는 경우도 종종 있다. 따라서, 독립도 서서히 증진시키고, 관심과 보살핌도 서서히 줄여나가야 한다.

요즈음 청소년기 자녀가 성인기 초기로 들어갈 때, 학업이나 취업 등의 이유로 부모로부터 독립하여 분가하는 것이 증가 추세에 있다. 분가하더라도 주 1회, 월 1회 날짜를 정하여 정기적으로 부모를 방문하게 하거나 자녀를 방문하여 만나고, 자녀가 생활을 잘해 나가고 있는지, 혼자 살면서 어려움은 없는지 확인하는 것이 필요하다. 경제적으로나 정서적으로 완전히 독립하는 적절한 시기까지는 용돈이나 수입관리, 이성교제, 학교생활, 직장생활 등에 대해 자녀와 협상하여 조언을 주고, 성인 초기 자녀에게 맞는 보살핌을 주는 등의 적절한 경계를 설정하는 것이 필요하다.

이 시기에는 부모가 자녀의 행동이나 의사결정에 많이 개입하기보다는 자녀가 사회생활에서 힘들고 지칠 때 부모에게 기댈 수 있고, 발달시기에 따라 취업이나 결혼 등의 새로운 결정을 해야 하는 자녀에게 울타리로서의 버팀목이 되어주는 정도의 개입이 필요하다.

(4) 학습과 진로지도

청소년기 자녀는 학업스트레스가 많기 때문에 부모는 자녀가 힘든 것에 대해 충분히 이해하고 지지해 주어야 하며, 이를 통해 자녀들은 고통을 이기고 인내할 수 있는 힘을 기른다. 요즈음 입시제도가 급속하게 변하고 직업군이 다양해지고 있어서 자녀에게 학업이나 진로지도에서 조언을 주기 위해 부모가 먼저 그와 관련한 정보를 많이 아는 것이 필요하다. 학교교사나 학원교사와의 협력체제도 좋고, 인터넷에서 정보를 구하는 것도 방법이다. 무엇보다 자녀가 하고 싶어 하는 선호요인과 잘하는 능력요인을 잘 파악하여 학교나 학과를 결정하도록 하고, 최종결정은 자녀에게 기회를 주어 후회가 없도록 하며, 자녀 스스로 선택한 것에 대한 책임을 지도록 한다. 또한, 학업 때문에 시간에 쫓기지만 스트레스를 해소하는 데 도움이 되는 운동이나 악기를 배우게 해주는 것도 자녀의 스트레스 해소와 자기관리에 도움이 된다.

3. 노부모부양

중년기는 부모 역할은 점차 줄어들면서 노부모부양의 역할은 시작되는 시기로, 부양에 대한 책임과 함께 불안과 갈등을 경험할 수가 있다. 따라서, 중년기 발달단계에서 노부모부양의 역할이 누구나 겪는 자연스러운 것으로 인식하고 이를 수용하는 데 도움을 주기 위해 당면한 노부모 문제에 대한 객관적인 탐색과 현실적이고 효율적인 부양에 대해 살펴보고자 한다.

1) 노부모들이 당면한 문제

(1) 경제와 건강

서울 지역 60세 이상 고령자는 '건강문제'와 '경제적인 어려움' 때문에 힘들어 하고 있다. 2013년 60세 이상 고령자가 경험하는 어려운 점은 '건강문제(60.5%)'와 '경제적인 어려움(56.3%)'이 높은 순서로 나타났으며, 고령자가 경험하는 어려움 중 '가족으로부터의 푸대접'은 2009년 1.6%에서 2013년 2.5%로 0.9%p 늘어났다(그림 8-1 참조).

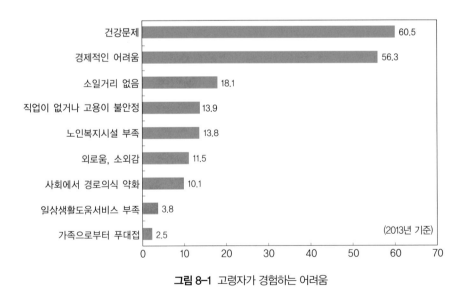

그림 8-1 고령자가 경험하는 어려움

자료: 통계청(2015), 서울 지역 고령자 통계.

2018년 65세 이상 고령자의 1인당 진료비는 448만 7천 원, 1인당 본인부담 의료비는 104만 6천 원으로 각각 전년보다 32만 5천 원, 3만 1천 원 증가하였으며(그림 8-2 참조) 2019년 고령자의 사망원인은 암, 심장질환, 폐렴, 뇌혈관질환, 당뇨병 순으로 나타났다(그림 8-3 참조).

그림 8-2 고령자(65세 이상)의 진료비 및 본인부담 의료비

자료: 통계청(2020). 고령자 통계.

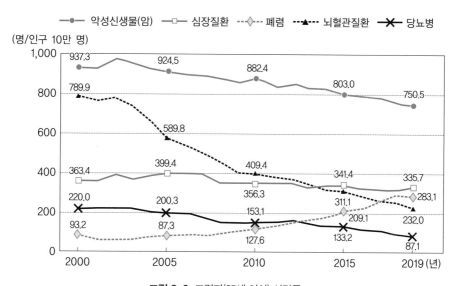

그림 8-3 고령자(65세 이상) 사망률

자료: 통계청(2020). 고령자 통계.

(2) 역할 상실과 여가활동

우리나라 노인들은 퇴직으로 인한 소득과 사회적 역할 상실로 부양자의 위치에서 피부양자의 위치로 전환되면서 자존감 하락과 자아 상실감 및 소외감을 느끼게 된다. 우리나라 노인의 여가활동을 살펴보면 2019년 65세 이상 고령자의 여가시간은 교제 및 참여, 미디어 이용 등 여가시간은 6시간 51분으로 2014년 보다 25분 감소하였으며, 이 중 미디어 이용 시간은 3시간 50분, 교제 및 참여 시간은 1시간 23분, 스포츠 및 레포츠 시간 47분 등이다. 2014년 보다 미디어 이용 시간은 14분, 교제 및 참여 시간은 10분 감소하였다(그림 8-4 참조).

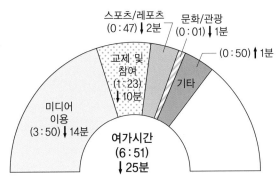

그림 8-4 2019년 고령자의 여가시간

자료: 통계청(2020). 고령자 통계.

(3) 노인에 대한 사회문화적 시각

에이지즘(ageism)은 노인 차별을 지칭하며, 노인 세대가 젊은 세대에 비해 지적·신체적·성적으로 열등하다는 것을 의미한다. 젊은 세대가 노인 차별의식을 갖고 있다면 자신이 노인이 되었을 때 적응이 더 힘들어진다. 2020년 고령자 통계에서는 2019년 19세 이상 성인 중 인권침해나 차별을 가장 많이 받는 집단이 「노인」이라고 생각하는 사람은 전체의 13.1%로, 이는 총 8개 집단 중 4번째로 높은 순위이며, 연령대가 높을수록 차별을 가장 많이 받는 집단이 노인이라고 생각하는 비중이 높다(그림 8-5 참조).

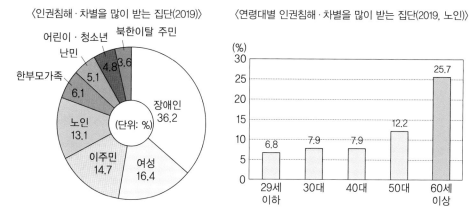

그림 8-5 인권 침해 차별을 많이 받는 집단(2019)

자료: 통계청(2020). 고령자 통계.

(4) 노부모와 중년기의 자녀관계

노부모들은 중년기의 자녀들이 사회적인 지위나 경제력이 우위인 부양자의 위치에 있기 때문에 역할 전환으로 인한 갈등을 느끼며, 중년의 자녀 입장에서는 노부모가 질병이 있거나 정서적으로 과도한 의존을 할 때 심리적으로 압박감을 경험하게 된다. 이 시기에 직장생활을 하던 노부모는 은퇴 후 가족들과 함께 보내는 시간을 활용하는 방법을 배울 필요가 있다.

2) 노부모부양의 다양한 형태

(1) 고령자 가구

2020년 고령자 통계에 따르면 2020년 65세 이상 고령인구는 전체 인구의 15.7%로, 향후에도 계속 증가하여 2025년에는 20.3%에 이르러 우리나라가 초고령사회로 진입할 것으로 전망된다(그림 8-6 참조).

2020년 가구주 연령이 65세 이상인 고령자 가구는 464만 2천 가구로 전체 가구의 22.8%를 차지하고 있으며 고령자 가구가 차지하는 비중은 계속 늘어나 2047년에는 우리나라 전체 가구의 약 절반(49.6%)이 고령자 가구가 될 것으로 전망된다(그림

8-7 참조). 가구 유형별로 보면, 1인 가구(34.2%), 부부(33.1%), 부부+미혼자녀(9.7%) 부(모)+미혼자녀(5.5%) 순으로 높게 나타나 1인 가구가 증가 추세임을 알 수 있다(그림 8-7 참조).

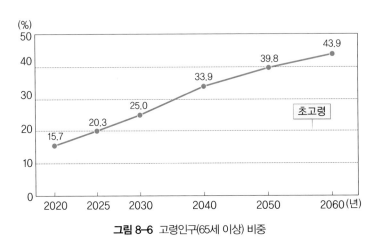

그림 8–6 고령인구(65세 이상) 비중

자료: 통계청(2020). 고령자 통계.

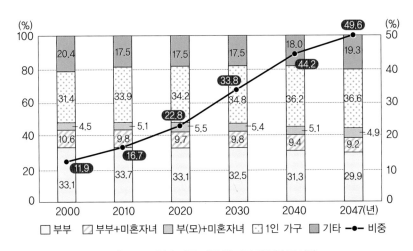

그림 8–7 고령자 가구 비중 및 가구 유형별 구성비

자료: 통계청(2020). 고령자 통계.

표 8-3 고령자 가구

(단위: 천 가구, %)

	총가구	고령자 가구[1]	비중	고령자 가구 유형 및 구성비										
				부부	구성비	부부+ 미혼 자녀	구성비	부(모)+ 미혼 자녀	구성비	1인 가구	구성비	기타	구성비
2000	14,507	1,734	11.9	573	33.1	184	10.6	79	4.5	544	31.4	354	20.4
2005	16,039	2,350	14.7	796	33.9	243	10.3	116	4.9	746	31.7	450	19.1
2010	17,495	2,923	16.7	985	33.7	286	9.8	149	5.1	991	33.9	512	17.5
2015	19,013	3,664	19.3	1,215	33.2	367	10.0	206	5.6	1,203	32.8	674	18.4
2020	20,350	4,642	22.8	1,536	33.1	450	9.7	255	5.5	1,589	34.2	812	17.5
2025	21,342	6,011	28.2	1,967	32.7	594	9.9	328	5.5	2,064	34.3	1,058	17.6
2030	22,036	7,438	33.8	2,420	32.5	729	9.8	400	5.4	2,586	34.8	1,302	17.5
2035	22,497	8,788	39.1	2,821	32.1	842	9.6	459	5.2	3,131	35.6	1,533	17.5
2040	22,651	10,012	44.2	3,136	31.3	943	9.4	510	5.1	3,623	36.2	1,799	18.0
2045	22,456	10,747	47.9	3,251	30.2	990	9.2	533	5.0	3,933	36.6	2,041	19.0
2047	22,303	11,058	49.6	3,302	29.9	1,019	9.2	547	4.9	4,051	36.6	2,139	19.3

자료: 통계청(2020). 고령자 통계, 「장래가구특별추계: 2017~2047」.

주: 1) 가구주의 연령이 65세 이상인 가구

(2) 노부모 동거형태

노부모와의 동거형태는 노부모에게 보호 환경을 제공할 뿐만 아니라 정서적으로 안정을 제공해 준다. 그러나 김유경(2017)의 연구결과에 따르면 노부모와 성인자녀의 동거비율은 49.2%, 최근으로 오면서 부모-자녀의 동거가 점차 감소하여 2014년에는 자녀와의 동거 비율이 28.4%로 많이 감소한 것으로 나타났다(그림 8-8 참조). 이러한 결과로 볼 때 노부모의 보호 환경이 점차 감소하는 것을 알 수 있다.

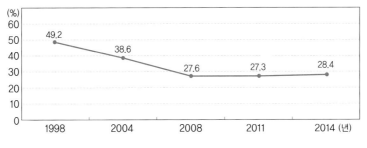

그림 8-8 노부모와 성인 자녀의 동거비율

자료: 김유경(2017). 사회변화에 따른 가족부양 환경과 정책과제. 보건복지포럼.

(3) 노부모부양의 책임의식

2018년 사회조사(통계청)에 따르면 부모부양에 대한 견해에서 부모부양은 「가족과 정부·사회」가 모두 책임져야 한다고 생각하고 있다. 구체적으로 살펴보면 부모의 노후 생계는 「가족과 정부·사회」가 함께 돌보아야 한다는 견해가 48.3%로 가장 많고, 다음은 「가족」이 26.7%이다(그림 8-9 참조).

또한 표 8-4에서 살펴보면 2018년 가족 중 부모 부양자는 「모든 자녀(72.0%)」와 「자식 중 능력 있는 자(18.3%)」가 2016년 보다 소폭 증가한 반면, 장남(맏며느리)

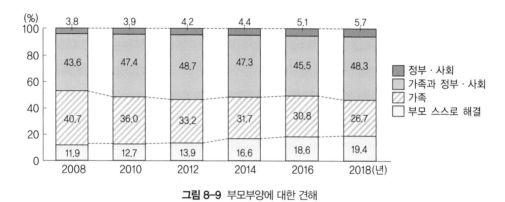

그림 8-9 부모부양에 대한 견해

자료: 통계청(2018). 사회조사.

표 8-4 부모부양에 대한 견해

(단위: %)

	계	부모 스스로 해결	가족	가족과 정부 사회	정부 사회	기타	가족 중 부모부양자					
							소계1)	장남 (맏며 느리)	아들 (며느 리)	딸 (사위)	모든 자녀	자식중 능력 있는자
2016년	100.0	18.6	30.8	45.5	5.1	0.0	100.0	5.6	4.5	1.0	71.1	17.7
2018년	100.0	19.4	26.7	48.3	5.7	0.0	100.0	5.0	3.7	1.0	72.0	18.3
남　자	100.0	19.1	28.7	47.0	5.1	0.0	100.0	5.9	4.9	0.4	70.2	18.6
여　자	100.0	19.7	24.6	49.5	6.2	0.0	100.0	4.1	2.6	1.6	73.7	18.0
1세대가구	100.0	23.7	25.3	44.6	6.3	0.0	100.0	7.4	3.9	1.0	67.3	20.3
2세대가구	100.0	17.7	25.7	51.6	4.9	0.0	100.0	3.5	3.4	1.0	74.7	17.3
3세대이상가구	100.0	14.2	29.2	50.9	5.8	－	100.0	6.4	4.6	1.1	68.9	19.0

주: 1) 부모의 노후 생계를 '가족', '가족과 정부·사회'가 돌보아야 한다고 응답한 자임

자료: 통계청(2018). 사회조사.

(5.0%)이나 아들(며느리)(3.7%)이 부모를 부양해야 한다고 생각하는 사람은 2016년 보다 감소하였다. 이를 통하여 부모부양은 「스스로 해결」해야 한다는 생각도 계속 증가 추세임을 알 수 있으며, 노인부양에 대한 인식이 가족, 가족 중 장남이 책임져야 한다는 인식에서 부모의 노후 생계는 「가족과 정부·사회」가 함께 돌보아야 한다는 견해와 모든 자녀가 함께 부모의 노후를 책임져야 한다는 견해로 변화하고 있음을 알 수 있다.

생각해 보기

1. 중년기 부부는 개인적인 측면에서는 자아정체감 위기, 사회심리적 갈등, 신체적 쇠퇴 등을 경험하게 된다. 가족관계 면에서는 어떤 요인에 의해 영향을 받으면 긴장감을 수반하게 되는지 생각해 보자.

2. 우리나라 성인남녀의 부양의식이 중년기 부부의 노부모부양에 어떤 영향을 주는지 생각해 보자.

9

노년기

지구 내부의 변화로 땅이 요동치는 것을 지진(earthquake)이라고 하는 것처럼 인구구조의 변화로 사회경제적으로 충격이 클 것이라고 하는 것을 표현하기 위해 인구학자들은 '에이지퀘이크(agequake)'라는 신조어를 만들어 냈다. 여기에서 인구구조의 변화는 인구의 고령화를 의미한다. 현대사회에서 나타나는 인구구조 변화의 가장 큰 특징은 노인인구의 절대수와 상대적인 비율이 증가한다는 점이다. 이에 못지않게 중요한 문제는 인구 고령화의 속도인데, 우리나라의 경우 전 세계적으로 유례없이 빠르게 고령화가 진행되고 있다. 이러한 '압축적 고령화(compressed aging)'는 저출산 현상과 함께 21세기 우리 사회의 최대 위기가 될 것이다.

이와 같은 인구구조의 고령화 문제는 노인의 부양과 보호문제, 의료에 소요되는 비용과 연금 부담의 급증, 주택과 생활환경, 고용과 여가문제 등 여러 가지 사회문제를 초래하고 있다. 이에 따라 정부는 물론 민간 차원에서도 그 예방과 해결을 위해 다양한 전략을 구상하고 있지만, 개인적인 차원에서 노인 자신들도 직면하는 문제들을 주도적으로 극복하여 노년기를 성공적으로 보낼 수 있는 방안을 모색해야 할 것이다.

1. 인구의 고령화

세계 최저 수준의 출산율과 빠른 고령화의 진행으로 한국 사회의 지속 발전 가능성에 대한 우려가 확산되고 있는 가운데 2006년 7월 제1차 저출산 고령사회 기본계획인 '새로마지플랜 2010'이 발표되었다. 이에 따라 중앙부처와 지자체는 5년마다 수립되는 기본계획에 따라 세부적인 시행계획을 수립하고 추진해 나가게 되면서 고령화사회에 대한 본격적인 대응을 시작하였고, 현재는 '브릿지플랜'이라는 명칭으로 제3차 저출산 고령사회 기본계획이 실행되고 있다.

통계청의 고령자통계에 따르면, 2020년 현재 우리나라 65세 이상의 고령자는 812만 5천명으로 총인구에서 차지하는 비율이 15.7% 달해 고령사회에 진입하였다. 우리나라의 경우 2000년을 기점으로 65세 이상의 노인인구가 총인구의 7%를 상회하면서 고령화 사회(aging society)에 들어섰고, 당초 예상보다 빠르게 2017년 14%를 넘어서며 고령사회(aged society)로 진입하였으며, 2025년에는 20%를 넘어서며 초고령사회(super-aged society)가 될 것으로 전망하면서 세계 초유의 급속한 고령화 속도를 보이고 있다.

특히 700만 명 이상의 베이비붐세대(1955~1963년생)가 본격적으로 65세 이상의 노령인구계층에 편입되는 2020년 이후부터는 고령화가 더욱 가속화될 것으로 예측되고 있다. 이와 같은 현재의 고령화 추세가 지속될 경우 우리나라는 2050년경 노인

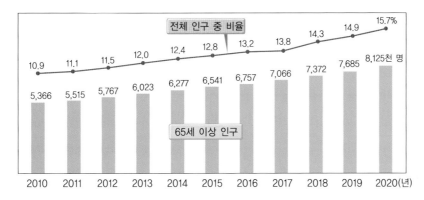

그림 9-1 65세 이상 고령자 인구 및 구성비

자료: 통계청(2020). 고령자통계.

그림 9-2 연도별 기대수명 추이

자료: 통계청 생명표(2020).

인구 비율이 세계 최고 수준에 이를 것으로 전망되고 있다(박창형, 2005).

기대수명 역시 꾸준한 증가세를 보이고 있다. 국가통계포털(통계청, 2020)에 따르면 2019년 출생자가 향후 생존할 것으로 기대되는 평균 생존년수인 기대수명은 남자가 80.3년, 여자가 86.6년으로 평균 83.3년으로 나타났다. 남성과 여성의 기대수명의 차이는 6.0년이며, 전년보다 여성과 남성 모두 0.6년 증가한 수치이다. 점점 길어지는 인생 후반부를 어떻게 보낼 것인지에 대해 진지하게 고민해야 할 것이다.

2. 건강한 노년기

노인의 걱정거리나 관심사에서 건강문제는 큰 비중을 차지한다. 일반적으로 노년기에 접어들면 노인들은 신체적 노화로 인하여 한두 가지 이상의 질병을 지닌 채 생활하게 된다. 노인들은 고령이 되면서 신체적 기능 저하로 다른 연령층에 비해 상병률이 높아지며, 노인병은 만성질환이 대부분인 데다 합병증인 경우가 많다. 그렇기 때문에 장기적인 치료나 의료적 보호가 필요하며, 다른 인구집단에 비해 고액의 진료비를 요하는 것이 일반적인 경향이다(김형수 외, 2009). 따라서, 노년기에는 우선적으로 건강증진을 위한 생활습관의 관리로 건강문제에 대한 예방이 요구된다. 예방조

치에도 불구하고 질병이 심각해지거나 장애상태에 이르게 되었을 경우에는 방문요양서비스 등의 재가서비스나 요양시설 입소와 같은 시설서비스 이용 등의 장기요양보호에 대한 대책을 마련하여야 할 것이다.

한국보건사회연구원의 전국노인조사에 따르면(정경희 외, 2005), 65세 이상 노인의 90.9%가 만성질환을 1개 이상 가지고 있으며, 만성질환이 1개인 경우가 17.1%, 2개 이상인 경우가 73.8%인 것으로 나타났다. 노인에게 가장 유병률이 높은 질환은 관절염이지만, 그 외에도 고혈압, 신경통, 당뇨병 등 장기간 치료나 요양을 필요로 하는 만성퇴행성 질환이 있다. 이러한 만성질환에 대해 적절한 치료와 간호가 이루어지지 못할 때 노인은 일상생활에 지장을 받아 타인에 대한 의존도가 높아져 삶의 질이 떨어질 수밖에 없다. 균형 있는 영양 섭취와 꾸준한 운동과 같은 바람직한 생활습관을 유지하여 질병에서 벗어나고, 신체적 기능이 위축되는 것을 방지하여 가능한 노년기를 건강하게 보내기 위해 노력해야 할 것이다.

노년기에는 신체적 건강 약화로 인한 심리적 부담, 배우자나 친구 등 가까운 사람들의 죽음, 퇴직 및 사회적 역할 상실로 인한 소외 및 고독, 이런 부정적 상황들로 인한 스트레스 등으로 정신건강에 장애를 가진 노인들도 증가하는 추세다. 노년기의 대표적 정신건강문제로는 우울증과 치매를 들 수 있다. 우울증과 치매는 모두 돌보는 사람의 애정과 도움을 필요로 하지만 우울증이 지지적 개입을 통해 어느 정도 완화될 수 있는 데 비해, 치매는 치료하기 어렵다는 차이가 있다. 특히 치매는 다른 어떤 질병보다도 가족에 대한 높은 의존을 필요로 하므로 치매노인을 부양하는 가족에 대해 사회복지적인 측면에서 보다 많은 관심을 기울여야 한다. 치매는 인지기능의

성　별	38%		62%	

연령별	65~69	70~74	75~79	80~84	85 이상
	4.3%	9.3%	25.1%	27.8%	33.5%

중등도별	최경도	경도	중등도	중증
	17.4%	41.4%	25.7%	15.5%

그림 9-3 치매노인 현황

자료: 중앙치매센터(2020). 대한민국 치매현황 2019.

장애로 시작하여 일상생활과 사회활동 능력의 점진적 황폐화를 초래하는 정신장애이므로 치매가 심해지면 기본적인 일상생활조차도 노인 혼자의 힘으로 영위하기 어려워진다. 2018년 현재 우리나라 65세 이상 치매환자 수는 750,488명으로 치매유병율은 10.16%에 달하고 있다(중앙치매센터, 2020).

가족이 치매노인의 요구에 슬기롭게 대처하는 경우는 가족결속력, 부양자의 자아존중감 및 유능성 증진과 같은 긍정적 변화가 일어나기도 한다. 하지만 대부분의 경우 치매가족은 사회적 활동의 제한, 심리적 부담, 재정 및 경제활동상의 부담, 건강상의 부담, 환자와 주부양자 관계의 부정적 변화, 전체 가족관계의 부정적 변화 등 여러 가지 부정적 부담을 경험한다. 그간 치매 관련 기관이나 협회에서는 치매가족 상담과 치료, 휴식서비스, 치매가족 자조모임 등 다양한 직접적 개입프로그램을 실시하여(이은희, 2009) 이들의 부양부담을 경감시키기 위한 부단한 노력을 계속해왔으나 치매노인 부양가족에게 실질적인 도움이 되기에는 미흡하였다. 이와 같이 고령노인의 증가로 치매노인과 같은 장기간병과 수발을 요하는 기능장애 노인이 많아지면서 2008년부터 국가 차원의 노인장기요양보험제도가 도입되어 시행되고 있다. 이는 치매나 중풍 등과 같은 만성질환으로 장기간 간병과 수발이 필요한 노인들에게 사회보험을 통해 요양서비스를 제공하는 것이다. 급속한 고령화와 핵가족화에 따른 노인부양의 한계로 인해 앞으로 그 수요가 급속하게 증가할 것으로 전망되고 있다. 이 제도를 도입함으로써 비전문적인 수발서비스에서 전문적이고 계획적인 수발서비스로 전환됨에 따라 노인의 삶의 질 향상은 물론, 가족의 부양부담 경감, 여성 등 비공식적 수발자의 경제활동 증가, 사회적 일자리 확대, 고령친화산업의 발전 및 지역경제 활성화, 노인의료비 절감 등이 기대되고 있다. 노인의 건강은 신체적·심리적 노화로 약화되는 것이 일반적이지만, 자신에게 적합한 건강유지방안을 찾아 꾸준히 실행함으로써 기능적으로 활기찬 노후생활을 더욱 연장시켜 나가야 할 것이다.

노인장기요양보험제도

고령이나 노인성 질병 등으로 인하여 6개월 이상 일상생활을 혼자 수행하기 어려운 노인 등에게 신체활동 또는 가사지원 등의 장기요양급여를 사회적 연대원리에 의해 제공하는 사회보험제도이다. 수급자에게 배설, 목욕, 식사, 취사, 조리, 세탁, 청소, 간호, 진료의 보조 또는 요양상의 상담 등 다양한 방식으로 장기요양급여를 제공하며, 이미 오래전부터 고령화 현상을 겪고 있는 선진국들은 우리나라보다 앞서 다양한 방식으로 장기요양서비스를 제공하고 있다. 장기요양급여는 크게 재가급여, 시설급여, 특별현금급여로 나뉜다.

1. 재가급여

| 방문요양 | 방문목욕 | 방문간호 | 주·야간보호 |

*인지활동형 방문요양(2014년 7월에 도입된 치매특별등급 이용)

- 단기보호급여: 부득이한 사유로 일시적으로 가족의 보호를 받을 수 없는 수급자에게 일정기간 동안 단기보호시설에 보호하여 신체활동 지원과 심신기능의 유지, 향상을 위한 교육과 훈련 등을 제공하는 급여
- 기타 재가급여: 수급자의 일상생활·신체활동 지원에 필요한 용구를 제공하거나 가정을 방문하여 재활에 관한 지원 등을 제공하는 급여

2. 시설급여

노인의료복지시설(노인전문병원 제외)에 장기간 입소하여 신체활동 지원, 심신기능의 유지·향상을 위한 교육과 훈련 등을 제공하는 요양급여

3. 특별현금급여(가족요양비)

수급자가 섬·벽지에 거주하거나 천재지변, 신체·정신 또는 성격 등의 사유로 장기요양급여를 지정된 시설에서 받지 못하고 그 가족 등으로부터 방문요양에 상당하는 장기요양 급여를 받을 때 지급하는 현금급여

자료: 노인장기요양보험 홈페이지.

3. 원만한 가족관계

노년기는 신체적·심리적·사회적으로 위축되는 시기로, 어느 때보다도 가족과의 관계가 중요하다. 노인이 되어 신체적 능력이 쇠퇴하면 일상생활에서 배우자, 자녀 등 타인에 대한 의존도가 높아지고, 사회적으로는 퇴직이나 배우자와의 사별 등으로 사회적 지위 및 역할이 축소되며, 심리적으로도 소외감이나 고독감을 느끼기 쉽다. 이러한 노인들에게 가족구성원들은 경제적·심리적·도구적으로 많은 도움을 줄 수 있는 일차집단(primary group)이다. 노년기에 가족은 노인의 사회적 관계의 중심축이 되며, 가장 중요한 부양체계로서의 역할을 담당하게 된다. 노년기의 원만한 가족관계가 노인의 삶의 질, 행복한 노후생활을 결정하는 주요한 요인으로 나타나므로 (김형수 외, 2009) 노부부관계, 노부모－성인자녀 관계 등 노년기 가족관계를 원만하게 유지해 나갈 수 있도록 해야 한다.

1) 노부부관계

노년기의 가족관계 중 최근에 사회적으로나 학문적으로 관심이 높아진 영역이 노년기 부부관계이다. 전통사회에서는 부부관계가 주변적 가족관계로 중요하지 않았지만 현대사회에서는 핵심적 가족관계로 자리 잡게 되었다. 최근 들어 소자녀 가치관, 평균수명의 연장으로 부부만이 함께 지내는 자녀양육 후 빈둥지 기간(empty nest stage)이 연장됨에 따라 노년기의 부부관계는 삶의 만족도를 결정하는 중요한 요인으로 꼽힌다(권중돈, 2009). 노년기의 배우자는 인생의 동반자일 뿐 아니라 몸이 아플 때 최우선의 가족부양자로 중요한 역할을 한다. 노부부간의 결혼만족도는 생활만족도, 행복, 건강, 장수에까지도 영향을 미친다고 보고되고 있다.

　부부의 결혼만족도를 가족생활주기별로 살펴보면, 신혼 초에 가장 높게 나타났다가 자녀출산과 양육기에 차츰 감소하여 자녀의 청소년기에 가장 낮다가 그 후 서서히 증가하여 자녀가 성장한 이후인 탈부모기에는 다시 높아지는 U자형 곡선을 그린다는 것이 일반적인 연구결과이다. 흔히 부부에 대한 연구에서 노부부는 자녀를 양육하며 오랫동안 살아왔기 때문에 정 때문에라도 같이 사는 데 별 문제가 없는 관계로 여겨왔다. 그러나 요즈음 황혼이혼이 사회문제의 하나로 부각되면서 노년기 부부관계를 재검토해 보아야 한다는 목소리가 높아지고 있다.

노년기의 행복한 결혼생활을 위해서는 노부부가 상대방의 성 역할 특성의 변화를 이해하고 집안일에서 적절한 부부간의 역할분담이 요구된다. 부부간의 상호교류를 통해 신뢰를 쌓아갈 수 있는 부부간의 대화, 부부가 공유하는 활동 및 시간, 상호존중 등이 중요하게 고려되어야 한다. 이외에도 부부간의 성적 적응이 주요 요인 중의 하나로 지적되고 있지만 다른 주제에 비하여 연구가 미흡한 실정이다.

사실상 노화현상에 의하여 노인의 성적 능력은 질적 혹은 양적으로 감퇴되지만, 심한 신체적·정신적 장애가 없는 한 노년기에도 지속적인 성생활이 가능하다. 최근 우리나라에서 이루어지고 있는 노년기 성에 관한 일련의 조사와 연구들을 보면, 상당수의 65세 이상 노인들이 지속적으로 성생활을 하고 있으며, 개인적 차이는 있지만 성욕구와 성에 대한 관심도 적지 않은 것으로 나타나고 있다. 하지만 노인의 성행위에 대해서는 노인 스스로뿐 아니라 사회 전체가 아직까지 부정적인 시각으로 바라보고 있다. 성생활을 계속하는 노인은 그렇지 않은 노인과 비교하여 노인성 질환의 유병률이 적기 때문에 궁극적으로 노인에게 소요되는 의료비용을 절약할 수 있고, 노후의 생활만족도를 증가시킬 수도 있어 노후의 성생활이 중요하다고 할 수 있다(박차상 외, 2009). 그럼에도 불구하고 노인의 성에 대한 욕구는 아예 존재하지 않는 것으로 간주되거나 그 존재를 인정한다 할지라도 그것에 대한 중요성을 소홀히 여기는 경우가 많다. 노년기의 성생활을 증진하고 성문제 해결을 위해서는 노화로 인한 남녀 성의 생리적 변화에 대하여 정확히 알고 이를 수용하여 문제에 대처하는 등 노인 스스로 노년기의 성생활에 대해 적극적이고 긍정적인 자세를 가질 필요가 있다.

한편, 노년기에 접어들게 되면 부부 가운데 어느 한 사람이 먼저 사망하므로 홀로됨에 대한 적응이 요구된다. 남자노인이든지 여자노인이든지 간에 배우자의 사망은 마음을 맡기고 의지할 인물(confidant)의 상실을 의미하며, 매우 큰 스트레스를 유발한다. 하지만 여러 어려움 속에서도 죽음을 필연적이고 자연스러운 과정의 하나로 이해하고 배우자의 죽음은 물론, 자신의 죽음을 침착하게 받아들여야 한다. 자신의 죽음을 어떻게 인식하고 있느냐에 따라 자신과 자신이 살아온 삶을 의미 있고 가치

그림 9-4 죽음준비교육의 사례

자료: 시립노원노인종합복지관 홈페이지.

있는 것으로 평가하고, 앞으로 남아 있는 삶을 보다 건강하고 활기차게 보내고자 하는 삶에 대한 태도와 만족도가 달라질 수 있다(양옥남 외, 2009). 죽음에 대한 태도와 대처방안은 노년기의 삶 전체를 좌우할 수 있는 중요한 요인이므로 노년기에는 인생에 대한 재평가와 함께 죽음에 대해 대비해야 한다.

배우자나 자신의 죽음을 침착하게 받아들이기 위해서는 무방비상태에서 갑작스럽게 타격을 받는 것이 아니라 죽음을 필연적이고 자연스러운 과정의 하나로 이해하는 마음의 준비가 필요하다(유영주 외, 1990). 미리 '좋은 죽음'에 대한 의미를 이해하고, 좋은 죽음이 될 수 있도록 준비하는 것은 노인에게 좋은 죽음을 위한 준비 차원을 넘어 남은 삶을 성공적으로 영위하게 하는 기반이 될 것이다. 또한, 좋은 죽음에 대하여 이해하는 것은 노인의 죽음과 연결하여 노인이 바라는 장례문화와 절차를 이해하고, 실제적인 도움체계를 구성하는 데 도움이 되며, 노인의 남은 삶을 유용하게 보내는 데에도 영향을 미친다(양옥남 외, 2009).

최근 황혼이혼이 사회문제로 주목을 받고 있다. 이는 결혼생활을 20년 이상 지속해 온 부부가 혼인관계를 해소하는 경우를 의미하는 것이다. 2012년을 기점으로 결혼 0~4년 사이에 행해지는 신혼기 이혼을 앞서는 등 매우 빠른 증가 추이를 보이고 있다. 황혼이혼이 크게 증가한 원인은 일부종사의 유교적 결혼관과 가부장적 가족위계구조의 약화, 여성의 권리에 대한 인식 개선으로 인하여 '늙어서까지 부당한 대우를 받으며 참고 살기보다는 이혼하여 편히 내 인생을 살고 싶다.'는 의식이 형성되고 있기 때문이라고 할 수 있다. 이에 따라 여성노인이 남성노인보다 더 많이 이혼소송을 제기하고 있다. 또 다른 원인으로는 경제력을 갖춘 여성노인이 증가하고 가족 관련법 개정으로 재산분할 등 여성이 이혼 후 경제적 자립을 할 수 있는 가능성이 더욱 높아진 것을 들 수 있다(박차상 외, 2009). 그러나 노년기에 이혼할 경우, 이혼으로 인하여 얻게 되는 것도 있지만 잃는 것 또한 많다. 평생 억압받고 불평등한 대우를 받았던 여성노인의 경우 잃어버린 자아를 찾고 심리사회적으로 독립적인 생활을 영위함으로써 삶의 만족도가 높아질 수는 있다. 하지만 황혼이혼을 하게 되면 부부관계는 물론, 자녀나 이웃 주민과의 관계망이 약화되면서 사회적 소외나 고독이 증가하고, 경제적 어려움에 직면할 가능성도 높아지므로 신중한 결정이 요구된다.

황혼이혼 못지않게 사회적 관심의 대상이 되고 있는 것이 노년기의 재혼이다. 우리나라 65세 이상 노인들의 재혼은 지속적으로 증가하고 있으며, 이에 대한 태도도 수용적으로 변화되고 있다. 앞으로 노년기 재혼은 보다 더 활발하게 진행될 것으로 전망되고 있다. 노년기의 재혼은 홀로된 노인들이 경험하는 외로움과 고독감을 해결해 주는 방법의 하나로 인식될 뿐 아니라, 최근 문제가 되고 있는 노인부양문제와 관련하여 자식에게 노후를 의존하지 않는 바람직한 노인의 자기부양 계기를 제공해 준다는 점에서도 긍정적으로 평가되고 있다. 그러나 노인의 재혼을 바라보는 우리 사회의 시각은 아직까지 부정적이며, 재혼 시 발생될 수 있는 재산문제를 둘러싼 자녀들의 반대로 인해 홀로된 노인들 역시 재혼에 대하여 소극적인 자세를 보이고 있는 상황이다. 일부 노인들은 대안으로 비밀리에 동거를 선택하기도 한다.

노년기의 재혼이 성공에 이르기 위해서는 많은 노력이 요구된다. 가장 중요한 장애요인으로 지적되는 자녀의 반대를 예방하거나 줄이기 위해서는 재산상속문제를 사전에 해결하고, 자녀에게 부담을 주지 않고 독립적으로 생활할 수 있도록 연금과 금융자산 등으로 독자적인 경제력을 확보할 필요가 있으며, 새로운 가족관계에 적응하기 위한 노력을 소홀히 해서는 안 될 것이다. 또한, 시간을 갖고 자신에게 어울리는 재혼상대자를 찾는 신중을 기하고, 서로를 충분히 이해한 후 재혼으로 이어가야 할 것이다.

"결혼생활 30년 넘어 이혼한다"··· 10년간 2배 늘어

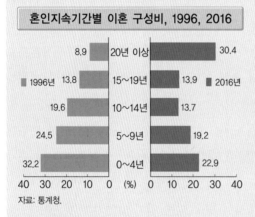

혼인지속기간별 이혼 구성비, 1996, 2016

자료: 통계청.

'황혼이혼' 비율이 갈수록 상승하는 것으로 나타났다.

22일 통계청이 발표한 '2016년 혼인·이혼 통계'를 보면 지난해 연간 이혼건수는 전년 대비 1.7% 감소한 10만 7,300건으로 집계됐다. 인구 1,000명당 이혼건수를 의미하는 조(粗)이혼율은 2.1건으로 1997년(2건) 이후 최저다.

통계청은 "혼인건수 자체가 감소하고 있기 때문에 이혼건수도 감소하는 경향을 보인다"고 설명했다. 실제로 지난해 혼인건수는 28만 1,600건으로 1974년(25만 9,100건) 이후 가장 적었다.

전반적으로 이혼건수가 감소하고 있지만 황혼이혼은 늘어나는 모습을 보였다. 혼인지속기간이 20년 이상인 부부의 이혼건수는 지난해 3만 2,600건으로 집계됐다. 비율로는 30.4%에 이른다. 10년 전인 2006년에는 이 비율이 18.6%에 그쳤다. 특히 혼인지속기간이 30년 이상인 부부의 이혼건수는 같은 기간 5,200건에서 1만 800건으로 2배 이상 증가했다.

자료: 머니투데이(2017. 3. 22).

☞ 위의 기사에 비추어볼 때, 부부가 오랜 기간 같이 살다 보면 '정 때문에라도 헤어지지 않는다'에서 '부부간에 맞지 않으면 언제든지 헤어진다'로 의식이 변화되고 있음을 알 수 있다. 좋은 부부간의 관계맺음을 위해 평소 건강가정지원센터에서 시행되고 있는 중노년기 부부관계 향상교육에 참여하는 것도 고려해볼 수 있을 것이다.

2) 노부모-성인자녀 관계

가족은 동서양을 막론하고 노인부양의 핵심적인 역할을 담당해 왔다. 노인들 대부분이 가족에게 부양받기를 희망하고 가족 역시 일차적으로 노인부양의 책임을 지려고 하기 때문이다. 대부분의 노인들은 가족에게 가장 많은 부양을 받는다. 특히 우리나라는 가족 중심의 전통이 강하고 공적 부양체계가 제대로 기능하지 못하면서 가족이 노인부양의 핵심적인 역할을 담당해 왔다. 하지만 지난 3, 40년 동안 우리 사회는 인구구조와 가족구조 그리고 부양에 대한 태도 면에서 많은 변화를 경험했으며, 이러한 변화는 전통적으로 노인의 욕구를 충족시켜 온 가족의 노인부양능력과 의지에 부정적인 영향을 주고 있다(김형수 외, 2009).

대가족제도 하에서 결혼한 장남 혹은 아들가족과 살면서 부양과 보호를 받아왔던 과거와는 달리 현대사회에서는 노인의 거주형태도 변화하여 결혼한 아들가족과의 동거뿐 아니라 결혼한 딸가족과의 동거, 노부부 혹은 노인 혼자, 기타 친척, 양로·요양시설 거주 등 다양한 양상을 보이고 있다. 대체로 기혼자녀와의 동거는 줄어드는 반면, 자녀와 별거하여 노인 혼자 또는 노부부만 사는 노인 단독세대의 비율은 늘어나는 추세다. 노인가구 형태의 변화를 좀 더 구체적으로 살펴보면, 1인 독신노인가구와 노부부만으로 구성된 부부가구는 급격히 증가하는 반면에 '노인+기혼자녀+손자녀'로 구성된 3세대 노인가구는 줄어드는 것으로 나타나고 있다. 통계청의 '장래가구특별추계: 2017~2047'에 의하면 고령자 가구 중 독거노인 가구의 비율이 2020년 34.2%를 차지하고 있어 향후 독거노인에 대한 대책마련이 시급하다.

노인부양 책임의식을 보면, 아직까지 노인들은 노부모의 부양책임을 자식들에게 많이 돌리고 있기는 하다. 그러나 예전보다 자식뿐 아니라 국가나 사회의 책임, 자기 스스로 노후를 준비해야 한다는 의식도 많이 증가하였다. 최근 통크족(Two Only No Kids)의 등장으로 자녀들의 부양에 의존하지 않고 노부부끼리 노년기를 자유롭게 향유하고자 하는 의식이 높아지면서 노부모와 성인자녀 사이의 별거 경향은 더욱 가속화될 전망이다. 이러한 변화추이에 비추어 노후를 자녀와 동거할 것인지 별거할 것인지가 초점을 두기보다 비록 동거하지는 않더라도 자녀들과의 정서적 유대관계를 어떻게 유지시켜 나갈 것인지에 좀 더 관심을 기울여야 할 것이다.

일반적으로 노부모와 자녀 사이의 유대관계는 크게 객관적 유대관계와 주관적 유대관계로 구분할 수 있다. 객관적 유대관계는 연락 및 접촉빈도, 물리적 거리, 자원 교환이라는 양적 교류에 의해 형성되고, 주관적 유대관계는 애정, 친밀감, 감정의 교환이라는 질적 교류에 의해 형성된다. 이러한 두 가지 유형의 유대관계 중에서 노부모는 질적 교류를 중시하는 반면, 자녀는 양적 교류를 중시하는 경향이 있다. 자녀의 경우 양적 교류를 통해 자식으로서의 책임을 다한다고 생각하는 경향이 강하기 때문에 대개 의례적인 교류에 그칠 가능성이 높다. 노부모와 자녀 간의 양적 교류가 많다고 해서 반드시 둘 사이의 주관적 유대관계가 깊은 아니며, 노부모의 삶의 질이 높아지는 것도 아니다. 노부모와 성인자녀 사이의 관계 향상을 위해서는 자녀의 도구적·경제적 지원보다는 애정적·정서적 지원이 더욱 중요하며, 일방적인 의존관계보다는 상호 지원하는 호혜적 관계를 형성하는 것이 더욱 바람직하다(권중돈, 2009).

예전에는 성인자녀가 노부모를 보호하고 부양하는 일방적인 수직적 관계였으나, 요즘에는 상호 호혜적 관계로 노부모와 성인자녀가 쌍방간에 도움을 주고받는 것으로 나타나고 있다. 즉 자녀들이 노부모에게 경제적·정서적 생활보조, 수발 등의 도움을 주는 반면, 노인들은 자녀들에게 손자녀 돌보기, 집안일 도움, 상담 및 정서적 지지뿐 아니라 여유가 있을 경우에는 경제적 도움도 주고 있다. 이와 같은 호혜적인 현상은 특히 노부모가 젊은 노년기(young-old) 때에 이루어지는 경향이 있다.

자녀와의 동·별거 현황과 관련하여 고려해야 할 점이 노년기 주거이다. 우리나라의 경우 노인들이 일반주택에서 거주하는 경우가 많지만, 세대간의 가치관의 변화와 생활양식의 다양화로 인하여 다양한 형태의 3세대 주택이나 가까운 곳에서 떨어져 살면서 생활을 공유하는 인거형 주거형태가 늘어나고 있다. 노인독신가구나 노부부가구가 증가함에 따라 노인의 제한된 기능을 보완할 수 있도록 특별히 설계된 고령자주택의 필요성이 높아지고 있지만, 실질적인 고령자주택의 보급은 매우 미진한 실정이다. 자녀와의 별거를 원하는 노인이 크게 증가하고 있고, 자녀와 동거하더라도 노인을 수발할 수 없는 경우가 많으므로 노인이 가능하면 독립적으로 생활할 수 있도록 설계된 노인 전용주택이 보급되어야 할 것이다. 아직까지는 노인의 시설거주에 대한 사회의 부정적 편견이나 입주 비용부담 등으로 어려움이 있으나 사회적 환경과 가족의 변화, 경제력 있는 노인층이 증가함에 따라 고령자주택은 점차적으로 확대될

그림 9-5 도심형, 도시근교형, 전원형 유료노인주거시설 사례

자료: 서울 시니어스타워. 삼성 노블카운티. 은퇴농장 홈페이지.

것이다.

　노년기에는 생활의 주된 근거지가 가정이 되고, 특히 퇴직 후에는 사회적 관계와 관심이 가족을 중심으로 축소되기 때문에 인생의 다른 어떤 시기보다도 주택은 큰 의미를 지니는 일상생활의 공간이 된다. 노년기 주택이란 무엇보다도 편리성과 안전성에 중점을 두어야 한다. 노화로 기능이 저하됨에도 불구하고 일상생활에서 가능하면 타인의 도움 없이 독립적으로 생활하기 위해서는 주택의 구조와 시설이 안전하고 편리해야 한다. 노년기 주택은 노인 자신뿐만 아니라 노인을 보호, 수발하는 가족 등의 보호자에게도 편리성을 제공해 주고, 나아가서는 여러 가지 물리적 장애로 발생할 수 있는 사고를 예방해 줄 수 있어야 한다.

4. 활기찬 노년기 여가생활

일반적으로 여가(leisure)란 일에서 해방되어 자유, 휴식, 즐거움 등을 누릴 수 있는 여유 있는 시간을 의미한다. 그러나 노년기는 퇴직, 자녀들의 결혼 등으로 사회적·가정적 책임에서 벗어나 여가투성이의 생활(full-time leisure)을 하므로 다른 연령층의 여가와는 의미가 다르다. 노년기의 여가시간이 더욱 연장되고 삶의 질에 대한 관심이 점차 높아지고 있는 현 상황을 고려할 때에 노년기의 긴 여가시간을 어떻게 보낼 것인지를 진지하게 고민해야 할 것이며, 이는 성공적인 노년을 결정하는 중요한 열쇠가 된다. 점점 길어지는 여가시간을 잘 활용하여 취미활동, 교육, 자원봉사 등 다양한 활동에의 참여가 필요하다.

현재 노인세대의 경우 여가보다는 당장의 생계와 가족 부양이 삶의 우선적 과제인 시기를 거쳐왔기 때문에 여가를 단순한 휴식이나 즐김으로 이해하는 등 여가에 대한 인식수준이 낮고, 여가에 대한 예비사회화를 할 수 있는 기회를 갖지 못해 노년기의 여가활용에 대한 준비가 매우 취약하다. 따라서, 가족 차원 또는 우인과의 교류를 통하여 소일 위주의 여가활동에 주로 참여하게 되는 결과를 낳았다고 할 수 있다(권중돈, 2009). 하지만 경제적 안정, 건강 등을 최우선으로 하는 현재의 노인들과는 달리 미래의 노인세대는 경제적으로 안정되고 교육수준도 높다. 의료기술의 발전으로 노년기가 연장되면서 건강한 생활을 유지할 가능성이 높으므로 자신의 노년을 보람 있게 보내기 위한 사회활동에 대한 욕구가 증대할 것이다. 최근 도심을 중심으로 단순하게 여가를 소일하는 소극적인 여가활동에서 한걸음 더 나아가서 다양한 취미, 자원봉사, 평생교육, 문화활동, 체육활동 등에 적극적으로 참여하면서 자아를 실현하고자 하는 노인들이 증가하고 있으며, 앞으로 이런 추세는 점점 더 높아질 것이다. 베이비붐 세대가 노인으로 진입하는 시점인 2020년대에는 새로운 문화수요 계층으로서의 노인이 부각될 것이며, 노인의 사회활동과 관련된 정책 및 사업도 더욱 중요해질 것으로 전망된다.

1) 노인 교육

현재의 노인층은 여가를 활용하여 교육에 참여하고자 하는 욕구가 낮은 것으로 나타나고 있다. 그러나 노인인구의 교육수준 증가 추이와 모든 인구계층의 교육수준이 빠르게 높아지고 있는 점을 고려할 때, 앞으로 고학력 노인인구가 차지하는 비중이 더욱 높아질 것으로 예측된다. 이러한 사회적 변화로 인하여 노인의 교육수준이 향상되고 있기는 하지만, 공식적인 학교교육을 통해 습득한 지식만으로 만족스러운 노후생활을 영위한다는 것은 기대하기 어렵다. 정보지식사회의 도래로 사회의 변화가

가속화되면서 세대간의 지식 격차가 심화되어 현 세대의 노인은 정보와 지식, 더 나아가 문화적 소외현상을 더욱 강하게 경험할 수밖에 없는 상황에 처하게 되었다. 그리고 평균수명의 증가와 노인인구의 양적 증가로 인한 노인의 사회적 영향력 증대, 노인 인력자원의 활용에 대한 사회적 관심의 증가, 노인의 잠재력과 능력을 인정하는 사회의 노인에 대한 관점 변화, 노인의 자기계발에 대한 욕구 증가, 노인의 자립의식 증가 등으로 인하여 노인 교육의 필요성은 더욱 높아지고 있다. 노인이 지니고 있는 성향, 노인이 처한 상황적 요인, 노인 교육과 관련된 제도적 요인 등에서 비롯되는 다양한 장애요인으로 인하여 아직은 노인 교육이 미흡하나 앞으로 노인의 평생학습에 대한 의식이 증진되고 사회참여 역량이 강화됨에 따라 노인 교육은 더욱 활성화될 전망이다(권중돈, 2009).

우리나라에서 노인 교육을 담당하고 있는 기관이나 단체는 대한노인회, 종교단체, 사회복지관이나 노인복지관, 초등학교나 대학교 혹은 민간단체나 개인으로 구분할 수 있다. 이 중에서 노인복지관은 지역이나 기관에 따라 편차가 크고, 특히 대도시에 집중되어 있으며 노인의 접근도가 낮다는 문제점이 있지만, 다른 노인 교육 담당기관에 비하여 노인 교육 인력이나 시설, 교육프로그램 등에서 훨씬 나은 조건을 갖추고 있으므로 노인들의 교육욕구 충족에 많은 기여를 할 수 있을 것으로 예측된다(권중돈, 2009). 이들 프로그램은 크게 교육문화, 전통문화, 건강문화, 취미서클, 정보화 교육으로 나뉘어 있다. 동적 영역과 정적 영역이 비교적 균형을 이루고 있고 서예, 한글, 외국어에서 체조, 요가, 무용, 포켓볼에 이르기까지 매우 다양하며, 노인들의 호응과 새로운 욕구를 반영하여 프로그램을 축소 또는 신설하고 있다. 정보화 교육과 다양한 동아리 형태의 취미서클 프로그램은 최근 확장되는 추세이며, 이는 현대화된 노인 모습과 긍정적인 노인 이미지를 만들려는 의지가 엿보이는 프로그램들이다(김형수 외, 2009). 고등교육기관인 일부 대학에서도 평생교육원이나 부속기관 등에서 노인들을 대상으로 한 평생교육 프로그램을 운영하고, 실버넷 운동을 통한 노인 정보화 교육을 실시하거나 명예학생제도, 학점은행제, 시간제 등록제, 원격대학 등을 통하여 노인에게 평생교육의 기회를 부여하고 있다. 현재 예비노인층인 베이비부머세대의 노년층 진입을 앞두고 이들 신노년층의 제 2의 인생설계와 사회참여를 지원하기 위해 서울시50플러스재단에서는 50플러스캠퍼스와 50플러스센터를 두어

평생교육

수강신청 바로가기

▶ 어르신의 욕구에 맞는 다양한 교육·여가문화 프로그램을 실시함으로써 여가활용의 기회를 제공하고, 이를 통해 건전한 여가활동 및 노년기 여가에 관한 긍정적인 인식변화를 도모하여 건강하고 보람된 노후생활을 지원하고자 합니다.

▶ 세부사업명 및 사업내용

세부사업명	사업내용
교양교육	한문교실, 일어독해 초·중급, 일어회화 초·중·고급, 중국어 입문·초·중급, 한글교실 등
건강증진	단학기공, 태극권, 맷돌체조, 양생체조, 실버에어로빅, 요가 초·중급, 국선도 초·중급, 당구, 탁구 초·중·고급, 헬스 오전·오후 등
취미여가	한글서예 초·중급, 한문서예(서예입문, 한문전예서, 한문해서, 한문행초서), 사군자, 바둑교실 오카리나 입문·초·중·고급, 노래교실, 가곡교실, 민요교실, 수채화 등
정보화교육	천천히 첫걸음!(컴퓨터 기본편), 필수 step 1(하드디스크&윈도우필수편), 필수 step 2(웹&이동식 디스크필수편), 필수 step 3(웹클라우드&웹필수편), 인터넷&문서활용(인터넷 포함 문서활용편), 포토&영상활용(포토&영상 편집활용편), 생활정보인터넷(정보검색 실전편), PC&폰활용(PC중심 폰 연동 실전편)
특별행사	금요특별행사(열린특강, 영화상영, 문화공연, 특별강좌 등), 노인의 날 기념행사, 작품전시회 등

그림 9-6 분당노인종합복지관의 사회교육 프로그램

자료: 분당노인종합복지관 홈페이지.

다양한 교육과정을 운영하고 일자리 및 창업 지원, 사회참여 지원, 여가와 일상 지원 활동을 펼치고 있다. 또한, 빨라진 은퇴와 길어진 노후로 걱정이 늘어가는 베이비부머 세대들을 위해 서울대학교에서는 '제3기 인생대학'을 운영하여 건강하고 의미 있는 노후를 보낼 수 있도록 이끄는 등 새로운 움직임이 일어나고 있다.

하지만 아직까지 우리나라는 미국 등의 선진국에서 실시하고 있는 시니어 서머스쿨(senior summer school)이나 로드스콜라(Road Scholar)와 같은 질 높은 노인 교육 프로그램이 체계적으로 이루어지지 못하고 있는 실정이다. 향후 노인을 부양의 대상이 아닌, 사회를 책임지는 삶의 주체로 인식을 전환시킬 수 있는 교육 환경이 요구되며, 이에 대한 접근성을 높이는 방안을 좀더 적극적으로 강구해야 할 것이다.

2) 노인 자원봉사

노인들은 주로 자원봉사를 하는 주체자가 아닌 자원봉사를 받는 수혜자로 인식되어 왔다. 미국, 영국, 호주, 캐나다 등과 같은 선진국에서는 양조부모 프로그램(Foster Grandparents Program), 시니어친구 되어주기 프로그램(Senior Companions Program), 퇴직자 중심 프로그램(Retired and Senior Volunteer Program) 등 노인들의 자원봉사가 활발히 이루어지고 있는 데 반해(Corporation for National and Community Service, 2017), 우리나라는 노인들의 자원봉사참여율이 매우 미약한 실정이다. 이는 노인들의 자원봉사에 대한 인식 저조, 자원봉사 참여경로의 정비와 홍보의 부족, 노인에게 적합한 봉사프로그램의 부재 등이 주원인으로 지적되고 있다(류기형 외, 2016). 그러나 경제적으로 안정된 노인층이 증가하고, 노년기 여가시간의 증대, 노인의 교육 및 건강수준의 향상, 사회에 유익한 활동으로 삶의 보람을 찾고자 하는 노인층의 증가 등 사회적 여건이 변화하면서 앞으로 노인의 적극적인 자원봉사활동을 기대할 수 있을 것으로 보인다(김형수 외, 2009).

지금까지 노인에 의한 자원봉사활동은 주로 대한노인회가 중심이 되어 청소년 선도, 폐품 수집, 지역 내 청소 및 교통정리, 도덕 윤리교육 등을 실시하여 왔다. 그러나 최근 대한노인회 자원봉사지원센터가 중심이 되어 노인들 스스로 자원봉사를 계획하고 실행 및 평가를 하는 자주적인 자원봉사모임인 10~15명으로 구성된 자원봉사클럽의 결성을 지원하고 있다. 이들은 현재 노노케어, 문화재능나눔, 안전, 생활편의지원, 주거환경개선, 교육 등의 영역에서 클럽별 약간의 활동비를 지원받으며 봉사활동을 펼치고 있다(대한노인회, 2017). 또한, 대부분의 노인복지관은 자체적으로 노인봉사대를 조직하여 기관 내의 행사보조, 안내, 식당 및 업무보조, 사회교육 강사와 외부의 환경보호, 도시락 배달, 교육기관 봉사 등 여러 가지 자원봉사활동을 위한 일감을 마련하고 노인들의 참여를 독려하고 있다. 이와 더불어 전국 시군구의 자원봉사센터에서도 노인들이 젊은이들과 함께 자원봉사를 하기도 하고, 일부 지역에서는 노인자원봉사단을 조직하여 활동하기도 한다. 예를 들면 부천시 자원봉사센터는 어르신자원봉사대를 구성하여 외국어 통·번역 봉사, 또래노인돕기 봉사, 지역사회 청소 및 교통정리 등의 봉사를 활발하게 수행하고 있다.

표 9-1 노인자원봉사클럽활동 영역

구분	관련활동
노노케어	독거노인 상담 및 말벗, 거동불편 노인 이동보조
문화재능나눔	문화, 예술 등의 공연, 관광안내
안전	교통안전, 어린이 등하교 지도, 청소년 유해업소 감시
마을공동체	마을가꾸기, 환경보호, 위해감시
생활편의지원	장애인, 독거노인 등 사회적 약자를 대상으로 일상생활 지원
주거환경개선	취약계층 대상 집수리, 환경개선
교육	경로당, 어린이집, 복지기관 대상 학습지도, SNS활동교육, 문해교육, 예절교육 등 지도
기타 활동	재난재해, 캠페인, 국제교류협력, 범국가적행사지원, SNS 활용, 통·번역, 자원봉사컨설팅활동

자료: 대한노인회 노인자원봉사지원센터.

한편 한국노인인력개발원에서는 65세 이상의 기초연금수급자가 노노케어, 취약계층 지원, 공공시설 봉사, 경륜전수활동 등의 공익활동에 일정시간 참여할 경우, 활동비를 지원하는 노인 일자리 및 사회활동지원사업으로 봉사를 통해 활기차고 건강한 노후생활을 영위할 수 있도록 하고 있다.

아직까지는 많은 노인들의 단순한 봉사활동에 참여하고 있고 그 영역이 한정되어 온 것이 사실이다. 하지만 노인들의 교육수준이 높아지고 다양한 직업적 경험을 가진 노인이 증가함에 따라 노인의 자원봉사활동의 영역도 점차 확대되어 단순 봉사활동뿐 아니라 전문적 봉사활동에 참여하는 노인의 수도 증가할 것으로 보인다. 그러므로 노인들이 갖고 있는 지식이나 경험, 지혜, 재능, 기술 등을 충분히 활용하고 즐거움과 보람을 느낄 수 있는 자원봉사활동을 찾아내고 프로그램을 개발한다면 노인들의 자원봉사활동 참여율은 획기적으로 향상될 것이다.

노인들에게 있어서 자원봉사활동에의 참여는 퇴직으로 상실되었던 사회적 지위와 역할을 보충해 주어 자신의 사회적 가치성을 회복해 주고, 따라서 사회적으로 유용한 존재라는 자신감을 얻게 해준다. 나아가 노년기의 자아상을 긍정적으로 유지시켜주고, 소외감에서 벗어나도록 도와주며, 창의성과 책임성을 발휘할 수 있는 기회를 제공해 주고, 젊은 세대와 함께 자원봉사를 함으로써 세대간의 연대를 키워 나갈 수가 있다(양옥남 외, 2009)는 여러 가지 의미가 있다. 그러므로 노인 스스로 봉사자가되어 적극적으로 여가시간을 활용하여 봉사활동에 참여함으로써 생산적으로 나이들어 가는 삶을 영위해야 할 것이다.

5. 안정된 경제생활

기본적인 생계유지뿐만 아니라 적정수준의 삶의 만족도를 유지하기 위해서는 노년기에 충분한 소득의 확보가 필수적이다. 그러나 노년기에 이르게 되면 퇴직으로 인하여 근로소득은 급격히 줄어드는 데 반해 연금제도와 공적 부조제도 등 사회적 차원의 복지제도의 미성숙으로 인하여 경제적 어려움을 경험할 가능성이 높다. 또한, 개인적인 차원에서 노후준비를 하지 못했을 뿐만 아니라 재취업이 어렵고 자녀로부터의 지원도 미흡한 것이 현실이어서 대부분의 노인들은 경제적인 사정이 좋지 못하다. 노년기에 경제적 여유가 없으면 기본적인 생활이 어려워지는 것은 물론 더 나아가 가족에게 의존하게 되고, 친구관계나 이웃과의 관계도 위축될 수 있다. 그러므로 노후생활을 안정적으로 유지하기 위해서는 적정수준의 경제력을 갖추는 것이 중요하다.

대체로 노년기의 경제생활유형은 개인의 교육수준, 노동능력, 가족구성과 생활주기, 일생동안의 소득, 소비와 저축 패턴 등과 밀접한 관련성을 지니고 있으므로 노인 개개인의 경제생활 형편은 매우 다르다. 그러나 일반적인 개인생활주기를 근거로 하여 볼 때, 65세 이후에는 건강문제나 재취업 기회의 제한으로 인하여 무소득상태에 이르러 자녀에 대한 경제적 의존도가 높아지는 경향을 보인다. 노년기에는 퇴직 등으로 인한 소득의 격감 또는 상실에도 불구하고 기본적인 생계유지를 위한 일상생활비 지출은 다소 감소한 선에서 지속적으로 유지되며, 질병치료에 소요되는 의료비의 증가로 인하여 적자 가계상태로 전락하기도 한다. 따라서 가계의 수지 균형을 유지하기 위하여 이전 생활단계에서 축적해 놓은 재산이나 저축을 처분하여 가계지출에

그림 9-7 중앙노인일자리 전담기관과 노인일자리사업 수행기관

자료: 한국노인인력개발원, 한국시니어클럽협회 홈페이지.

소요되는 금액을 충당하거나, 가족이나 사회에 경제적으로 의존하게 될 가능성이 높다. 하지만 가족의 노후 경제생활보장에 대한 책임의식이 약화되면서 최근에는 노인 부양의 대안으로 역모기지(reverse mortgage), 즉 주택연금제도가 부각되고 있다. 이는 주택은 있으나 특별한 소득원이 없는 경우 고령자가 주택을 담보로 사망할 때까지 자택에 거주하면서 노후 생활자금을 연금 형태로 지급받고 사망하면 금융기관이 주택을 처분하여 그동안의 대출금과 이자를 상환 받는 방식으로, 노인부양문제를 해결하는 유용한 대안으로 주목받고 있다.

노년기에는 현재의 수입과 지출은 어떤 상태이며, 앞으로 수입과 지출은 어떻게 되리라고 예상되는지, 어떻게 지출을 줄일 수 있으며, 수입을 보충할 수 있는지, 그리고 지금 현재의 나이에서 앞으로의 예상수명기간 동안 생활비의 충당을 위해서 살펴볼 수 있는 것은 무엇이 있는지 등을 따져보아야 할 것이다(유계숙 외, 2003). 만약 적절한 노후소득이 확보되지 못한 경우에는 규모에 맞게 지출을 하거나 위에서 살펴본 금융권의 주택연금제도의 활용을 고려해보아야 할 것이며, 비과세종합저축과 같은 절세형 금융상품의 활용, 의료비 지출에 대비하여 재산 중 일부를 즉시 현금화할 수 있도록 관리하는 방법, 유산배분 등의 경제생활에 관한 교육과 정보 제공 서비스 등에 대해서도 숙지해 두어야 할 것이다. 이를 위해서는 한국주택금융공사에서 공공기관 최초로 은퇴고령자 대상 맞춤형 경제·금융강좌를 주기적으로 제공하는 '은퇴금융아카데미'와 같은 프로그램을 활용해볼 수도 있을 것이다. 그리고 노후 경제활

동을 희망하는 경우에는 한국노인인력개발원에서 운영하는 '100세누리 시니어사회
활동포털'에서 제공하는 일자리 정보를 탐색하여 원하는 직종에 지원하거나 가까운
지역사회 내의 노인복지관이나 시니어클럽 등에서 실시하는 노인 일자리 사업에 참
여할 수도 있다.

생각해
보기

1. 예비노인층을 대상으로 '활력 있는 노년기 부부관계'라는 주제로 교육프로그램을 개발한다고 했을
   때 어떠한 내용으로 프로그램을 구성할 것인지 생각해 보자.

2. 노인 자원봉사활동의 의의에 대해 논의해 보자. 그리고 노인이 주체가 되어 할 수 있는 자원봉사활
   동은 어떠한 것이 있으며, 그 이유는 무엇인지 생각해 보자.

3. 우리나라 전원형, 도시근교형, 도심형 실버타운을 한 곳씩 선정하여 홈페이지를 방문해 보고, 시설
   의 특성과 서비스 등 몇 가지 하드웨어와 소프트웨어를 비교해 보자.

PART **4**

가족문제와 대책

다양한 가족

최근 우리 사회에는 부부와 자녀로 이루어진 전형적인 가족의 비율은 점점 줄어들고 다양한 가족의 비율이 증가하고 있다. 하지만 우리 사회는 여전히 전형적인 가족을 정상가족으로 생각하는 경향이 짙어서 다양한 가족의 삶을 사는 사람들에게 많은 어려움을 안겨 주고 있다.

그러나 정상가족이 반드시 행복한 것만은 아니다. 겉으로는 정상가족을 유지하고 있지만 그 안에서 폭력, 학대, 외도 등으로 심한 갈등을 겪는다면 과연 그것이 진정한 가족일까? 오랫동안 건강한 가족에 대해 연구해 온 올슨 교수는 "부모와 자녀로 구성된 전형적인 가족이라도 가부장적이거나 남녀 불평등이 뿌리 깊다면 건강하지 않은 가족"이라고 하면서 "건강한 가족 여부는 외적인 모양이 아니라 가족성원들이 친밀감과 응집성이 있으며, 위기관리 능력을 갖추고 있다면 한부모가족이나 동성애가족도 모두 건강한 가족일 수 있다."고 하였다.

따라서 이제 우리는 어떤 유형의 가족이든 그 가족 안에서 개개인이 자유와 행복, 평등을 누릴 수 있다면 건강한 가족으로 수용해야 한다. 이 장에서는 우리 사회의 다양한 가족들에 관해 알아보고, 이들 가족이 건강한 가족으로 자리매김하는 데 필요한 요소들에 대해 생각해 보고자 한다.

1. 다양한 가족의 유형

1) 자발적 무자녀 가족

자발적 무자녀 가족이란 생식능력을 지니고 있지만 영구적으로 자녀를 갖지 않는다는 확고한 결정을 내린 커플을 의미하며, 그러한 결정을 내린 시기에 따라서 결혼 전부터 무자녀를 선택한 초기 결정자와 자녀 갖기를 반복적으로 연기하다가 무자녀를 선택하는 후기 결정자로 구분된다(유영주 외, 2004).

최근 우리사회는 저출산 문제로 미래에 겪게 될 노동력 부족을 고민하고 있다. 근래의 합계출산율 변화를 살펴보면 2007년은 1.250명, 2010년 1.226명, 2016년 1.172명, 2019년에는 0.92명으로 나타나(통계청, 각년도 인구동향조사), 저출산이 심화되고 있음을 알 수 있다. 출산 자녀수가 점점 줄어드는 배경에는 젊은 층의 가치관의 변화로 인한 결혼 기피와 결혼은 해도 자녀를 낳지 않는 자발적 무자녀 부부의 증가가 많은 영향을 미칠 것으로 예측된다.

자발적 무자녀 가족이 증가하는 데는 여러 가지 이유가 있을 수 있다. 개인주의 사고를 하는 젊은이들은 결혼에 수반되는 다양한 책임을 피하고자 하며 특히 자녀양육 관련 경제적인 비용과 부모역할에 대한 막중한 책임을 원하지 않아 무자녀 가족을 선택하게 된다. 한편 여성들의 학력이 높아지고 사회활동이 과거에 비해 현저히 증가하였음에도 여전히 가족 내외에서 여성이 이중노동을 수행해야 하는 우리의 상황은 여성들로 하여금 단기·장기적으로 무자녀를 선택하게 한다.

또한, 자녀출산 및 양육에 대한 경제적·심리적 비용이 증가하면서 자녀에 대한 가치관이 변하고, 부모자녀관계가 우선시되는 자녀중심 가족에서 부부관계가 우선시되는 부부중심 가족으로의 의식 변화도 무자녀 가족을 증가시키는 주요한 이유이다. 즉 무자녀 부부는 자녀양육에 대한 책임으로부터 자유롭고 자아성취의 기회를 더 많이 가지며, 보다 친밀하고 만족스런 부부관계를 즐기고, 경제적인 여유를 누리기 위해서 무자녀를 선택한다.

무자녀 가족의 특징을 살펴보면, 대체로 교육수준과 소득이 높고 결혼연령이 높으며, 전문직 부부와 맞벌이 부부 그리고 평등한 성역할 태도를 가진 부부가 많다. 이들 가족은 자녀가 없기 때문에 자녀가 있는 가족보다 더 불행하거나 행복하다는 뚜렷한 차이를 보이지는 않지만, 무자녀 가족이 부부가 함께 활동을 공유할 기회가 많기 때문에 더 강한 응집성을 보이는 것으로 나타났다(유영주 외, 2004).

아직까지는 우리 사회에서 무자녀 가족이 보편적인 삶의 형태가 아니므로 이들 가족들은 사회의 편견이나 압력 등으로 어려움을 겪기도 한다. 따라서 희소성을 비정상으로 해석해서 무자녀 부부를 이기적이고 미성숙하며 비정상적인 사람들로 평가하여 그들의 가족생활 적응에 부정적인 영향을 미쳐서는 안 되며 각자의 삶에 대한 선택을 존중하는 사회 분위기 조성이 필요하다.

한편 무자녀 부부는 자녀출산에 대한 원가족과 사회의 압력을 현명하게 극복하기 위한 노력과 함께, 자녀 없이 부부가 친밀감을 계속 유지하고 결속력을 강화시킬 수 있는 방법을 적극적으로 모색하여야 한다. 예를 들어 부부가 공동의 여가생활을 정기적으로 가지며, 건강가정지원센터가 제공하는 부부관계 관련 교육과 상담, 문화 등 다양한 프로그램에 적극 참여하여 부부관계 향상에 실제적인 도움을 얻는 것도 좋은 방법이다.

그러나 무자녀 가족의 증가는 사회적인 측면에서 보면 사회구성원을 충원시키지 못한다는 문제를 야기한다. 따라서 자발적으로 무자녀가족을 선택한 부부는 그들의 선택을 존중해주어야 하지만 비자발적으로 무자녀를 선택한 부부를 위해서는 사회구조적인 여건을 개선하기 위한 노력이 시급히 요구된다. 예를 들어 질 높은 보육시설의 확충과 육아휴직의 확실한 보장, 재택근무의 활성화, 탄력근무제, 현실적인 자녀양육비와 자녀교육비 지원 등 다양한 가족친화 정책들이 실시되어야만 한다. 다양한 측면에서의 현실적인 변화없이는 점점 더 많은 부부가 어쩔 수 없이 무자녀를 선택할 수밖에 없다. 사회가 자녀를 함께 키운다는 믿음이 생길 수 있는 환경으로의 변화가 시급하다.

2) 한부모가족

한부모가족은 부모 중 한쪽의 사망, 이혼, 유기, 별거 등으로 인하여 한쪽 부모가 없거나 법적 또는 현실적으로 한쪽 부모 역할을 할 수 없는 모자가족과 부자가족을 말하며, 자녀가 18세 미만(취학 중인 경우에는 22세 미만)인 경우에 해당된다. 또한, 24세 이하인 청소년 부 또는 모가 18세 미만 자녀를 양육하는 청소년한부모도 한부모가족에 포함된다(한부모가족지원법).

최근에는 편부(모)가족이란 용어가 주는 결손, 모자람, 부족 등의 사회적 편견과 그로 인해 생기는 고립감을 해소하기 위해 '한부모가족'이란 용어를 사용하고 있는데, '한'은 '하나'라는 의미 외에 '하나로도 충분하며 온전하다'는 뜻을 함께 갖고 있다(한국여성민우회, 1997). 또한, 강점 관점을 통해 한부모가족이 가족 결손의 상황이지만 가족 결손 대신 가족의 다른 강점을 파악하고 강점을 활용하여 문제해결을 하며, 특수한 욕구를 지닌 가족으로 이해하려는 추세이다(이경아 외 역, 2004).

이처럼 우리 사회에서도 한부모가족을 긍정적으로 수용하고자 하는 분위기가 조성되고 있으며, 한부모가족도 얼마든지 건강하고 행복할 수 있다. 실제로 한부모가족을 대상으로 한 연구에서 이혼 후 여성 한부모 가장은 오히려 생활만족도가 높아졌으며(장혜경 외, 2001), 이혼 전보다 모-자관계가 더 긍정적이고 가까워져 자녀와 좋은 관계를 유지하며, 자녀와 비교적 개방적인 의사소통이 이루어지고 있다는 연구결과가 보고되고 있다(이소영 외, 2002; 장혜경 외, 2001).

표 10-1은 전체 가구 중 한부모가족이 차지하는 비율이다. 한부모가족 중 부자가족이 차지하는 비율이 최근에 25%정도로 나타나 부자가족이 점차 증가하고 있음을

표 10-1 한부모가족 현황

(단위: 천 가구, %)

연도	총 가구 수	한부모가구		
		계	모자가구	부자가구
2005	15,887	1,370(8.6)	1,083	287
2010	17,339	1,594(9.2)	1,247	237
2016	19,837	1,539(7.8)	1,144	395
2019	20,343	1,529(7.5)	1,145	384

자료: 통계청, 장래가구추계/인구총조사.
· 2015년 이전 : 장래가구추계를 바탕으로 추정한 한부모가구 비율
· 2015년 이후 : 인구총조사를 바탕으로 통계청에서 발표한 한부모가구

알 수 있다. 발생원인으로는 2018년 한부모가족 실태조사 결과 이혼이 77.6%, 사별이 15.4% 기타 7%로 나타나(여성가족부, 2018) 이혼으로 인한 한부모가족이 주를 이루고 있다. 최근 우리사회에서 부부 및 파트너 관계에서 규범적 구속력이 약화되고 있으므로 앞으로 한부모가족의 비중은 증가할 것으로 예측된다.

사회가 변화하여 한부모가족을 수용하는 분위기라 하더라도 한부모가족들은 여전히 많은 어려움을 겪고 있다. 한부모가족의 부(父)와 모(母)는 생계부양자 및 보호자 역할을 수행하고 어머니/아버지 역할까지 수행하는 등 과중한 역할수행으로 인해 많은 스트레스를 경험하며, 이러한 스트레스는 우울, 불안 등의 부정적인 정서 반응을 유발하여 낮은 생활만족도와 연결된다(권진숙 외, 2006). 부나 모의 역할 과중으로 인한 스트레스와 낮은 생활만족도는 곧 자녀와의 관계에도 영향을 미쳐 부모자녀관계가 긴장과 갈등에 처하기도 한다.

또한, 경제적인 어려움, 자녀양육 문제, 대인관계의 단절과 그로 인한 소외감, 사회의 부정적인 편견으로 인한 자아존중감 저하 등을 겪게 된다. 특히 한부모가족들이 가장 큰 어려움으로 여기는 경제적인 문제는 단순히 경제적인 어려움으로 그치는 것이 아니라 가족성원들의 정신적·사회적 측면은 물론 가족관계에까지 영향을 미치게 된다(한국가족문화원, 2008).

따라서 날로 증가하고 있는 한부모가족을 위한 다양한 측면에서의 지원이 요구된다. 정부 차원에서는 특히 경제적인 어려움을 해소할 수 있는 통합적이고 체계적인 정책 지원, 즉 주택우선 분양정책, 실질적인 직업교육과 훈련, 직업상담 서비스 등이 제공되어야 한다. 또한, 민간 차원에서는 한부모가족과 지역사회를 통합시켜 주는 연계망 구축, 한부모 대상의 자존감 회복, 부모 역할, 생애 설계 등의 교육(상담) 프로그램뿐 아니라 자녀 대상의 자존감 회복, 다양한 가족의 이해 등의 교육(상담) 프로그램, 방과 후 교실과 특기지도, 결식·급식 지원 등 한부모가족에게 실제적인 도움을 줄 수 있는 다양한 프로그램과 서비스를 제공해야 할 것이다.

특히 한부모들을 위한 교육과 상담 시, 한부모들이 선택에 책임지고 있음에 박수를 보내고, 다양한 역할을 수행하고 있음을 격려하여 자존감을 높이도록 하며 자기 보살핌이 중요함을 강조하여 부모가 먼저 미소를 찾아서 가족의 뿌리가 튼튼하도록 하여야 한다. 또한, 표 10-2에 제시한 한부모가족의 강점에 대한 이해를 통해 가족원과 가족의 강점을 찾아서 건강한 한부모가족으로 성장할 수 있도록 해야 한다.

한편 최근 부자가족이 증가하고 있음에도 불구하고 지금까지의 정책이 대부분 모자가족에 초점이 맞추어져 있어 부자가족은 사회정책적인 측면에서 소외되어 있는 실정이므로 이들에 대한 지원이 더욱 확대되어야 한다. 그 한 예로 부자가족을 위한 복지시설은 2017년 현재 4곳뿐이다. 따라서 부자가족을 위한 복지시설의 확충뿐 아니라 이들 가족을 위한 다양한 프로그램과 서비스의 확대가 절실히 요구된다.

이혼으로 인한 한부모가족의 증가를 막기 위해서는 가족의 출발선인 결혼을 올바르게 할 수 있도록 도움을 주는 결혼준비교육, 예비부부교육 등이 체계적으로 널리 보급·실시되어야 할 것이다. 또한, 이혼을 선택할 때 이혼 후의 문제점과 적응 등을 심사숙고한 후에 제대로 이혼할 수 있게 도움을 주는 이혼준비교육(상담) 프로그램도 제공되어야 한다. 아울러 한부모가족이 재혼가족으로 이어지고 있는 상황에서 한부모들을 대상으로 한 재혼준비교육의 보급과 확대를 통해 재이혼을 막고 재혼가족도 건강한 가족으로 자리매김하도록 하여야 할 것이다.

표 10-2 한부모가족의 강점

한부모가족의 강점
• 부모와 자녀간의 애정과 친밀감이 강화된다.
• 한부모의 부모로서의 역량과 역할 기술이 향상된다.
• 부모와 자녀 모두 개인적으로 성장하는 계기가 된다.
• 부모자녀 간의 대화가 많아지며 대화기술이 좋아진다.
• 경제적으로 독립적인 부양능력이 발달된다.
• 부모로서 자녀의 성장과 발달과정을 세심히 목격하는 기쁨을 갖는다.
• 한부모는 개인적으로 문제해결 능력과 자신감이 향상된다.
• 부모와 자녀가 함께 협력하며 가정에 대한 책임감(의사결정, 가사)을 공유한다.
• 가족의 응집력과 적응력이 향상된다.
• 한부모 자신이 적응능력과 잠재력을 발휘할 수 있다.
• 부모는 자녀양육과 좋은 부모역할에 대해 더 많은 관심과 책임감을 갖는다.
• 한부모는 2명의 부모역할을 동시에 수행함으로써 자녀에게 양성적으로 유능한 역할모델이 될 수 있다.
• 양부모가족이었을 때 부부간의 불일치한 양육방식 갈등에서 벗어나 한부모만의 일관되고 안정된 양육방식을 유지할 수 있다.
• 한부모가족 이전에 부부갈등이 많았던 경우, 자녀가 심리적, 정서적으로 안정된 생활을 할 수 있다.
• 여성 한부모는 보다 자립적이고 독립적인 생활태도와 능력을, 남성 한부모는 보다 섬세하고 자상한 양육태도와 능력을 개발할 수 있다.
• 자녀는 심리적으로 성숙하고 책임감과 독립심이 강해진다.

자료: 임춘희, 송말희, 박경은, 김명희, 김신희(2013). 혼자서도 행복하게 자녀키우기, p.16 재구성.

특히 한부모가족이 가장 견디기 어려운 사회적 편견을 불식시키기 위한 정부 차원에서의 노력도 함께 이루어져야 한다. 우리도 누구나 한부모가족이 될 수 있다. 따라서 한부모가족을 병리적인 현상으로 보지 말고 개인의 특수한 상황에 대한 적응의 산물로 그리고 그들 나름의 최선의 선택이었음을 존중해 주는 자세를 가져야 할 것이다.

또한, 한부모가족들도 사회의 시선이 긍정적으로 변화되기만을 수동적으로 기다리기보다는 주위의 부당한 시선과 편견을 극복하고 건강하게 홀로서기 위해 적극적인 자세를 가져야 한다. 특히 한부모가족의 부(모)는 자녀에게 모든 걸 바치면서 완벽한 부모가 되려고 하지만 부(모) 자신이 심리적·신체적으로 건강해야 부모역할도 제대로 수행할 수 있고 나아가 가족이 건강한 가족으로 성장할 수 있으므로 자기 자신을 돌보기 위한 노력을 게을리 해서는 안 된다.

3) 재혼가족

재혼가족은 1명 이상이 초혼이 아닌 성인남녀의 재결합을 의미한다. 우리나라의 재혼가족은 꾸준히 증가하여 1995년에는 총 혼인의 10% 정도였으나 2000년에는 17.9%, 2010년 21.8%, 2017년에는 전체 혼인건수 264,455건 중 재혼이 57,791건으로 21.8%를 차지하였다(통계청, 각년도 인구동향조사). 최근에는 남성 초혼과 여성 재혼의 증가와 남녀 모두 사별보다는 이혼에 따른 재혼이 증가하고 있으며 황혼이혼의 증가에 따라 황혼재혼도 증가하고 있다. 이렇듯 재혼가족이 증가하면서 재혼가족에 대한 문제 중심적인 시각에서 벗어나 하나의 생활양식으로 받아들이는 분위기로 변화하고 있다.

한편 2018년 평균 재혼연령이 남성 48.9세, 여성 44.6세이며(통계청, 인구동향조사), 이혼부부의 평균혼인지속기간은 15.6년으로 나타나(통계청, 인구동향조사) 자녀가 있는 상태에서 재혼을 하는 경우가 많을 것으로 추측된다. 남녀 모두 무자녀인 상황에서 재혼을 할 경우와 한쪽이라도 자녀가 있는 상태에서 재혼을 하는 경우는 적응 과정에서 많은 차이를 경험하게 된다.

재혼가족은 초혼가족과는 다른 아래와 같은 특성을 갖는다(현은민, 2003). 첫째는 구조적 특성으로 재혼가족의 구조는 복잡하고 그 경계가 모호하다. 경계 모호성은 누가 가족 안에 또는 밖에 있으며, 가족 안에서 누가 어떤 역할을 할 것인가에 대한 가족들의 지각이 불확실한 것을 말한다. 경계의 모호함과 혼란은 재혼부부뿐 아니라 자녀에게도 스트레스를 가중시키고 가족의 건강한 기능 수행을 저해하므로 전 배우자와 관련된 가족과 현재의 재혼가족 간에 경계를 명료화해야 한다. 그러므로 새로 형성된 재혼가족은 배우자 간에 발전시켜 나아가야 할 부부 하위체계와 계부모와 자녀간의 만족스런 관계 그리고 자녀가 비양육 친부모와 계속 교류하면서 성장할 수 있는 경계 설정을 하여야 한다.

둘째는 역동적 특성으로 재혼가족은 개인의 생애주기와 가족생활주기가 일치하지 않는 가족원이 동시에 서로 다른 발달단계에 직면할 수 있으며, 두 가족의 문화를 합쳐야 하는 특성을 지닌다. 즉 대부분의 가족에서는 결혼 후에 자녀가 출생하지만, 재혼가족의 경우 새로 결합한 부부관계보다 부모자녀관계가 선행한다. 예를 들어 청소년 자녀가 있는 상태에서 재혼을 한 경우, 부부는 신혼기 부부관계를 위한 발달과업을 달성해야 하고 동시에 청소년기 자녀의 부모역할도 수행해야 한다. 따라서 부모자녀관계로 인해 부부관계가 부정적인 영향을 받을 수도 있다.

이처럼 재혼가족이 어려움을 겪을 수도 있지만, 그들 나름의 강점을 가질 수도 있다. 첫째, 재혼으로 동반의 기쁨이 재형성될 수 있다. 인간은 애정관계를 지속적으로 유지하고자 하는 욕구를 갖고 있는데, 재혼을 통해 이런 관계를 형성할 기회를 갖게 된다. 둘째, 재혼가족은 한부모가족보다 재정상태가 긍정적으로 변화할 수 있으며 책임을 공유할 수 있게 된다. 즉 이전의 한부모가족에서는 부나 모가 혼자 모든 것을 책임졌다면, 새로운 가족원이 들어옴으로써 책임을 공유할 가능성이 생긴다(송정아 외, 1998).

초혼가족과는 다른 특성을 지닌 재혼가족이 건강하게 적응해 나가기 위해서는 이들 가족이 극복해야 할 신화가 있다(Burr, Day & Bahr, 1993). 첫 번째는 즉각적인 사랑에 대한 신화로 가족 간의 사랑이 발달하는 데는 많은 시간이 필요함에도 재혼가족들은 가족 간의 유대감이나 사랑이 빨리 생길 것이라는 비현실적인 기대를 갖는다. 두 번째는 즉각적인 적응에 대한 신화로 부부관계, 자녀와의 관계, 원가족과의 관계 등 많은 측면에서 장기적으로 적응해야 함에도 불구하고 쉽게 적응하리라는 기대를 한다. 세 번째는 구원자 신화로 특히 자녀가 있을 경우 자녀들에게 친부(모)보다 더 나은 삶을 보장할 수 있다고 믿는 것을 말한다. 네 번째는 재혼가족과 초혼가족이 똑같을 것이라는 믿음인 정상가족 신화로 재혼가족은 재혼가족이 지닌 복합성과 차별성을 가족원 모두가 인정하고 수용해야 한다.

재혼가족이 이러한 신화가 허상임을 이해하고 안정적으로 적응하여 건강한 가족으로 자리매김하기 위해서는 재혼가족을 위해 온라인과 오프라인을 통한 다양한 측면에서의 교육과 상담이 제공되어야 한다. 즉 재혼한 부부를 대상으로 친밀한 부부관계, 바람직한 부모 역할에 관한 교육과 상담을 제공하고, 아울러 자녀들을 위해서는 새로운 가족성원과의 친밀한 관계 맺기, 자신을 개방적으로 드러내기 등과 같은 교육과 상담 그리고 가족단위의 교육과 상담·여가 프로그램이 함께 제공되어야 한다.

아울러 재혼가족의 가족역할과 가족경계 등과 관련된 새로운 가족모델을 개발하고 보급하여야 한다(이여봉, 2006). 달라진 가족관계와 부부관계 그리고 자녀들의 훈육·양육과 관련된 안내책자, 지침서 등의 개발도 시급하다.

재혼가족이 건강한 가족이 되기 위해서는 무엇보다 가족원 모두가 서로의 차이점을 존중하고, 적응에는 시간이 걸린다는 점을 인식하는 것이 중요하다. 특히 재혼부부는 성공적인 재혼생활을 위해서는 건강한 부부관계가 우선되어야 한다는 점을 깊이 인식해야 한다. 모든 가족의 중심은 부부이듯이 복잡한 가족관계로 시작되는 재혼가족에서도 부부간의 확고한 믿음과 유대는 성공적인 가족생활의 필수조건이다. 또한, 재혼가족끼리의 모임을 통해 다른 재혼가족들도 비슷한 문제를 겪고 있다는 점을 인식함으로써 서로에게 지지가 되고, 다른 가족이 어떻게 문제를 긍정적으로 해결해 나가는지를 배워서 이를 자신의 가족생활에 적용하는 지혜도 필요하다.

한편 재혼을 하기 전에 새로운 결혼을 어떻게 할 것이며, 어떤 준비를 해야 할지에 관한 재혼준비교육 프로그램이 제공되어 재혼가족이 행복한 가족관계를 유지하고 건강한 가족으로 당당하게 뿌리내릴 수 있도록 도움을 주어야 한다. 특히 재혼준비교육에서는 재혼이 도구적인 측면에서 현실적인 욕구 충족의 수단, 즉 생계 해결이나 자녀양육의 해결 등으로 인식되어서는 안 된다는 점과 재혼가족에서도 부부관계가 모든 가족관계의 중심임을 확실하게 인식시켜야 한다.

그리고 재혼에 대한 우리 사회의 인식 전환이 요구된다. 여전히 존재하는 재혼에 대한 우리 사회의 편견과 고정관념이 재혼가족의 안정적인 적응을 저해하는 경우가 있다. 따라서 건강한 재혼가족 사례를 발굴하여 대중매체를 통해 알림으로써 우리 사회의 재혼에 대한 부정적인 인식을 변화시켜야 한다. 하지만 지나치게 미화하여 보여주기보다는 그들이 겪고 있는 문제나 갈등을 현명하게 해결해 나가는 모습을 있는 그대로 보여주어 그들도 우리와 똑같은 가족임을 열린 마음으로 인정하고 지지해 줄 수 있도록 하여야 한다(김명자 외, 2006).

4) 분거가족

전통적으로 우리 사회에서는 한 지붕 아래서 함께 생활해야 가족으로 간주했다. 그러나 최근의 세계화, 교통과 통신의 발달, 개인주의의 확산, 높은 직업적 성취, 자아실현의 추구, 특히 자녀의 학업 등으로 한 지붕 아래서 거주하지 않는 비동거가족인 분거가족이 증가하고 있다.

　2008년 전체 가족 중 가족과 떨어져 사는 분거가족 비율은 16.5%로, 분거의 이유는 국내의 경우 직장(58.6%)이, 해외 분거는 학업(71.2%)이 가장 많았다. 해외 분거 중에는 소득 600만 원 이상 고소득층이 36.0%를 차지했으며, 배우자나 미혼자녀가 해외에 사는 경우는 전체 분거가족의 11.4%에 달했다(통계청, 2009).

　따라서 이제는 동거라는 요인에 의한 가족 정의를 수정·보완할 필요가 있으며, 오늘날의 가족은 공동의 거주라는 의미보다는 정신적인 유대 측면을 더욱 강조하게 되었다. 그리하여 분거가족은 가족 공동의 목표에 대한 가족 간의 합의, 많은 것을 함께 나누는 개방성, 다양한 수단을 이용하여 잦은 의사소통의 기회를 가지려고 노력하는 자세 등이 절대적으로 필요하다(유영주 외, 2004).

　이러한 노력이 수반되지 않으면 떨어져 있다는 그 자체만으로 공유 영역의 부족, 대화시간의 부족 등으로 인해 부부관계나 부모자녀관계가 긴장이나 위기를 경험할 가능성이 크다. 그런 점에서 교통의 발달, 정보화의 발달이 분거가족의 삶의 질에 많은 도움을 줄 수도 있지만, 가족원들의 적극적인 노력이 없다면 도리어 이러한 기술의 발달이 가족원들의 소외와 고립감을 증가시킬 수도 있다.

자녀의 학업을 위해 자녀와 엄마는 외국에서 생활하고 아빠는 한국에 남아서 학비와 생활비를 조달하는 이산가족인 기러기 가족은 부부가 자신의 직업적 성취나 자아실현을 위해서가 아니라 '자녀' 때문에 가족이 헤어져서 생활하는 경우로, 사회가 변화해도 여전히 자녀를 중시하는 전형적인 한국 가족의 모습을 보여주는 예라 할 수 있다.

한편 결혼을 해도 일을 소중하게 여겨서 부부가 주말부부를 선택하거나, 기혼여성의 취업 증가에도 불구하고 사회에서 돌봄서비스가 완벽하게 제공되지 않아 자녀를 노부모에게 맡기는 '주말부모'도 늘어나 다양한 형태의 분거가족이 증가하고 있다. 특히 최근에는 성인자녀가 학업, 직장 혹은 비혼 등으로 부모와 분리하여 단독가구를 형성한 1인 가구도 증가하고 있으며 앞으로도 증가현상은 계속되리라 전망된다.

사회 변화에 따라 앞으로 분거가족의 증가가 불가피한 만큼 떨어져 살면서 가족의 소중함을 느낄 수 있고 서로의 중요성을 깨닫는 등의 분거가족의 강점은 살리고, 홀로 생활하는 가족원의 고독감을 해소하고 건전한 여가생활을 할 수 있도록 도움을 주는 교육(상담)프로그램의 개발과 보급이 시급하며, 기업이나 정책 차원에서 분거가족을 지지해 줄 수 있는 다양한 방안도 함께 모색되어야 할 것이다.

5) 다문화가족

'다문화가족'이란 국제결혼가정, 이주노동자가정, 북한이탈주민가정 등 민족, 인종, 문화가 다른 구성원으로 이루어진 가족을 말하며 우리나라에서는 2008년 '다문화가족지원법'이 제정되면서 본격적으로 사용되기 시작하였다. 2018년 말 기준 국내 체류외국인은 2,367,607명으로 2017년 2,108,498명 대비 8.6% (187,109명) 증가하였고, 전체 인구 대비 체류외국인 비율은 2014년 3.5%에서 2018년 4.6%로 매년 증가하고 있다(출입국·외국인정책 통계연보). 2019년 전체혼인 중 다문화 혼인 비중은 9.8%이며, 19년 현재 다문화가구 수는 353,803으로 다문화가족은 이제 우리 사회의 보편적인 가족으로 자리 잡고 있다(국가통계포털).

혈연을 중시하는 우리 사회의 가족 가치관 때문에 다문화가족은 얼마 전까지 그다

표 10-3 국제결혼의 변화추이

(단위: 건수, %)

연도	1990년	2000년	2010년	2016년	2019년
총 결혼 건수	399,312	334,030	326,104	281,635	239,159
국제결혼 건수(%)	4,710(1.2)	12,319(3.7)	34,725(10.6)	34,725(10.6)	23,643(9.8)
한국인 남편 + 외국인 아내	619(0.2)	7,304(2.2)	26,764(8.2)	14,822(5.3)	17,687(7.4)
한국인 아내 + 외국인 남편	4,091(1.0)	5,015(1.5)	7,961(2.4)	5,769(2.0)	5,956(2.4)

자료: 통계청, 각 해당년도 인구동향조사.

지 환영받지 못했지만, 한국의 국제적 지위 향상, 인터넷 통신의 발달, 외국과의 다양한 교류의 활성화, 농촌 총각의 결혼문제 등과 관련하여 최근에 국제결혼에 대한 부정적인 정서가 점차 감소하고 있다(김승권 외, 2004). 외국유학, 해외취업 등에 의한 상류계층에서의 다문화가족은 부러움과 배려의 대상이 되고 사회의 부정적 시선에서 벗어나 있지만, 하류계층의 경우는 사회의 냉대와 차별 등 여러 가지로 많은 어려움을 겪고 있다.

한편 이들 가족이 겪는 가장 큰 어려움은 의사소통과 이질적인 문화로 인한 어려움이다. 언어소통의 문제는 문화적 차이를 극복할 수 있는 통로를 원천적으로 가로막을 뿐 아니라 경우에 따라서는 부부간 그리고 부모자녀 간의 정서적 단절로 이어지기까지 한다. 특히 어머니가 외국인인 경우 자녀들은 언어 습득과 발달에 장해가 있어 학업성취도가 저조하고 교우관계 등에서도 어려움을 겪게 되어 학교생활 자체가 어려워지기도 한다.

또한, 결혼이민자들의 인종 및 국적에 대한 우리 사회의 문화적 편견, 혈연중심의 가족 가치관 등은 결혼이민자들뿐 아니라 이들 자녀에게까지 차별적으로 나타나 또래집단이나 교육제도 등에서 소외되고 상처받는 경우가 많다. 특히 다문화가족의 두드러진 특징 중 하나는 부부간의 연령차가 크다는 점으로 이는 부부간의 권력관계, 역할 수행 등에 큰 영향을 미치게 되고 그에 따라 결혼이민자 여성들은 의사결정권과 가계관리권 등에서 배제되거나 남편에게 언어적·정서적·신체적 폭력 등을 당하기도 하여 인권문제로까지 비화되기도 한다(양순미, 2006). 이외에도 원가족간 문화 차이, 남편 또는 아내 1인의 역할 과중, 자녀들의 성장으로 인한 학업 중단 등 다양한 어려움을 겪고 있다.

이러한 다양한 어려움을 현명하게 극복하지 못하면 이들 가족 역시 이혼에 이르게 되는데, 전체 이혼 중 다문화가족이 차지하는 비중을 살펴보면 2008년 10.7%에서 2011년 12.6%로 정점을 찍고 2015년에 10.3%, 2018년에는 9.4%로 나타났다(국가통계포털). '2015년 다문화 인구동태통계'에 따르면 결혼생활 10년 미만에 이혼하는 경우가 79.2%였고 이중 5년 미만 이혼 비중이 40%를 차지하였으며 평균 결혼기간이 6.9년으로 한국인부부(15.5년)보다 훨씬 빨리 이혼하는 것으로 나타났다(통계청, 2015).

2009년 이후 국제결혼이 줄어들고 있고 다문화가족이 어느 정도 자리를 잡았다고는 하지만 이들 가족이 건강한 가족으로 자리매김하기 위해서는 여전히 이들의 적응을 돕는 정책과 프로그램에 대한 연구가 다각도에서 필요하다. 또한, 결혼 전 상호탐색 기간이 매우 부족한 상황에서 제한된 정보에 의존하여 결혼하는 경우가 많으므로 결혼과 가족의 의미 및 건강한 가족 형성에 필요한 지식과 기술을 배울 수 있는 장이 필요하며(이은주·전미경, 2014), 나아가 가족생활주기별로 이들 가족의 욕구를 반영한 실제적인 프로그램이 제공되어야 한다. 특히 남성들의 가부장적 이데올로기를 개선하기 위한 재사회화 프로그램이 절실히 필요하다.

국제화 시대의 '다문화주의' 관점에서 볼 때 다문화가족에 대해 우리가 어떤 관점을 갖느냐에 따라 이들이 우리 사회의 성숙한 구성원으로 자리매김할 수 있는지의 여부가 달려 있다. 따라서 결혼이민자들에게 우리 문화에 '동화'하기를 일방적으로 강요하기보다는 서로의 문화를 수용하고 인정하는 사회적 분위기가 형성되어야 한다. 결혼이민자들의 모국문화에 대해 우리 사회가 심도 있게 이해할 수 있는 기회를 보다 폭넓게 마련해야 하며, 동시에 국제결혼에 대한 편견을 해소하기 위한 노력도 기울여야 한다.

다문화가족에 관한 인식조사결과(한국가족상담교육단체협의회, 2013) 다문화관련 교육을 받은 사람이 교육경험이 없는 사람보다 국제결혼에 대한 수용성, 친구수용 의지, 다문화가족에 대한 개방성 등이 유미의미하게 높고, 고정관념·차별은 유의미하게 낮게 나타나 다문화교육이 다문화에 대한 고정관념 및 차별의식 감소와 다문화 개방성에 중요한 영향을 미침을 알 수 있다. 따라서 초·중·고등학교에서는 다문화가족 자녀들과 일반가족 자녀들의 다양한 멘토-멘티 프로그램, 대학에서는 증가하고 있는 외국인 유학생들을 위한 멘토 프로그램의 활성화, 지자체에서는 중년세대 대상 다문화가족을 위한 다양한 봉사와 연계의 장을 마련하는 등 교육방법과 내용을 차별화하여 다양한 다문화교육을 실시할 필요가 있다.

이와 함께 그들을 우리와 동등한 인격체로서 존중하고, 미흡한 사회제도를 보완하는 등의 노력이 이루어질 때 이들 가족들이 보다 건강한 가정을 꾸려갈 수 있게 될 것이다. 다름은 다름으로 인정되어야 하고, 결코 차별을 낳아서는 안 된다.

6) 조손가족

조손가족은 조부모와 손자녀로 구성된 가족을 의미한다. 인구주택총조사에서 동거자 통계를 통해 집계한 우리나라의 조손가구는 2000년에는 4만 5,225가구였고, 2005년에는 5만 8,101가구로 증가하여 전체 가구의 0.36%를 차지하였다. 2010년에는 11만 9,234가구로 5년 동안 50% 이상 증가하였고, 2019년에는 190,230가구로 전체 가구 중 조손가족이 0.9%를 차지하는 것으로 나타나 조손가족이 계속 증가하고 있음을 알 수 있다.

조손가족의 대부분은 성인자녀로부터 부양을 받을 수 없는 처지이고, 조부모가 경제활동을 하기 어려운 건강상태에 놓여 있어서 빈곤의 사각지대에 놓여 있다. 조부모들은 조부모이면서 동시에 부모 역할을 감당해야 하는 역할 부담과 손자녀양육에 따른 가사노동의 증가에 따른 신체적 어려움, 손자녀양육에 대한 심리적 부담감 등의 어려움을 겪고 있다. 또한, 이들은 기본적인 생계를 정부에 의존하거나 손자녀양육에 필요한 교육비 지출 등으로 인한 경제적 부담감과 자신들이 손자녀를 양육할 수 없을 경우에 대한 걱정 등을 호소하고 있다.

그러나 조부모들은 손자녀를 돌보면서 집안에 생기가 돌고, 자녀의 부담을 덜어줄 수 있으며, 손자녀와 함께 생활하게 되어 마음이 편해졌다는 등 손자녀와의 관계에 대해 비교적 긍정적인 평가를 하고 있다. 즉 조손가족의 조부모들은 가족주의라는 전통적 가치관을 바탕으로 자신들이 혈연에 대해 책임을 다할 수 있다는 점을 무엇보다도 다행으로 여기고 있어 손자녀와의 관계도 비교적 적극적이고 긍정적으로 접근하고 있음을 알 수 있다(여성가족부, 2007).

따라서 이제는 조손가족을 가족해체 과정에서 야기된 병리적인 현상이라기보다는 가족해체의 대안으로 대두된 차선책이란 입장에서 접근하여야 한다. 즉 가족해체라는 사회문제가 증가하는 현실에서 이를 해결할 수 있는 대안의 하나가 조손가족이 될 수 있도록 다양한 측면에서의 지원이 필요하다.

2007년 우리나라의 가족복지와 관련된 지원정책은 국민기초생활보장법에 의한 저소득층 지원정책과 모·부자복지법을 개정한 한부모가족지원법이 대표적이나 이 정책들은 조손가족을 주 대상으로 하고 있지 않다. 그러므로 조손가족을 주 대상으로 하는 정책의 개발이 시급하며, 특히 조손가족이 가족해체 과정의 일시적 유형이 아니라 대안적 유형이라는 점에 초점을 맞추어 손자녀가 성장하여 자립할 수 있을 때까지 지속적으로 보호·지원할 수 있는 정책을 마련해야 할 것이다. 예를 들어 조손가족의 조부모에게는 지역사회 자원을 동원하여 양육에 대한 스트레스 완화 등 심리상담 서비스, 경제적 지원, 여가서비스, 의료서비스, 가사서비스, 손자녀 학습지도나 방과 후 지도, 정서적인 지지 등이 필요하다. 그리고 손자녀에게는 건강관리, 다양한 교육 지원 및 심리 상담 그리고 가족으로서의 일체감 경험 등 정서적 지원이 제공되어야 할 것이다(김명자 외, 2006).

아울러 현재는 취약계층에 속하는 조손가족에게만 다양한 서비스가 제공되고 있지만 이제는 계층을 떠나 조손가족의 다양한 욕구와 특성이 반영된 전문 프로그램의 개발과 보급 그리고 이를 체계적으로 운영할 수 있는 전문인력의 양성이 함께 이루어질 때 조손가족이 우리 사회에서 보다 건강한 가족으로 자리매김할 수 있을 것이다. 또한, 정부 차원에서 조손가족이 병리적인 가족이 아니라 가족의 기능을 수행하고 있는 다양한 가족의 한 유형임을 일반인들에게 적극적으로 홍보하여 조손가족의 손자녀가 건강하게 성장할 수 있는 사회적 환경을 조성해야 한다(강기정 외, 2006).

2. 다양한 가족의 수용

이상에서 살펴본 것처럼 우리의 가족은 과거와 달리 많은 변화를 겪고 있다. 그러나 부부와 자녀를 가족 구성의 필수 조건으로 강조하는 획일화된 우리의 가족 개념은 다양한 가족들에게 많은 어려움과 고통을 안겨주고 있다. 그들 나름대로 최선의 선택을 하고 건강하고 행복한 가족생활을 위해 열심히 노력하고 있지만 정상가족 이데올로기에 의한 사회의 편견이 이들 가족이 건강한 가족이 되는 데 걸림돌이 되고 있다.

따라서 이제는 가족의 변화를 있는 그대로 받아들이고, 다양한 가족 유형을 적극적으로 수용하는 패러다임의 전환이 요구된다. 내가 선택한 가족이 소중하듯이 다른 사람들이 선택한 가족도 인정해 주고 존중해야만 한다. 가족 형태가 다를지라도 가족원 간에 서로 존중하고 사랑과 친밀감을 나누며, 공동의 책임의식과 공동의 의사결정 · 역할수행을 하며, 위기를 함께 극복하고 성장하며, 지역사회에 봉사하는 등 가족 기능을 제대로 수행하고 있다면 그 가족이 바로 건강한 가족이다.

따라서 이제는 가족 형태의 변화가 가족의 문제나 위기가 아니라, 어떤 형태의 가족이든 그 가족들이 가족의 제 기능을 수행하지 못할 때 그게 바로 가족문제이고 위기라는 점을 우리 모두가 인식해야 한다.

이러한 인식의 전환을 위해서 국가 차원에서 건강한 가족에 대한 올바른 인식을 심어주기 위해 다양한 매체를 통한 적극적인 홍보를 하여야 하며, 다양한 가족을 위해 현실적으로 도움이 되는 정책을 펼쳐야 할 것이다. 또한, 위기를 극복하고 건강한 가족생활을 하고 있는 다양한 가족들을 대중매체를 통해 적극 홍보하여야 한다. 가족에 대한 생각이나 가치관은 하루아침에 변화되기 어려우므로 지속적인 홍보와 캠페인이 요구된다.

특히 가족에 대해 열린 시각을 갖기 위해서는 어려서부터의 체계적인 교육이 절대적으로 필요하다. 따라서 유 · 아동기부터 교육내용에서 다양한 가족의 강점에 관해 다룸으로써 다양한 가족에 대해 편견 없는 시각을 가질 수 있도록 도와주어야 한다. 그 한 예로 다양한 가족 유형에 대한 편견을 해소함으로써 긍정적인 인식을 심어주는 반편견 교육프로그램을 들 수 있다. 반편견 교육은 성, 인종, 민족, 장애, 사회경제적 배경, 종교 등에 상관없이 모든 사람을 존중하도록 교육함으로써 특정 부분에 대한 편견을 갖지 않도록 하는 교육이다(강남구건강가정지원센터, 2007). 이는 타 문화에 대한 고정관념이나 편견, 차별적인 행동이 다른 사람에게 상처를 준다는 점을 알게 하고, 타 문화를 긍정적으로 수용하는 과정에서 자신의 문화적 정체성을 스스로 구성할 수 있도록 방향 지어주는 기능을 한다(중앙건강가정지원센터, 2008).

한편 다양한 가족에 대한 우리 사회 전반의 인식 전환을 위해서는 정책, 매체, 교육 등에서의 변화와 노력도 필요하지만 다양한 가족들 스스로의 노력 또한, 절대적으로 필요하다. 그들 스스로 건강한 가족을 이루기 위해 노력하는 모습 그 자체가 주위 사람들이 생활 속에서의 경험을 통해 다양한 가족에 대해 긍정적인 시각을 갖도록 하는 첩경이 될 것이다.

그런 노력의 일환으로 다양한 가족의 가족성원들이 국가나 민간단체 등에서 제공하는 다양한 프로그램과 서비스에 적극적으로 참여하여 가족생활에 많은 정보와 도움을 얻기 바란다. 또한, 자조집단을 구성하여 서로가 실제적인 정보를 공유하고, 유대를 강화하며, 가족의 적응력을 높이길 바란다. 그리하여 다양한 가족들이 그들 자신의 강점을 찾아내고 자신들의 잠재능력을 발휘하면서 건강한 가족으로 자리매김하게 되면 우리 사회의 다양한 가족에 대한 부정적인 편견도 사라지게 될 것이다.

생각해
보기

1. 다양한 가족에 대한 우리 사회의 편견을 없애기 위해 대중매체, 학교, 정부 차원에서 할 수 있는 구체적인 방안에 대해 생각해 보자.

2. 자신의 주변에 어떤 다양한 가족들이 있는지 살펴보고, 그 가족들의 강점과 어려움에 대해 생각해 보자. 특히 어려움을 극복하는 데 도움을 줄 수 있는 방안에 대해 구체적으로 생각해 보자.

가족생활교육

가족은 가족원 모두를 위한 진정한 심신의 안식처가 되어야 함에도 불구하고 현대 우리 사회의 가족은 과거와 달리 가족문제가 다양화되고 심각해져서 사회문제가 되고 있는 실정이다. 가족문제가 발생한 후에 각종 서비스를 제공하여 가족이 제자리를 찾도록 하는 일도 중요하지만, 더 중요한 것은 가족문제를 미리 예방하는 일이다. 가족문제가 발생하기 전에 가족을 강화시킴으로써 가족이 제 기능을 충분히 발휘하여 가족원 모두의 행복을 도모하는 건강한 가족을 이룩하도록 돕는 것이 바로 가족생활교육이다.

가족생활교육은 가족생활을 하는 모든 이들에게 가족에 관한 내용을 교육함으로써 건강한 가족을 형성·유지하여 가족원 개개인의 행복과 가족 전체의 삶의 질을 높이고, 나아가 건강한 사회를 이룩하는 데 그 목적이 있다.

이 장에서는 가족생활교육의 의미와 필요성, 교육프로그램의 개발과 실시에 대해 알아보고, 현재 실시되고 있는 가족생활교육 프로그램들의 구체적인 예를 살펴보면서 가족생활교육이 보다 발전하기 위한 방안을 모색해 보고자 한다.

1. 가족생활교육의 이해

1) 가족생활교육의 의미 및 목적

현대사회의 급격한 변화에 의해 가족과 관련된 다양한 문제가 사회문제가 되고 있다. 이렇듯 사회문제로까지 번지는 다양한 가족문제를 해결하기 위해서는 개별가족 차원의 노력뿐 아니라 사회적인 지원이 절대적으로 필요하다. 따라서 제도적인 교육기관이나 사회교육 및 성인교육 차원에서 가족생활교육의 중요성이 더욱 강조되고 있다.

한편 현재 건강하고 안정된 가족이라 할지라도 언제든지 위기에 직면할 수 있기 때문에 잠재력 개발과 예방 차원의 구체적이고 체계적인 가족생활교육의 필요성이 더욱 중시되고 있다. 또한, 업적위주의 사회, 경쟁사회인 현대사회에서는 과거 어느 때보다도 가족생활교육을 통하여 정보 활용과 문제해결 능력, 스트레스 대처능력을 기르고, 감성 관리와 도덕성, 창의성, 가족원 간의 적응과 협상, 의사소통, 융통성을 발달시키는 일이 매우 필요하다(Berardo, 1990).

가족생활교육은 가족관계와 관련된 지식, 기술, 태도를 습득시켜서 가족문제를 미리 예방하고 해결하는 잠재력을 키울 수 있도록 고안된 의도적인 교육활동으로 가족에 관한 교육내용을 가족을 위해 실시하는 것을 의미한다. 따라서 가족생활에 관심이 있는 모든 사람이 교육대상이 될 수 있다. 즉 모든 연령층의 각 개인과 전 가족생활주기에 속해 있는 부부나 가족단위가 교육대상이 될 수 있다.

가족생활교육의 궁극적 목적에 대해 NCFR(National Council on Family Relations, 1970)에서는 "가족을 강화시키는 것"이라 하였고 하위목적으로 건설적이고 성취적인 개인생활과 가족생활을 발달시키도록 돕고, 대인관계를 개선하도록 하며, 가족의 삶의 질을 개선하는 것이라고 하였다. NCFLE(National Council on Family Life Education)에서는 가족생활교육의 궁극적 목적을 "가족을 강화하는 것"이라고 규정하였으며(1968), 쉬크와 로드만(Sheek & Rodman, 1984)은 "가족의 기능 향상과 가족원의 심리적·정서적·사회적 복지 수준의 향상"이라고 제시하였다(최규련, 1994 재인용). 또한, 토마스와 아커스(Thomas & Arcus, 1992)는 가족생활교육의 궁극적인 목적은 "개인과 가족의 안녕을 강화하고 풍요롭게 하는 것"이라고 하였다. 이외에 여러 학자들이 가족생활교육의 목적을 "가정생활을 풍요롭게 하는 것", "가족생활의 향상" 등으로 규정하고 있다.

따라서 가족생활교육의 목적은, 개인 차원에서는 가족원의 능력 개발을 통해 잠재력을 발휘하도록 하고, 가족원의 욕구 충족을 도와 개인의 삶의 질 향상에 기여하는 데 있다. 또한, 가족 차원에서는 가족원들이 겪는 갈등을 해소하고 문제를 예방하도록 하여 가족의 복지 향상과 안녕을 도모하고 건강한 가족을 형성하고 유지하는 데 있으며, 사회 차원에서는 가족문제의 예방을 통해 사회의 안정과 건강한 사회를 이룩하는 데 있다.

가족생활교육의 필요성을 구체적으로 살펴보면 다음과 같다.

첫째, 가족생활교육은 개인과 가족생활 전반에 걸친 사고의 폭을 넓힌다. 즉 내 가족, 내 문제에 집착했던 사고에서 벗어난 개인과 가족에 대한 폭넓은 사고와 이해는 개인과 가족 및 지역사회의 성장·발달을 도모하는 데 기여한다.

둘째, 가족생활교육은 가족문제 예방에 초점을 둔 교육이다.

셋째, 가족생활교육은 사회와 관련된 가족문제 감소에 초점을 둔다. 즉 가족생활교육은 가족을 돕고 가족과 관련된 사회문제를 경감시키는 교육적인 지원 매개체이다.

넷째, 가족생활교육은 개인과 가족의 잠재력 개발에 초점을 둔다. 즉 가족생활교육은 개인과 가족이 지닌 강점을 개발하여 개인과 가족생활을 풍요롭게 하며, 개인 및 가족의 삶의 질을 높인다.

다섯째, 가족생활교육은 교육을 통해 습득한 지식과 정보, 기술들을 알고 있는 것에 그치지 않고 실생활에 적용하고 실천하는 경험 중시의 실천학문이다. 따라서 가족생활교육을 통한 경험과 적극적인 실천은 미시적으로는 개인과 가족에게, 거시적으로는 지역과 사회에 긍정적인 영향을 미치게 된다.

2) 가족생활교육의 기본가정

정현숙(2007)은 가족생활교육의 세 가지 기본가정을 다음과 같이 들고 있다. 첫 번째 가정은 "개인과 가족, 사회가 동심원 상에서 서로 연결된다."로 한 가족의 문화는 가족원 개개인과 그가 속한 사회에 지대한 영향을 미치며, 가족은 사회의 기본단위로 독자적인 특성을 갖는 동시에 사회와 깊은 관련을 맺음을 의미한다. 따라서 가족생활교육은 가족과 사회와의 밀접한 관련성을 다루고, 이를 통해 참가자들이 가족이 사회에 미치는 영향력을 인식하여 가족원으로서의 책임, 나아가 사회성원으로서의 책임과 권리에 대해 인식하도록 하여야 한다. 특히 가족은 자녀양육과 사회화를 통해 사회문화적 가치를 새롭게 형성하며, 다음 세대에게 이를 전승하게 된다. 자녀는 가족성원인 동시에 사회성원이므로 부모가 자녀를 어떻게 키우느냐가 사회 전체에 미치는 영향은 막강하다. 따라서 부모교육이 가족생활교육에서 매우 중요한 의미를 갖는다.

두 번째 가정은 "모든 인간은 성장 잠재력이 있으며, 모든 관계는 더 나은 동반자 관계로 나아갈 수 있는 성장 가능성이 있다."이다. 이는 개인이 성장하고 더 나은 결혼생활이나 가족관계를 위해서는 외부의 지원이 절대적으로 필요함을 의미하는 것으로, 그 하나의 방법이 바로 가족생활교육이다. 즉 가족생활교육을 통해 가족원 개개인의 강점 찾기, 효율적인 의사소통, 건설적인 갈등 해결방식 등 가족관계에서 필요한 기술들을 배우고 실천함으로써 개인과 가족은 성장할 수 있으며, 나아가 우리 사회도 건강해질 수 있다.

세 번째 가정은 "대부분의 사회에서 결혼은 일반적으로 선호하는 삶의 형태이다."로, 대부분의 사람들은 결혼을 하여 가족을 꾸리기를 원하며 그 가족이 행복하기를 원함을 의미한다. 과거에는 가족이라는 틀을 유지하는 데 급급했지만, 현대사회에서는 개인의 행복이 중시되고 있다. 그런데 그 행복은 저절로 주어지는 것이 아니라 노력을 통해서만 가능하며, 그 노력의 한 가지 방법이 바로 가족생활교육이다.

이처럼 가족과 사회와의 관련성, 가족과 개인의 불가분의 관계 등을 고려할 때 최근 우리 사회에서도 다양한 기관에서 다양한 가족생활교육 프로그램들이 실시되고 있는 점은 개인, 가족 나아가 사회를 위해서 매우 바람직하고 의미 있는 일이다.

3) 가족생활교육의 특성과 운영원리

아커스 외(1993)는 가족생활교육의 특성과 운영원리를 다음과 같이 제시하였다(이정연 외 역, 1996 재인용).

첫째, 가족생활교육은 생애주기 전반에 걸친 개인과 가족의 정상적인 발달과 비규범적인 발달들을 모두 포함한다.

둘째, 가족생활교육은 개인과 가족의 현재와 미래의 요구를 시의적절하게 충족시켜야 한다.

셋째, 가족생활교육은 다학제적인 연구영역이고, 다전문적인 실제영역이다.

넷째, 가족생활교육은 다양한 현장에서 제공된다.

다섯째, 가족생활교육은 치료적 접근보다는 예방적 접근을 취한다.

여섯째, 가족생활교육은 다양한 가치관을 제시하고 존중한다.

일곱째, 가족생활교육은 인지적 접근과 정서적 접근을 동시에 취한다.

여덟째, 가족생활교육자의 유능성과 자격이수는 필수적이다.

이 운영원리에 따르면, 가족생활교육은 개인과 가족의 규범적 발달과 동시에 비규범적 발달을 다루고, 개인과 가족의 현재와 미래의 욕구를 충족시켜 주어야 한다. 이를 위해서는 다양한 학문의 전문가들과 연대가 필요하며, 그렇게 할 때 교육참가자들에게 보다 실제적인 도움을 줄 수 있다.

한편 현대사회에서는 비혼, 무자녀 가족과 같이 개인과 가족이 비규범적인 발달을 경험하는 경우가 점점 많아지는데, 이들이 우리 사회에서 당당하게 자기 목소리를 내기 위해서는 다름에 대한 수용과 다양한 가치관이 존중되어야 하므로 가족생활교육도 사회 변화에 따라 다양한 가치관을 수용하고 새로운 가족 가치관을 형성하는 데 기여해야 한다. 또한, 가족생활교육은 개인과 가족에게 가족생활과 관련된 새로운 지식, 기술과 정보 등을 제공해야 할 뿐 아니라 스트레스, 불안 등의 해소와 안정감, 격려 등을 제공하여 가족이 건강한 가족으로 자리매김하는 데 도움을 주어야 한다.

2. 가족생활교육 프로그램 개발과 실시

가족생활교육 프로그램 개발과정은 학자들에 따라 다양하게 구분되고 있으나, 일반적으로 3단계 또는 4단계로 설정하는데, 여기서는 계획, 수행/실행, 평가의 3단계로 나누어 살펴보고자 한다.

프로그램 개발과정은 각각 독립적으로 분리되어 존재하는 직선적인 관계가 아니라 서로 밀접하게 연관되는 동적이고 순환적인 과정이다(한국청소년개발원, 1997).

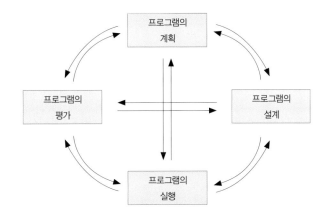

그림 11-1 프로그램의 과정과 단계들 간의 상호작용

자료: 한국청소년개발원(1997), 프로그램의 개발과 운영, p.44.

1) 교육프로그램의 계획

(1) 교육요구 분석

가족생활교육자는 프로그램 개발에 앞서 잠재적 학습자가 어떤 교육욕구를 가지고 있는지 파악하고 분석해야 하며, 그러한 분석을 바탕으로 프로그램을 개발해야 한다. 교육대상자들의 욕구분석을 통해 그들의 현재 상황에 대한 기초자료를 확보할 수 있고 교육목표를 설정하는 기초를 마련할 수 있기 때문에 학습자들의 교육요구를 분석하는 일은 프로그램 개발에 있어서 매우 중요하다.

헤논과 아커스(Hennon & Arcus, 1993)는 가족생활교육의 질은 욕구에 대한 정확한 조사에서 기인되므로 특히 질적인 욕구분석이 필요하다고 하였다. 한편 피교육자들의 욕구뿐만 아니라 가족생활교육의 질 향상을 위해서는 전문가들의 욕구도 함께 고려되어 교육내용에 균형이 이루어져야 함을 강조하였다.

교육욕구를 분석하는 방법에는 크게 형식적 방법(질문지법, 면접법 등)과 비형식적 방법(전문가나 관련기관 종사자들과의 대화, 인구조사보고서 등의 기록물, 대중매체의 각종 보도자료, 관찰법 등)으로 구분할 수 있는데, 개발할 프로그램의 유형, 학습자의 속성, 개발자가 이용할 수 있는 자원 등을 고려하여 적절한 방법을 선택하도록 한다. 또한, 교육내용뿐 아니라 교육방법에 관한 요구도 함께 분석하여 반영하도록 한다.

(2) 프로그램 목표 선정

프로그램을 개발하기 위해서는 우선 프로그램의 전체 목적 및 각 단계의 목표를 설정해야 한다. 프로그램의 목적과 목표는 교육의 방향성을 제시하고, 교육내용 선정의 기초가 되며, 평가의 기준을 제공하기 때문에 프로그램 개발에 있어서 매우 중요한 의미를 갖는다.

프로그램의 목적은 그 프로그램이 최종적으로 추구하는 궁극적인 지향점으로, 장기적이고 광범위한 교육활동의 방향성을 제시한다. 반면 목표는 목적을 달성하기 위하여 회기별로 성취하여야 할 회기별 성취점으로, 회기가 지향하는 교육내용상의 결과를 말한다. 따라서 진술을 할 때도 목적은 다소 추상적이고 포괄적인 용어를 사용하는 데 반해 목표를 진술할 때는 행동의 측정이 가능한 용어를 사용해야 한다.

목적과 목표를 설정할 때는 학습자들의 개인적인 욕구나 필요가 충족될 수 있도록 그들의 욕구를 충분히 반영하여야 하며, 사회적 요구도 반영하여야 한다(오윤자, 1998).

(3) 프로그램 내용 선정

목표가 설정된 후에는 학습자에게 제공할 교육내용이 선정되어야 한다. 가족생활교육이 다루는 분야는 매우 다양하기 때문에 교육의 주제와 내용도 다양하게 구성될 수 있다.

가족생활은 다양한 관계 속에서 이루어지며, 따라서 가족생활교육은 이러한 다양한 가족관계가 행복하고 건강하게 유지될 수 있는 내용을 다루게 된다. 즉 부부관계, 부모자녀관계, 형제자매관계, 조부모·손자녀 관계 등에 대해 다루게 된다. 그리하여 이런 관계들의 관계 맺기와 유지의 기본으로써의 의사소통, 갈등 해결, 친밀감 증진 등을 기본적으로 다루게 된다.

또한, 가족생활주기별로 신혼기 가족에서 노년기 가족까지 그들의 발달과업 달성을 도와주는 내용과 함께 미래 가족생활주기의 발달과업을 미리 준비하는 내용도 포함된다. 월(Walls, 1993)은 가족생활교육은 학습자들의 발달단계를 평가하여 그들의 발달적 욕구를 충족시켜 주어야 하며, 이와 함께 새로운 발달단계로 나아가는 데 자신감을 제공해 주는 내용을 선정해야 한다고 하였다. 한편 최근 우리 사회에 증가하고 있는 무자녀가족, 한부모가족, 재혼가족, 분거가족, 조손가족, 다문화가족 등 다양한 가족들의 적응을 돕고 건강한 가족으로 자리매김하는 데 도움을 주는 내용도 다루게 된다.

따라서 가족생활교육의 내용은 궁극적으로는 '건강한 가족'의 개념을 지향하게 된다. 즉 가족생활교육은 모든 가족은 잠재적인 성장 가능성을 지니고 있으므로 가족의 문제보다는 가족의 잠재력 개발과 성장에 초점을 두어 개인과 가족의 강점을 지지하고 강화함으로써 문제 해결능력을 증진시켜 문제를 미연에 예방한다. 또한, 건전한 시민의식 고취, 자원봉사 참여를 통한 지역사회 공동체 의식의 함양 등 사회의 안정과 발전에 기여하는 내용을 다룸으로써 건강한 가족이 우리 사회를 건강하게 만드는 뿌리가 되도록 한다.

한편 미국의 가족관계학회에서는 가족생활교육의 다양한 주제영역을 표 11-1과 같이 제시하고 있는데(정현숙, 2007, 부분 수정하여 재구성), 이러한 주제들이 가족생활교육에서 다룰 수 있는 교육내용들이다.

교육프로그램의 내용을 선정할 때는 다음과 같은 원칙들을 고려해야 한다. 첫 번째는 목적/목표와의 일관성으로, 프로그램의 내용은 목적/목표가 제시하는 내용을 다루어야 한다.

두 번째는 학습자들의 능력 수준과 흥미에의 적합성으로, 특히 성인교육에 있어서는 교육내용이 교육대상자들의 흥미와 필요에 바탕을 두어야 교육의 효과를 높일 수

표 11-1 교육대상별, 가족 유형별 가족생활교육의 다양한 주제

주제	교육내용
사회 속의 가족	• 가족과 사회(교육, 직업, 정부, 종교 등)와의 관계에 대한 이해 　– 다양한 가족구조와 기능　　　　　– 친족관계 　– 가족사　　　　　　　　　　　　– 이성교제, 구혼 과정, 배우자 선택 　– 사회문화적 다양성　　　　　　　– 성 역할의 변화 　– 직장과 가족 간의 호혜적인 영향 　– 가족에 관한 현재와 미래의 인구학적 경향 　– 중요한 사회기관들과 가족과의 호혜성
가족 역동성	• 가족의 강점과 약점 이해, 가족원들 간의 상호작용 방식에 대한 이해 　– 협력과 갈등을 포함하는 내적인 사회화 과정 　– 부부와 부모자녀 간의 의사소통　　　– 갈등 관리 　– 의사결정과 목표 설정　　　　　　　– 가족 안에서의 규범적인 스트레스 　– 가족스트레스/위기(이혼, 재혼, 사망, 경제적 어려움, 폭력, 약물남용 등) 　– 특별한 요구가 있는 가족(장애우, 입양, 이민, 군인, 저소득, 재혼가족 등)
인간 성장발달	• 가족생활주기별 가족원의 발달 변화와 적응과정의 욕구 충족에 대한 이해 　– 신체 발달에 대한 이해　　　　　　– 정서 발달에 대한 이해 　– 지적 발달에 대한 이해　　　　　　– 도덕적 발달에 대한 이해 　– 사회성 발달에 대한 이해 　– 성격 발달에 대한 이해
인간의 성	• 건강한 성적 적응을 위한 가족생활주기별 성적 발달의 생리적·심리적·사회적 특성 이해 　– 출산과 관련된 생리학　　　　　　– 정서적이고 심리적인 측면에서의 성관계 　– 성적 행동　　　　　　　　　　　– 성적인 가치와 의사결정 　– 가족계획　　　　　　　　　　　　– 대인관계에서의 성관계의 영향 　– 성기능 장애
대인관계	• 대인관계의 발달과 유지에 대한 이해 　– 자기 자신과 타인에 대한 이해 　– 친밀감, 사랑, 낭만에 대한 이해 　– 관심, 존중, 성실성과 책임감을 갖고 관계 맺기 　– 듣기, 공감하기, 자기 노출, 문제해결, 갈등해결 등과 같은 대인간 의사소통 기술
가족자원관리	• 자원(시간, 돈, 물적 자산, 에너지, 친구, 이웃, 공간 등)의 할당과 발달을 위한 개인과 가족의 의사결정 이해 　– 목표, 자원, 계획, 의사결정, 수행 등의 개념 이해 　– 가족생활주기에 따라 변화하는 가족자원관리와 다양한 가족유형에 대한 다양한 　　관심에 대한 이해
부모교육	• 부모가 아동과 청소년을 어떻게 가르치고 지도할 것인가에 대한 이해 　– 과정으로서의 양육　　　　　　　　– 부모의 권리와 책임 　– 생애주기에 따른 부모 역할　　　　– 부모 역할 실제에서의 다양성

(계속)

주제	교육내용

가족법과 공공정책	• 가족의 지위에 영향을 주는 법과 가족의 법적 정의에 대한 이해
	   – 가족법의 역사적 발전에 관한 이해 – 공공정책이 가족에게 미치는 영향력
	   – 결혼, 이혼, 가족의 지원, 자녀양육, 자녀보호와 권리, 가족계획에 관한 법

윤 리	• 인간의 사회적 행동특성, 윤리적 문제와 이슈에 대한 비판적 분석능력
	   – 사회적 태도와 가치 구조의 이해 – 가치 선택으로 인한 사회적 결과의 이해
	   – 가치의 다양성과 가치 선택의 복잡성 인정과 존중

자료: 정현숙(2007), pp.58–59에서 부분 수정.

있다. 따라서 학습자들의 욕구분석에 기초해 그들의 흥미와 요구에 따라 교육내용을 선정하여야 한다.

세 번째는 지도 가능성의 검토로, 아무리 좋은 교육내용이라도 현실적으로 교육을 실시하기가 불가능하다면 교육내용으로 적절하지 못하다. 따라서 학습자들의 능력과 선행활동 경험, 실시기관의 시설이나 도구 등을 고려하여 교육내용을 선정하여야 한다.

네 번째는 '일 경험 다목적의 원리'로 한 가지 경험을 통해 여러 목표를 달성할 수 있는 활동이나 내용을 선정하는 것을 말한다. 예를 들어 '가족에게 편지쓰기' 활동은 자신에 대한 반성과 가족애의 확인, 가족에 대한 다짐(약속) 등의 여러 효과를 얻을 수 있는 이점이 있다.

다섯 번째는 실용성으로, 개인이나 가족, 사회적 요구에 적합하여 현실적으로 적용될 수 있는 내용과 활동이어야 한다. 즉 교육에서 제공하는 지식과 기술은 학습자들이 생활 속에서 실제적으로 도움을 받을 수 있는 내용이어야 한다.

여섯 번째는 지역성으로, 거주지역에 따라 학습자들의 욕구, 흥미, 능력 등에 차이가 있으므로 교육참가자들의 거주지역을 고려한 내용을 선정함으로써 교육의 효과를 높이도록 한다.

다음은 교육내용을 조직할 때 고려해야 할 사항으로 첫 번째는 계속성의 원리로, 중요한 내용이나 기술은 단 한 번에 끝내지 말고 계속해서 반복·제시하도록 한다.

두 번째는 계열성의 원리인데, 내용의 종적 조직에 관한 것으로 선정된 내용들의 단계성과 상호관련성을 고려함으로써 학습자들이 체계적으로 학습할 수 있도록 조직하는 것을 말한다. 즉 선행 경험이나 이미 배운 내용을 기초로 하여 다음 경험 또는 내용이 전개되어 점차적으로 깊이와 넓이를 더해 갈 수 있도록 내용을 조직하는 것을 의미한다. 예를 들면 단순하고 구체적인 내용에서 복잡하고 추상적인 내용으로, 쉬운 활동에서 어려운 활동으로 연결 짓는 경우이다.

세 번째는 통합성의 원리로, 교육내용을 조직할 때 제시되어 있는 소주제들이 서로 분리·독립되는 것이 아니라 보다 넓은 범주나 다른 주제와 통합되는 것을 의미한다. 즉 프로그램의 각 단계에서 제공된 활동, 지식, 정보 등이 의미 있게 통합되어 보다 높은 목표를 성취하는 데 기여해야 함을 말한다.

(4) 프로그램 방법 선정

교육내용을 선정한 후에는 그에 알맞은 교육방법을 선정해야 한다. 교육방법은 학습자의 특성, 집단 크기, 활동의 목표와 내용, 활용자원의 가용성, 교육자의 능력 등에 따라 달라질 수 있다.

교육방법을 선정할 때는 다음과 같은 점에 유의해야 한다.

첫 번째는 현실성의 원리로, 교육방법은 지역적·시대적·사회문화적인 상황에 적합한 것이어야 한다. 즉 현실생활에서 구체적으로 적용할 수 있는 방법이어야 하며, 활동의 결과 역시 생활 속에서 즉각적으로 사용될 수 있는 것이어야 한다.

두 번째는 다양성의 원리로, 한 가지 방법만을 사용할 것이 아니라 학습자들의 다양한 감각기관을 사용할 수 있는 방법을 활용하는 것으로, 예를 들어 다양한 시청각 매체를 활용하면 교육의 효과를 높일 수 있다.

세 번째는 적절성과 효율성의 원리로, 시간적·경제적인 측면에서 교육방법이 효율적인가를 고려하여야 한다.

네 번째는 자발성의 원리로 학습자들의 적극적인 참여를 유도할 수 있는 방법을 선정하여야 교육의 효과를 높일 수 있다. 강의만으로 교육을 진행하기보다는 학습자들이 능동적으로 참여할 수 있는 토론, 만들기, 역할극 등을 활용하는 방법이 그 한 예이다.

(5) 프로그램 홍보

개발된 가족생활교육 프로그램을 성공적으로 실시하기 위해서는 잠재적인 학습자들에게 이를 널리 알리는 홍보가 매우 중요하다. 렌즈(Lenz, 1980)는 교육프로그램 개발과정을 5단계로 설명하면서, 3단계를 마케팅 캠페인의 개발단계로 설정함으로써 프로그램 홍보의 중요성을 강조하였다.

교육프로그램을 홍보할 때 고려할 사항은 다음과 같다.

○ 대상이 되는 학습자들에게 알맞은 일상적인 용어를 사용한다.

○ 수강대상자들이 볼 수 있거나 자주 이용하는 장소/공간에 홍보물을 비치한다.

○ 두 가지 이상의 홍보방법을 사용하며 다양한 매체를 활용하는 것이 효과적이다.

○ 홍보 시점(timing)을 고려한다. 일반적으로 한 달 전부터 지속적으로 홍보하는 경우가 많다.

○ 추가정보를 위하여 연락 가능한 전화번호와 프로그램의 후원자나 관련단체를 밝힌다.

○ 교육에 참여함으로써 참석자들이 어떤 이익을 얻을 수 있는지를 설득력 있게 홍보한다.

○ 홍보를 위한 교육프로그램 안내서에는 다음과 같은 항목들이 포함되어야 한다.

　　– 프로그램 명: 단순하며 외우기 쉽고 인상적이게

　　– 개요: 강사이름, 교육장소, 교육기간, 교육시간, 비용, 참가비 등

　　– 프로그램 설명: 교육내용의 개요

　　– 강사의 약력 등

2) 교육프로그램의 수행/실행

프로그램 수행은 교육자가 실제로 프로그램을 실시하여 의도한 목적과 목표를 달성해 나가는 과정으로, 프로그램에 생명을 불어넣는 중요한 과정이다(한국청소년개발원, 1997).

(1) 프로그램 실시방법

프로그램 실시 시 고려해야 할 사항은 먼저 다양성의 원리로 프로그램을 실시할 때는 교육참가자들의 연령, 성별, 계층, 직업유형, 가족유형 등의 다양성을 고려하여 실시하여야 한다(이연숙, 1998; 차갑부, 1993; Hughes, 1994). 예를 들어 취업주부인 경우 평일 낮의 교육프로그램에는 참여할 수 없으므로 평일 야간이나 주말에 프로그램을 실시해야 한다.

두 번째는 상호학습의 원리로, 특히 성인들은 풍부한 경험을 소유하고 있으므로 서로의 경험을 나누는 자율적인 방식으로 프로그램을 실시하여야 한다(김충기 · 정채기, 1996; 정지웅 · 김지자, 1986; 차갑부, 1993; Doherty, 1995; Hughes, 1994; Lenz, 1980). 즉 교육자의 일방적인 강의보다는 교육자와 학습자 그리고 학습자 상호간의 경험을 공유할 수 있어야 한다.

세 번째는 참여교육의 원리로 학습자의 자율적인 참여를 장려해야 한다(차갑부, 1993). 이러한 학습자의 자발적인 참여를 통한 상호간의 경험의 공유와 감정의 소통은 대규모 집단에서는 이루어질 수 없으므로 가족생활교육에서는 소집단 수업을 권장한다.

소집단 수업은 다양한 인간적 경험을 가능케 하는 사회화 과정의 실험장으로 교육참가자들 간의 상호이해와 수용을 가능하게 하여 참가자들의 만족도 및 안녕에 긍정적인 효과를 가져다준다. 특히 지속적인 상호교류와 토론을 통해 창조적인 사고를 기를 수 있으며, 개인의 잠재적 능력과 특성을 개발해 내고 이를 인정하는 과정을 통해 학습자들에게 성취감과 긍정적 자아개념을 심어 줄 수 있다(한국성인교육학회, 1998). 한편 대부분의 연구자들은 10명 이내가 소집단 적정인원임을 제시하고 있다(Hennon & Arcus, 1993; Small & Eastman, 1991).

프로그램을 실시하는 데 있어서 가장 좋고 유일한 방법은 있을 수 없다. 프로그램을 실시하는 방법은 교수자 주도형 학습방법(강의법, 강연법, 시범법 등), 토론형 학습방법(대좌식 토론, 원탁토의법, 심포지엄 등), 체험학습법(집단과제법, 현장학습법, 실험실습법, 역할극, 연습법 등) 등으로 나누어지는데(이연숙, 1998), 대부분의 가족생활교육 프로그램에서는 이들이 혼합되어 사용되고 있다.

한편 프로그램의 교육적 효과를 높이기 위해서는 긍정적인 피드백의 제공과 비경쟁적이면서 비압력적인 교육 분위기의 조성이 요구된다(이연숙, 1998; Lenz, 1980). 특히 성인들은 자신의 경험과 관련된 학습방법과 자기주도적 학습을 선호하므로 교육자는 일방적인 강의를 하기보다는 공동학습자, 활동조정자, 격려자, 촉진자로서의 역할을 해야 한다.

(2) 프로그램 실시

프로그램의 내용이나 대상 등에 따라 실시방법이 다양하겠지만, 일주일에 한 회기씩 정기적으로 실시하는 경우가 가장 보편적이다. 프로그램의 각 회기는 도입, 강의 또는 활동 그리고 종결 단계를 거치게 된다. 한 회기의 최적시간은 보통 1시간에서 2시간 정도인데, 몇몇 학자들은 교육참가자들의 학습능률을 높이기 위해서는 충분한 시간적 배려가 있어야 한다고 주장한다(김충기 · 정채기, 1996; 정지웅 · 김지자, 1986).

① 도입 단계

프로그램 첫 회기의 도입 단계에서는 프로그램 참여를 환영하고 참가자들에게 학습의욕을 고취시키며 사전평가가 필요한 경우 실시한다. 또한, 프로그램 전체에 대한 오리엔테이션과 교육자와 참가자의 소개 등을 통해 교육자와 참가자, 참가자 상호간의 유대관계를 형성한다. 한편 각 회기별 도입 단계에서는 전 회기의 정리와 과제 확인, 이번 회기의 주제 등에 대해 간략히 소개하는 시간을 갖는다.

② 강의 또는 활동 단계

각 회기마다의 목표가 명확히 인식되고 그에 따라 교육내용을 진행시켜 가는 활동 중심의 단계이다. 교육자는 프로그램 운영에 있어서 탄력성을 가져야 하는데, 진행 과정에서 계획을 수정해야 하는 상황이 되면 계획된 내용을 조정할 필요가 있다. 한편 교육자는 상황에 따라 격려자, 공동학습자, 활동조정자 등 다양한 역할을 수행해야 한다.

③ 종결(정리) 단계

각 회기에서 교육하고 학습한 내용을 정리하고 결론짓는 단계로, 각 회기의 목표에 대한 재인식의 시간과 과제 부여, 각 회기의 교육효과를 측정하는 시간을 갖는다. 한편 프로그램의 마지막 회기에서는 프로그램 전체에 대한 평가와 수료증 수여, 추후 프로그램 공지 등이 이루어진다.

3) 교육프로그램의 평가

프로그램의 평가는 프로그램의 장점과 가치를 파악하기 위해, 목표 달성 정도를 파악하기 위해 그리고 프로그램의 효과와 영향력을 파악하기 위해 이루어진다(한국청소년개발원, 1997). 프로그램의 평가는 양적인 방법(예: 설문조사)과 질적인 방법(예: 면접) 그리고 이 두 가지를 혼합해 사용하는 방법 등으로 구분할 수 있는데, 양적·질적 방법의 상대적 효율성에 대한 학자들의 논쟁이 계속되고 있다.

퍼스트와 왜이(First & Way, 1995) 그리고 분(Boone, 1997)은 질적 평가의 필요성을 주장하고 있는데, 이들은 프로그램이 의도한 효과만이 있는 것이 아니라 목표로 하지 않았던 효과도 얻을 수 있으므로 질적 평가를 통해 양적 평가로 밝힐 수 없는 참가자들의 다양한 경험을 밝힘으로써 프로그램의 효과를 극대화시킬 수 있을 뿐만 아니라 새로운 프로그램의 개발과 수행에 중요한 자료를 얻을 수 있다고 하였다. 따라서 프로그램의 목표 달성 여부와 효과에 대한 평가는 양적 평가와 질적 평가가 함께 이루어져 객관적이고 주관적인 측면에서의 종합적인 분석이 필요하리라 생각되며, 이를 통해 후속 프로그램 개발을 위한 실증적인 자료를 얻는 효과도 기대된다(송말희, 2006).

한편 휴(Hughes, 1994)는 프로그램의 설정 단계에서 학습자들의 욕구가 고려되었는지에 대한 평가, 실제 실시과정에서 각 회기마다의 종결과정에서의 평가, 단기간의 목표 달성 여부에 대한 평가, 프로그램의 장기간의 영향력 평가 등 평가가 연속적으로 이루어져야 함을 강조했다. 대부분의 연구자들(유영주·오윤자, 1988; 최규련, 1997; Hennon & Arcus, 1993)이 공통적으로 프로그램 자체에 대한 평가, 프로그램 효과성에 대한 평가, 교육실시자에 대한 평가 등이 이루어져야 한다고 하였다.

(1) 프로그램 자체에 대한 평가

프로그램 전체의 목적과 각 회기의 목표와의 관련성, 각 회기의 목표와 교육내용과의 관련성, 각 회기의 교육내용과 각 회기의 활동과의 관련성 그리고 참가자의 수준에 알맞는 교육방법과 교육내용이었는지, 강의와 활동 간의 시간배분의 적절성 등에 대한 평가가 필요하다. 각 회기의 종료 후 또는 전체 프로그램 종료 후에 이러한 점들을 평가하여 추후 프로그램의 수정을 위한 자료로 활용한다.

(2) 프로그램 효과에 대한 평가

프로그램이 의도한 방향으로 참가자가 변화한 정도가 그 프로그램의 효과를 의미한다. 프로그램 효과에 대한 평가는 교육자와 참가자에 의해 실시될 수 있다. 교육자는 목표나 목적에 대한 참가자의 변화 정도를 관찰하여 평가할 수 있으며, 참가자는 각 회기의 종료 시 또는 프로그램 실시 전과 실시 후(사전·사후 평가) 그리고 추후의 1:1 면접(질적 평가)을 통해 평가할 수 있다.

(3) 교육자에 대한 평가

교육자가 프로그램의 목적 달성을 위하여 적절하게 행동하였는가를 평가하는 것으로 참가자의 흥미 및 참여 동기 유발, 교육참가자의 의견 수렴 정도, 교육목표 성취를 위한 의지나 노력, 교수방법, 교수자의 자질과 태도, 사명감, 정직성 등을 평가할 수 있다(한상길, 2001). 한편 교육자 자신이 자신의 수업에 대하여 비판적이고 현실적인 자기점검을 지속적으로 하게 되면 프로그램의 질이 향상될 뿐 아니라 자신의 성장·발전에도 도움이 된다. 예를 들어 교육자는 "교육내용, 예시, 질문 등을 참가자가 이해할 수 있도록 하였는가?", "참가자에게 참여기회를 많이 제공하였으며, 참가자들이 골고루 생각을 나누도록 시간을 공평하게 분배하였는가?", "참가자들이 가장 좋은(나쁜) 반응을 보인 활동(내용)과 방법은? 그 이유는?" 등과 같은 질문을 스스로에게 던져 자기평가를 함으로써 추후 프로그램 실시와 새로운 프로그램 개발에 변화와 개선을 꾀할 수 있다.

이상의 다양한 평가를 통하여 수집된 자료는 기존 프로그램의 수정과 업데이트 그리고 후속 프로그램의 개발 자료로 활용된다.

3. 가족생활교육 프로그램의 예

현재 우리나라에서 실시되고 있는 다양한 가족생활교육 프로그램들 중 건강가정/다문화가족지원센터에서 실시되고 있는 가족생활교육 프로그램들을 중심으로 살펴보면 다음과 같다.

표 11–2 생애주기별 가족생활교육 1 – 예비부부 교육 프로그램

대상	결혼에 관심이 있는 사람, 결혼을 준비하고 있는 사람 누구나
내용	– 우린 달라도 너~무 달라!: 결혼의 의미 및 예비부부간 차이 인식 – 성과 사랑의 달콤한 레시피: 성숙한 사랑의 의미와 성생활에 대한 이해 – 사랑도 통역이 되나요?: 부부갈등 이해 및 갈등해결을 위한 의사소통 학습 – 꼼꼼 점검!! 체크리스트: 결혼생활 준비를 위한 결혼생활 설계

표 11–3 생애주기별 가족생활교육 2 – 신혼기 부부 교육프로그램: 함께 만드는 춘(春)향(香)가(家)

대상	결혼한 지 5년 이내인 신혼기 부부
내용	– 행복한 가(家)?: 가족의 뿌리인 신혼기에 대한 이해와 신혼생활 점검 – 지금 우리는?: 신혼기 부부의 열린 대화와 융통성 있는 역할 수행 – 우리 성(性)적표!: 성에 대한 솔직한 소통을 통한 부부가 함께 만족하는 성 – 애(愛)너지 통장: 신혼기의 가계 관리

표 11–4 생애주기별 가족생활교육 3 – 아동/청소년기 부모교육 프로그램: '금성 자녀와 통하는 화성 부모'

대상	– 부모 교육에 관심 있는 누구나 – 특히 청소년기 10대 자녀가 있는 부모
내용	– 앗! 말이 오고가요: 부모–자녀 간 효과적인 대화방법 – 부자 아이 만드는 부자 부모 되기: 자녀의 소비생활 지도방법 – 컴퓨터 통하는 부모, 즐기는 아이: 자녀의 컴퓨터 중독 예방방법 – 공부·진로 코치로서의 부모: 자녀의 학습 진로 및 지도방법 – 스스로 삶의 주인공이 되는 자녀와 부모: 자녀의 생활설계 지도방법

표 11–5 생애주기별 가족생활교육 4 – 중년기 가족생활교육 프로그램 :´노후를 우아하게 준비하는 법´

대상	50대 퇴직 전후의 중년부부가 주 대상이며, 은퇴 준비에 관심이 많은 30~40대도 참여 가능
내용	– 지피지기면 백전백승: 나의 경제상태 이해하기 – 위기는 성공의 발판: 노년기 경제적 문제와 극복방안 모색 – 지혜로운 소비생활 만족 프로젝트: 현명한 소비생활에 대한 이해 – 성공한 농촌생활, 행복한 전원생활: 중년 농업가계 경제적 문제의 원인과 해결방안 – 갱년기라 힘들다고요? 난 아니랍니다!: 중년기 남녀의 갱년기 변화 – 황혼이혼! 우린 그럴 일 없어요!: 결혼을 지속케 하는 부부관계 향상 방안 – 다 퍼주지 않아도 존경받는 부모 되기: 성인자녀와의 관계 적응 – 노부모님의 건강과 행복을 위하여: 노부모와의 건강한 가족생활 전략

표 11–6 생애주기별 가족생활교육 5 — 노년기 가족교육 프로그램

대상	65세 이상 75세 이하 노인 부부 또는 개인
내용	– 마음을 여는 대화: 노인! 또 다른 나라, 마음을 여는 대화법, 생산적 가족관계 만들기, 성공적인 노년을 위한 실천방법 – 아름다운 마무리: 이별을 준비해야 하는 까닭, 용서와 화해와 감사, 존엄한 죽음을 위하여, 남기고 싶은 이야기 – 건강생활: 나는야~ 모범영양사, 남몰래 몸짱 되기, 스스로 챙기는 건강, 우아한 노후를 위한 정신건강 – 소비생활: 이런 경험 처음이세요?, 나두 알만큼 알아유~, 괘씸한 넘들을 피하는 법, 세련된 실버세대의 노련한 쇼핑법

표 11–7 아버지 교육프로그램 1 – 초보아빠수첩

대상	– 자녀를 임신한 아버지부터 영유아기자녀를 둔 아버지 누구나 – 생활 속에서 필요할 때마다 활용·가능하도록 여성가족부에서 소책자 형태로 만들어서 배포함
내용	– 준비됐나요?: 아빠 되기 자기 진단 및 아빠의 다짐 – 뱃속 아기와 만나기: 나의 아내, 우리아기, 아빠가 하는 태교 등 – 함께 크는 가족: 아기의 성장, 영유아 삐뽀삐뽀, "육아만만" 자신돌보기 등 – 작지만 큰 실천: 육아고수는 이렇게, 아빠의 사랑 한마디, 아내에게 주는 쿠폰 등 – 이럴 땐 이렇게: 울음, 식사, 고집, 배변, 동생의 탄생, 우리아이 달래기 등 – 힘이 되는 정보: 출생신고 하는 법, 알아두면 도움이 될 제도 등

표 11-8 아버지 교육프로그램 2

대상	– 아버지들 누구나 – 특히 자녀 연령이 미취학, 초등학교 재학, 중·고등학교 재학 중인 아버지가 주요 대상 – 기업의 남성 직원 대상으로 찾아가는 교육으로도 실시 가능
내용	– 남성 그리고 가족(이 남자가 사는 법): 한국 사회 남성의 생활세계 특성, 일 중심 남성의 일생생활과 그 문제, 가족구성으로서의 남성의 정체감, 일과 가족에서 균형 찾기 – 돌봄노동과 남성(돌봄노동의 주인 되기): 돌봄노동의 이해, 남성의 돌봄노동 참여 실태와 유형, 돌봄노동의 남성 참여 이유, 참여를 위한 노력 – 아버지 역할(아빠자격증, 취득하셨나요?): 부모 역할, 아버지 역할, 아버지와 자녀와의 관계, 아버지의 돌봄노동 참여 증진을 위한 방안 모색

표 11-9 가족성장 아카데미 프로그램

대상	건강하고 행복한 가정생활을 누리고 싶은 사람 누구나
내용	– 몸매 가꾸듯, 가정도 가꾸어요. – 우리 가정, 건강한가? 컨설팅 해봐요. – 부부 행복지수 높이기 – 부모와 자녀, 함께하는 행복한 가족을 위하여 – 부모 코치되기 – 부모 코칭에도 기술이 필요하다 – 우리 가족문화, 현명한 의식주 소비생활로 지키기 – 나는 내 생활의 CEO: 시간, 여가자원관리 – 일과 가정, 둘 다 소중해요 – 다양한 가족, 당당한 삶 – 가족과 함께하는 나눔의 행복, 가족자원봉사

4. 가족생활교육의 과제

경쟁이 더 치열하게 될 미래사회에서는 지금보다 가족이 더 중시되고 가족문제의 예방과 가족 강화에 대한 관심이 높아질 것이므로 가족생활교육의 전망은 매우 밝다. 최근 우리 사회에서도 가족에 대한 관심이 고조되고, 특히 건강가정기본법의 시행 이후 건강가정지원센터를 중심으로 다양한 가족생활교육 프로그램들이 보급·실시되고 있다.

하지만 가족생활교육이 보다 전문화되고 활성화되기 위해서는 다음과 같은 부분에 대해 고민하고 이를 개선하기 위한 노력을 기울여야 한다.

첫째, 최근 가족생활교육이 남성을 대상으로 하는 경우가 증가하고 있긴 하지만, 아직도 주 교육대상이 여성인 경우가 많다. 따라서 남성대상의 다양한 교육프로그램을 개발하고 이를 기업과의 연계를 통해 찾아가는 서비스를 제공함으로써 남성대상 교육을 활성화하여야 할 것이다. 특히 현재 남성대상 교육의 주 내용이 부모자녀관계, 즉 부모(아버지) 역할에 치중되어 있으므로 부부관계, 일과 가정의 조화 등과 같은 교육내용을 추가하여 남성 역할을 보다 거시적인 시각에서 다루어야 할 필요가 있다.

둘째, 증가하고 있는 한부모가족, 다문화가족, 재혼가족, 조손가족, 1인 가구 등 다양한 가족들을 위해 그들의 요구에 부응할 수 있는 실제적인 교육프로그램들이 하루빨리 개발되고 실시되어야 한다. 이를 위해서는 이들 가족들의 특성을 연구하고 이들의 입장을 이해하고 존중하면서 프로그램을 실시할 수 있는 전문교육자의 양성 또한, 매우 시급하다.

셋째, 우리 사회의 노인인구가 점점 증가하고 있는 현 상황에서 노년층을 대상으로 한 가족생활교육 프로그램의 개발과 보급이 절대적으로 필요하다. 특히 노인들은 개인차가 심하므로 거주지역, 계층, 가족유형 등을 고려하여 차별화된 프로그램들을 개발·실시함으로써 노년층의 개인·가족의 삶의 질 향상과 나아가 우리 사회의 안정에도 기여하게 되기를 바란다. 아울러 여가시간이 늘어나는 중년층을 대상으로 하는 가족생활교육도 보다 활성화되어야 하며, 특히 최근 자녀들이 결혼을 기피하거나 만혼이 증가하면서 성인자녀와 함께 하는 기간이 점점 길어짐으로 성인자녀와 건강한 관계 맺기와 상생을 위한 부모교육도 필요하다.

넷째, 정보화 사회에 알맞은 새로운 교육방법을 모색해야 할 필요가 있다. 즉 면대면 교육이 아닌 TV, 라디오, 신문이나 잡지, 인터넷, 팸플릿, 소책자, 비디오 등의 다양한 매체를 활용함으로써 가족생활에 관심 있는 사람들은 누구나 쉽게 가족생활교육을 접할 수 있는 기회를 제공해야 한다.

다섯째, 가족생활교육에 한번이라도 참가했던 참가자들은 추후에 다른 가족생활교육 프로그램의 참여로 유도하고, 특히 비규범적 발달과업을 겪는 개인이나 가족들은 교육 참가 후에 자조집단을 구성하도록 하여 그들이 원하는 보다 심층적인 교육 프로그램을 지속적으로 제공하도록 하여야 한다.

여섯째, 청소년기 자녀를 둔 부모나 노년층에서도 성에 관한 교육에 많은 관심을 보이고 교육요구 또한, 매우 높은 실정이지만, 자녀 연령과 가족생활주기에 따른 체계적인 성교육프로그램이 없고 성 교육전문가도 없는 상황이므로 학제적인 연구와 협동을 통하여 체계적인 성교육 프로그램 개발은 물론 전문 교육자를 양성하여야 한다.

마지막으로 가족생활교육은 개인과 가족의 삶의 질 증진 나아가 사회문제 예방에 기여하는 목적을 갖고 있으며 가족생활교육사는 교육참가자들과 직접적으로 상호작용하면서 가족생활교육의 목적 달성에 중추적인 역할을 하게 된다. 따라서 이러한 역할을 제대로 수행할 수 있는 전문적인 가족생활교육사를 양성하는 일은 매우 시급하다. 이를 위해서는 대학과 가족 관련 학회의 노력뿐 아니라 정부 차원에서 가족정책의 실천분야로써 가족생활교육의 중요성을 인식하여 많은 관심과 적극적인 지원을 해야 한다.

1. 노인인구의 증가로 노인들의 삶의 질 향상이 곧 우리 사회의 안정에 기여하게 된다. 노년기 가족이 행복하고 건강한 가족을 유지하기 위해서는 가족생활교육에서 이들을 대상으로 어떤 교육내용을 다루어야 할지 생각해 보자.

2. 최근 건강가정지원센터에서 다양한 가족생활교육 프로그램들을 실시하고 있다. 더 많은 사람들이 교육프로그램에 참여하여 가족성원 개개인이 잠재력을 개발하고 가족이 삶이 질을 높이며, 나아가 우리 사회가 건강해지기 위해서는 프로그램의 홍보가 매우 중요하다. 가족생활교육 프로그램을 홍보할 수 있는 다양한 방법에 대해 생각해 보자.

3. 정보화 사회에서는 다양한 매체를 이용하여 가족생활교육의 효과를 더 높일 수 있다. 각각의 매체에 적합한 가족생활교육 내용과 교육방법에 대해서 구체적으로 생각해 보자.

12

가족상담

오늘날 가족들은 전통사회와 달리 급변하는 사회문화와 규범에 적응하는 과정에서 스트레스와 문제들을 경험하고 있다. 역기능적인 의사소통, 부부갈등, 자녀양육, 역할갈등과 같이 보편적인 문제들도 있지만 이혼, 재혼, 외도, 가족폭력, 중독 등과 같이 가족 유형의 변화나 특수한 주제들과 관련한 문제들이 증가하고 있다. 또한, 원가족의 상처, 세대간 갈등 및 발달장애, 가출, 비행, 입시스트레스와 같이 자녀들이 발달단계에서 겪는 문제들도 계속되어 왔다.

그런데 기능적이고 적응적인 가족들이 있는 반면에 문제의 압박과 스트레스를 견디지 못하고 심리·정서적인 문제와 장애들을 경험하는 가족들도 많다. 이러한 시점에서 예방 차원의 가족생활교육이 실시되고 있지만, 문제해결을 위한 가족상담의 필요성이 증대되고 있다. 특히 가족상담은 문제나 어려움을 호소하는 한 개인만을 대상으로 하는 것이 아니라 부부, 부모자녀, 형제관계의 가족역동을 다루면서 가족문제의 감소와 가족 기능의 강화에 초점을 두기 때문에 단기간에 상담의 효과를 기대할 수 있다는 것이 장점이다.

1. 가족상담에 대한 이해

1) 가족상담의 정의

가족상담은 가족을 하나의 체계로 보며, 그 체계 속의 상호 교류양상에 개입함으로써 개인의 증상이나 행동에 변화를 가져오도록 추구하는 접근법을 의미한다(김유숙, 2002).

2) 개인상담과 가족상담의 차이

개인상담과 가족상담의 차이를 문제나 장애의 원인, 상담 개입대상, 상담내용, 상담기간 등 몇 가지 차원에서 살펴보면 아래와 같다.

(1) 문제와 장애의 원인

개인상담은 문제나 장애의 원인을 한 개인에서 찾으나 가족상담은 부부나 부모자녀 체계와 같은 가족체계, 더 나아가 사회체계에서도 문제의 원인을 찾는다. 대학에 잘 다니던 자녀가 우울증이 발병하여 휴학을 하는 경우가 있다. 이때 개인상담에서는 우울증의 발병원인을 그 자녀가 우울증에 걸릴 만한 성격적인 부분이나 스트레스 관리를 잘 하지 못했을 것이라는 것과 같은 개인 내적인 부분에서 그 원인을 찾는다.

그러나 가족상담에서는 자녀의 우울증 발병 시기에 부모와의 의사소통은 어떠했는지, 부부 갈등과 결혼생활 불만족이 자녀에게 영향을 주지는 않았는지 등의 가족관계에서 문제의 원인을 찾는다. 더 나아가 부모가 직장에서 은퇴를 했거나 새로운 사업을 시작하면서 경제적 어려움으로 인해 학교를 자퇴해야 할 것 같은 상황에 처하여 자녀가 고민을 하고 있지는 않은지 등에 대한 IP[1] 가족의 사회상황까지도 가족평가에 넣는다. 가족상담을 하려면 개인에게서 문제의 원인을 찾는 개인적인 결함모

---

1) IP(identified patient): 문제를 보이는 환자

형에서 관계와 관계 사이의 역기능을 파악하는 대인관계적인 모형으로 개념을 변화시켜야 하며(김유숙, 2002), 사회체계까지도 고려해야 한다.

(2) 상담 개입대상

개인상담은 문제나 장애가 있는 한 개인을 상담의 개입대상으로 한다. 예를 들어 학습장애나 도벽이 있는 아동이 있다고 하자. 개인상담에서는 상담의 개입대상이 그 아동만을 상담하는 것으로 충분하다. 그러나 가족상담에서는 IP뿐만 아니라 가족구성원들도 상담의 개입대상이 된다. 즉 아동의 문제행동에 영향을 주고받는 가족구성원들이 있다면 가족상담의 개입대상이 된다. 그러나 반드시 가족 전원(whole family)이 상담을 받아야 하는 것은 아니며, 아동의 문제행동을 가장 효과적으로 감소시키기 위해 가족구성원 중에 개입대상을 선정할 수 있다. 아동이 문제행동을 보이는 가장 큰 원인이 부부 갈등인 경우에는 부부를 상담의 개입대상으로 선정하며, 부모가 자녀를 편애하여 생기는 문제라면 부모가 상담 개입대상이 된다.

(3) 상담내용

개인상담에서는 먼저 개인의 심리 내적인 갈등이나 불안 및 방어기제 등을 상담의 내용으로 다루게 된다. 예를 들어 시험 때가 되면 원형탈모가 생기는 청소년이 있을 때 개인상담에서는 청소년이 심리적으로 시험에 대한 갈등이나 불안을 느끼는 것에 대해 다루게 되고, 시험을 망칠 것에 대한 불안한 감정을 눌러서 생긴 신체화 증상에 의한 원형탈모라면 방어기제도 상담에서 다루게 된다. 가족상담에서는 기본적으로 부부관계, 부모자녀관계에서의 갈등이나 문제 및 가족 간의 의사소통 등을 주로 다루지만, 개인이 겪는 심리적 · 정서적인 문제나 행동의 문제가 가족 간의 상호작용에서 문제가 생긴 경우에는 개인상담보다는 가족구성원들을 개입대상으로 하여 가족상담을 하면 효과가 있다.

(4) 상담기간

개인상담이나 가족상담에 관계없이 접근법에 따라 기간이 달라진다. 즉 정신분석 상담과 같이 심리 내적인 역동을 보는 개인상담은 몇 년까지도 계속되지만, 행동요

법과 같이 역기능적인 행동을 바꾸어주는 것에 초점을 두는 경우에는 10회기 정도로 단기에 끝날 수도 있다. 가족상담도 정신역동적 접근인 보웬(Bowen) 가족상담은 6개월, 1년 이상 상담이 진행되며, 문제해결중심 가족상담의 경우에는 10회기의 단기로도 가능하다.

3) 가족문제의 유형

가족문제의 유형을 몇 가지로 구분해 보면, 가족 간에 역기능적 의사소통, 부부갈등, 자녀양육의 문제, 청소년기 문제 등과 관련한 문제유형들이 있다.

(1) 가족 간 역기능적인 의사소통

가족구성원 전원이 전체적으로 의사소통의 어려움이 있을 때, 가족 전체를 개입대상으로 하여 상담을 하면 효과적이다. 예를 들면 가족들이 부부간, 부모-자녀 간, 형제간 역기능적인 의사소통의 문제로 심한 갈등을 겪는 경우가 있다. 이때 가족들이 상담실에 모두 올 수 있다면, 가족상담사는 한자리에 모인 가족들의 의사소통 패턴을 분석하여 개입함으로써 가족들은 짧은 시일 내에 원활하고 기능적인 의사소통을 할 수 있을 것이다.

(2) 부부문제

부부간에 역기능적인 의사소통, 원가족에서의 상처, 외도, 이혼, 재혼, 폭력, 중독 등으로 인해 발생하는 부부갈등이 있다. 1차적으로 의사소통이 잘 안 되어 더 심한 부부문제가 발생할 수도 있지만, 원가족의 문제나 외도, 중독, 가족폭력과 같은 가족 내 여러 가지 문제들이 있을 때 2차적으로 의사소통의 문제가 발생하는 경우도 많다. 따라서 부부간에 의사소통이 잘 안 되는 경우라도 의사소통만 다루어주는 것이 아니라 부부갈등의 주요인이 무엇인지 파악하여 개입의 순서를 다르게 하는 것이 필요하다.

(3) 자녀양육문제

부모들이 과보호, 권위주의적인 통제와 같은 부정적인 양육행동을 할 때 아동들에게 우울, 불안과 같은 내재화 문제와 비행, 공격성과 같은 외현화 문제를 발생시키며(곽소현, 2005), 부모의 양육행동 불일치는 자녀의 사회불안에 영향을 주는 것으로 나타났다(서경현·유제민·최신혜, 2007). 이로써 부모의 부정적인 양육행동과 불일치의 양육행동은 자녀에게 문제행동을 유발시킬 수 있다는 것을 알 수 있다. 따라서 부모들을 대상으로 상담과 교육을 병행한 양육상담이 필요하다.

(4) 청소년기 문제

청소년기에는 반항이나 자아정체성의 혼란, 학교에서의 부적응, 입시스트레스, 진로, 비행, 게임중독과 같은 청소년기 특유의 문제들이 발생한다. 따라서 청소년기의 문제를 가족상담에서 다루려면 청소년기 발달의 특징과 부모자녀 및 가족 간 역동을 다룰 수 있어야 한다.

2. 가족상담의 접근방법

가족상담의 접근방법은 인식론에 따라 1차 가족상담과 2차 가족상담이 있다. 1차 가족상담인 체계론적 가족상담은 전통적인 가족상담으로 보웬, 구조적, 전략적, 경험적, 사티어(Satir) 의사소통 가족상담 등이 있다. 2차 가족상담인 사회구성주의 가족상담은 포스트모더니즘 가족상담으로 해결중심 가족상담과 이야기 치료가 있다(정혜정, 2004). 1차, 2차 가족상담 내용은 표 12-1에 제시하였다.

1차 가족상담의 지배사조인 모더니즘(modernism)은 구조주의로 대표되며, 거대하고 보편적인 지식이 세상을 지배하며, 진리의 객관성과 보편성을 지식의 근거로 개인이나 가족이 겪는 문제의 성격을 밝혀내는 데 초점을 맞춘다. 2차 가족상담의 지배사조인 포스트모더니즘(postmodernism)은 객관적 지식과 절대적 진리를 인정하는 모더니즘의 신념에 대비되는 개념으로 절대적으로 옳은 기준은 없다고 인식하

표 12-1 1차, 2차 가족상담

분류	지배사조	이론 틀	가족상담이론	체계속성
1차 가족상담	모더니즘	일반체계이론, 블랙박스 모델	Bowen, 경험적, 구조적, Satir 의사소통, 전략적 가족상담	상호의존성, 개방성, 경계, 의사소통, 규칙 등
2차 가족상담	포스트모더니즘	사회구성주의, 구성주의, 블랙박스+관찰자모 델	해결 중심, 이야기치료	자율성, 자기준거성, 구조적 결정, 자기조직, 자기제작

자료: Becvar & Becvar(1997, 2000); Keeney(1983); 정혜정(2004), p.23 재구성.

며, 사실(facts)은 관점(perspectives)으로 대체된다. 또한, 1차 가족상담에서는 체계를 블랙박스(black box)로 보는데, 투입과 산출의 단순한 피드백 과정만 조사하는 것을 의미한다. 블랙박스 시각은 체계를 일방적으로 조절하고 통제하는 입장에 서 있는 것이다(정혜정, 2004).

1) 체계론적 가족상담의 이론적 기초

체계론적 가족상담 접근은 가족의 문제를 체계적 관점에서 평가한다. 즉 체계이론, 사이버네틱스, 의사소통과 같은 이론의 틀에 의해 가족을 기능적인 가족과 역기능적인 가족으로 규정하며, 기능적인 가족이 되는 데 목표를 두고 가족을 상담한다.

(1) 체계이론
① 전체성(wholeness)
1930년대 초 버틸란피(Bertalanffy)가 주장한 체계이론에 근거한 것으로, 체계를 전체로서 인식하며, 체계 한 부분의 변화는 체계 전체의 변화로 이어진다고 보았다.

이것을 가족에 도입하여 가족이라는 전체성에 가족 하위체계[2] 개념을 형성하였다. 즉 가족구성원 한 사람의 변화는 가족 전체의 변화로 이어진다고 가정한다.

② 순환적 인과성(circular causality)

가족구성원의 행동은 원인과 결과의 직선적인 것이 아니라 원인이 결과가 되고 결과도 원인이 될 수 있는 순환적 인과성에 의한 것이다. 예를 들어 자녀가 스스로 숙제를 잘 하지 못하기 때문에 어머니가 숙제를 대신 해주는 것이라고 말한다면, 직선적 인과성을 설명한 것이다. 어머니가 숙제를 대신 해주기 때문에 자녀가 스스로 숙제를 하지 못하고, 숙제도 제대로 못하는 것에 실망한 아버지는 자녀에게 관심을 더욱 갖지 않게 되며, 어머니는 자녀의 숙제를 계속 대신 해주는 것이라고 말한다면, 이는 순환적 인과성을 설명한 것이다.

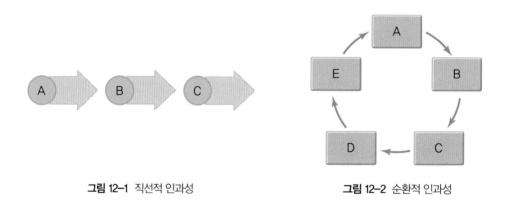

그림 12-1 직선적 인과성   **그림 12-2** 순환적 인과성

③ 항상성(homeostasis)

지속적인 상호작용 가운데 다양한 피드백망을 활용하면서 현재의 평형을 계속 유지하거나 균형을 유지하려는 경향이다. 예를 들어 부부싸움이 있을 때 자녀는 부모가 헤어질까 봐 두려움을 느낀다. 그러면 자녀는 무의식중에 부적절한 관심 끌기(경기, 소변지림 등)를 하여 부모가 자녀를 데리고 응급실을 가게 함으로써 부부싸움을

---

2) 부부 하위체계, 부모 하위체계, 부모-자녀 하위체계, 형제 하위체계 등

일시적으로 중단시키고 부부관계를 유지시키려는 항상성이 나타나는 것이다.

④ 경계(boundary)

체의 주변을 둘러싸고 있는 것이 경계를 만드는 것이며, 물리적인 거리는 정서적인 거리와 관련이 높다. 또한, 가족체계로 설명하면, 가족의 상위체계인 부부체계의 경계와 하위체계인 부모자녀 간 경계의 경직성에 따라 개방체계 혹은 폐쇄체계로 나타날 수 있다.

⑤ 개방체계, 폐쇄체계

유기체는 주변의 다른 체계와 정보와 자원을 교환하게 되는데, 개방체계와 폐쇄체계에 따라 정보교환이나 감정교류 등이 다르게 나타난다. 또한, 개방체계와 폐쇄체계의 개념은 가족체계 내뿐만 아니라 사회체계까지 연결되는 개념이다.

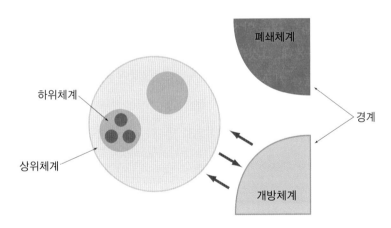

그림 12-3 하위체계, 경계, 개방체계, 폐쇄체계

자료: 김유숙(2002), p.34 재구성.

(2) 사이버네틱스(cybernetic)

사이버네틱스는 수학자 와이너(Weiner, 1948)에 의해 개발되었다. 사이버네틱스에는 피드백망(feedback loops)이라는 제어체계를 가지고 있는데, 제어체계[3]에는

---

3) 제어체계: 제어체계를 잘 설명하는 예로 집안의 자동온도장치를 들 수 있음.

수용기구, 중앙기구, 효과기구가 있으며 이것이 통합되어 하나의 피드백 과정을 형성한다(김유숙, 2002).

피드백망은 체계 간에 입력과 출력이 반복되는 피드백 과정이 존재한다. 출력은 정보를 내보내는 것이고, 입력은 정보를 받아들이는 것이다. 가족 간 의사소통을 예로 들어 설명하면 다음과 같다.

아버지는 단순하게 아들이 용돈을 다 썼는지 궁금하여 질문을 한다. "용돈 다 썼니?" 이 질문이 출력이 된다. 그런데 아들은 평소에 아버지에게 용돈을 낭비한다고 야단을 맞은 적이 많기 때문에 단순한 질문이 비난으로 입력된다. 그래서 아들은 아버지에게 "왜요?"라고 퉁명스럽게 출력을 한다. 그러면 아버지에게 아들이 자신에게 반항하고 있다고 입력된다. 그래서 아버지는 다시 "너는 왜 그러냐?"는 식으로 출력이 나가는 피드백망이 형성된다. 여기에서 아버지와 아들이 비난하고 반항하는 것이 증폭되면 정적 피드백 현상이 일어난 것이며, 싸움이 극한 상황까지 도달하여 중도에서 싸움을 중단하고 끝내면 부적 피드백이 되는 것이다.[4]

가족체계가 건강하다는 것은 안정성과 변화의 두 가지 움직임을 균형 있게 유지하는 피드백망이 존재하는데, 그것은 기능을 잘하고 있다는 것을 의미한다. 가족상담의 대상이 되는 가족들은 가족체계가 유지되기를 원하고 변화를 두려워하는 경우가 많아서 일탈을 증폭시키는 피드백망이 순조롭게 기능하지 못하는 경우가 있는데, 이때 가족 안에서 일어나는 현상을 긍정적으로 받아들여 일탈을 증폭할 수 있도록 하

그림 12-1 제어체계

자료: 김유숙(2002), p.30 재구성.

---

4) 정적 피드백(positive feedback): 제어체계에서 일탈을 증폭시킴.
   부적 피드백(negative feedback): 제어체계에서 일탈을 감소시킴.

는 피드백망의 강화가 변화를 촉진하는 데 도움이 된다(김유숙, 2002).

(3) 의사소통

의사소통(communication)은 라틴어의 communis(공유) 또는 communicare(공동체)라는 뜻이다. 의사소통을 세 가지 관점에서 보면, 메시지를 정보의 송수신과정으로 보는 구조적 관점과, 기호화 및 해독과정으로 보는 기능적 관점, 다른 사람의 행동에 영향을 주기 위해 의도적으로 계획한 행동이라고 보는 의도적 관점이 있다(유영주 · 김순옥 · 김경신, 2013). 가족의 의사소통 분석은 가족상담에 유용하다.

2) 사회구성주의 가족상담의 이론적 기초

사회구성주의 가족상담 접근은 어떤 틀이나 규범으로 가족을 규정하지 않으며, 가족들이 스스로 건강하게 기능할 수 있는 힘이 있다고 믿는다. 또한, 가족들이 어떤 생각을 하고, 어떤 이야기를 하는지 '알지 못한다는 자세'로 귀를 기울인다. 표 12-2에서와 같이 전통적 접근법인 개인 심리치료는 상담자가 전문가로서 권위를 가지고 내담자를 병리적인 시각에서 해석하고 진단하지만, 해결지향적 접근은 상담자와 내담자가 동등한 입장의 평등개념을 가지고 내담자의 자원을 찾아주고 해결하는 상담 개입을 한다. 따라서 전통적 접근은 과거 중심적인 개입을 하지만, 해결지향적 접근은 현재와 미래 중심적인 개입을 한다.

또한, 사회구성주의 가족상담은 언어의 역할과 알지 못한다는 자세를 중요시하는데, 이에 대한 설명은 다음과 같다.

○ 언어의 역할: 상담과정에서 치료적 대화를 통해 상담자와 내담자가 서로 언어적 교류를 하면서 과거와는 다른 새로운 의미를 발견하는 것이다.

○ 알지 못한다는 자세(not-knowing posture): 상담과정에서 상담자가 내담자에게 특정의 대답을 유도하는 정형화된 질문을 하는 것이 아니라 내담자에 대해 순수하게 알고자 하는 동기와 태도로 질문한다.

표 12-2 전통적 접근과 해결지향적 접근

전통적 접근법	해결지향적 접근법
상담자는 전문가이다. (식민지 모형)	내담자와 상담자는 모두 특정영역에 대한 전문가이다(협동 모형)
내담자는 병리적 문제로 인한 결함을 가지고 있다(결함 모형).	내담자는 병리적 문제에 관련된 과거에 의해 영향을 받았을 뿐 결정되는 것은 아니며, 힘과 능력을 가지고 있다(자원 모형).
해석	인정, 자기존중, 가능성에 대한 개방성
과거중심	현재-미래 중심
문제/병리 중심	해결중심
상담기간 장기간	다양하고 개별화된 치료기간
통찰과 문제해결을 위한 대화	책임, 행동을 위한 대화 비난과 무효화하기의 감소

자료: McNamee, S. & Gergen, K.(Eds.)(1992); 김유숙(2004), p.58 재인용.

3. 가족상담의 역사

1) 외국의 가족상담 발달과정

외국의 가족상담은 미국에서 시작하여 유럽까지 확대되어 나가다가 현재는 전 세계적으로 보급이 된 상태이며, 초기에는 개인상담과 가족상담이 병행되었다. 점차 가족상담의 과학적인 효과검증으로 가족상담의 효과성이 인정받고 있는 추세이다. 가족상담의 발달과정을 형성기, 확대기, 정립기, 성장기, 통합기로 분류된다(송정아 · 최규련, 2002).

(1) 형성기(1950년대)

1950년대 초반에 개입대상이 개인이 아닌 전체가족으로 전환하기 시작하였으며, 애커만(Ackerman), 보웬(Bowen), 리즈(Lidz), 휘태커(Whitaker), 윈(Wynne) 등이 각자 독립적으로 가족상담을 실시하다가가 50년대 후반이 되면서 연구자와 상담자들이 모임을 조직적으로 구축하기 시작했다. 정신분열병이 개인의 문제가 아니라 가족역동과 관련이 있다고 생각했으며, 보웬은 정신분열병을 보이는 자녀는 어머니와 정서적으로 과도한 밀착을 보인다는 모자공생 개념을 만들었다.

(2) 확대기(1960년대)

가족상담에 대한 관심이 증대되기 시작했으며, IP의 문제행동이 가족 간 역동에서 나온 문제임을 인정하면서도 여전히 개인상담을 선호하여 가족상담과 개인상담을 병행하였다. 미누친(Minuchin)은 빈민가에서 자라는 청소년들을 상담하면서 역기능적인 가족구조와 경계가 문제가 된다는 것에 착안하여 구조적 가족상담을 만들었다. 보웬은 1960년대 후반에 원가족에서의 미해결 문제가 있으면 제삼자를 끌어들여 삼각관계를 통해 문제가 세대로 전수되는 과정에 관심을 갖고 삼각관계화(triangulation)의 개념을 정리하였다(김유숙, 2002). MRI[5]에서 초기에는 정신분열병을 주로 상담하다가 비행, 학업 성취 저하, 정신지체장애, 부부 갈등 등 다양한 문제로 확대하였다(송정아 · 최규련, 2002). 이 시기에 가족상담과 관련된 최초의 학술지인 〈패밀리 프로세스(Family Process)〉가 출간되었다.

(3) 정립기(1970년대)

가족상담이론과 기법이 급격하게 발달한 시기로 체계이론에 입각한 가족상담이론들이 좀 더 확고하게 정립되었으며, 다양한 학파가 형성되었다. 보웬의 경우 기존의 모자공생개념, 삼각관계화 이외에 '분화되지 않은 자아집합체'를 '핵가족 정서체계'라는 개념으로 발전시켰다(김유숙, 2002). 미국가족치료학회(American Family Therapy Associa- tion: AFTA)가 조직되었으며, 이 시기에 이탈리아와 영국 등의 유럽에서도 가족상담이 발전하기 시작했다.

(4) 성장기(1980년대)

1980년대 이후 탈근대주의의 영향으로 기존의 제계론적 가족상담이론에 이의가

---

5) MRI(Mental Research Center): 캘리포니아 팔로알토(Palo Alto)의 정신연구소

제기되기 시작했으며, 그 대표적인 것이 해결중심모델(solution-focused model)이다.[6] 다양한 가족상담 학파들이 개념과 이론 및 기법을 통합하려는 시도를 하였으며, 세계적으로 가족상담의 보급과 실시가 이루어졌다.

(5) 통합기(1990년대~현재)

통합과 새로운 도전의 시기이며, 포스트모더니즘의 사회구성주의적 세계관을 배경으로 하는 가족상담 모델이 새롭게 등장하여 확산되고 있다. 과학적인 연구방법에 근거한 가족상담의 효과성 검증이 일어나고 있으며, 다양화되고 있는 사회와 문화에 맞는 통합적인 접근과 사회문제에도 관심이 고조되고 있다.

2) 한국의 가족상담 발달과정

한국의 가족상담 발달과정은 태동기, 시작기, 정착기, 성장기로 분류하고 있다(김유숙, 2002; 김유숙·안양희, 2004).

(1) 태동기(1977~1987)

1977년 공동가족치료(Conjoint Family Therapy)가 번역되고, 1970년대 후반에 소수의 대학원에서 강의가 개설되기 시작하였으며, 일부 대학병원, 정신병원, 사회복지관에서 가족상담이 실시되기 시작하였다(김영애, 2000; 김유숙 외, 2004 재인용). 연세대 의대 이혜련 교수의 제안으로 서울여대 엄예선, 김유숙 교수, 서강대학교 김인자 교수를 주축으로 정신의학, 사회복지, 정신간호, 심리학 분야의 30여 명의 임상가들이 모여 한국가족치료학회를 창립(1988. 12. 31)한 것이 모태가 되었고 다학제로 출범하였다.

---

6) MRI의 전략적 치료의 영향을 받아 드 쉐이저(de Shazer)와 김인수가 발전시켰으며, 문제보다는 해결에 초점을 둔다.

(2) 시작기(1988~1993)

1988년 한국가족치료학회의 창립을 계기로 가족상담의 임상과 학문적 기틀이 조성되었으며, 일반인들에게 가족상담이라는 생소한 분야가 인식되는 데 주도적인 역할을 하였다. 학술모임을 통해 임상적 접근방법, 가족상담 관련 연구, 임상사례 등을 발표하는 기회를 제공하고 있으며, 바니 덜(Bunny Duhl)의 경험적 접근, 보웬 가족상담, 드 쉐이저와 김인수에 의한 해결중심 가족상담 등이 소개되었다.

(3) 정착기(1994~2000)

통합치료모형, 이야기치료, 표현기법 등의 임상적 접근방법이 소개되었으며 가족상담 연구에 적용 가능한 연구방법론이 논의되기 시작하였다. 사티어(Satir)의 의사소통 가족상담이 밴멘(Banmen)에 의해, 미누친(Minuchin)의 구조적 가족상담이 아폰테(Aponte)에 의해 소개되었고, 일본, 싱가포르, 홍콩 등의 가족상담학자들을 초청하여 국제학술대회를 개최하는 등 범위를 확대하였다. 학회 창립시기에는 정신의학, 사회복지, 정신간호, 심리학의 4개 분야였는데 여기에 아동학, 가족학, 목회상담 등이 추가되어 다학제의 범위가 확대되었다.

(4) 성장기(2001~현재)

7대 김유숙 회장(임상심리 전공), 8대 이혜련 회장(정신의학 전공) 시기가 성장기이며, 학회원이 실제 임상현장에서 사례를 잘 다룰 수 있도록 훈련에 역점을 두었다. 사례 발표내용을 보면 자녀 또는 개인의 인지, 정서, 행동과 관련된 가족문제, 부부문제, 가족구성원 간 갈등문제 등이었다. 또한, 엔리치 프로그램(Enrich program), 정서 중심 부부상담, 미국의 더글라스 플레몬스(Douglas Flemons)를 초청하여 21세기 포스트모던 가족상담의 시각을 넓혔다.

4. 주요 가족상담이론

주요 가족상담이론을 이해하기 위해 한국에서 가족상담사들이 주로 어떤 가족상담 접근을 하며, 향후 적용하고 싶은 접근이 무엇인지에 대한 조사를 표 12-3에 제시하였다(서진환 · 이선혜 · 신영화, 2004).

표 12-3을 보면, 한국에서 가족상담사들이 주로 적용하고 있는 가족상담 접근은 해결중심, 보웬, 경험적, 구조적 가족상담의 순서이고, 향후 적용하고 싶은 가족상담 접근은 1위, 2위가 이야기(narrative) 가족상담, 전략적 가족상담 순이었고, 3위가 경험적 가족상담과 보웬 가족상담이었다. 5위가 해결중심 가족상담으로 나타났으며, 구조적 가족상담은 9위로 밀려났다. 그러나 전략적 가족상담이 구조적 가족상담의 가족구조 평가를 포함하고 있어(이근후 · 김영화, 1992) 구조적 · 전략적 가족상담으로 묶어 볼 때 여전히 높은 선호도를 보이는 것을 알 수 있다.

표 12-3 현재 사용하는 접근법과 향후 적용하고 싶은 접근법

순위	주로 적용하는 접근법	순위	향후 적용하고 싶은 접근법
1	해결중심	1	이야기(narrative)
2	보웬(Bowen)	2	전략
3	경험	3	경험
4	구조		보웬(Bowen)
5	정신역동	5	해결중심
6	전략	6	다세대
7	행동	7	정신역동
8	MRI	8	실존
9	이야기(narrative)	9	구조
10	다세대	10	행동
11	실존	11	MRI
12	밀란	12	밀란

자료: 서진환 · 이선혜 · 신영화(2004), pp.52−53 재구성.

표 12-4 주요 가족상담이론

유형	개발자	상담목표	대표적인 상담기법
Bowen 가족상담	Bowen	탈 삼각관계와 자기분화 증진	가계도 분석, 치료적 삼각관계, 코칭, I-position, 과정질문
구조적 가족상담	Minuchin	가족구조 변화 시도를 위해 위계질서와 경계의 재구조화	합류하기, 구조화, 실연화, 과제부여
전략적 가족상담	Haley	문제해결 및 가족의 위계질서와 경계의 재구조화	초기면담의 구조화, 역설적 기법
경험적, 의사소통 가족상담	Satir	성장지향적인 관점에서 내면의 욕구와 기대를 찾게 하며, 일치적인 의사소통 유형으로 변화시킴	가족조각, 역할극, 원가족 도표, 빙산탐색
인지행동주의 가족상담	Patterson	증상을 완화하기 위해 특별한 행동유형을 수정	행동분석, 행동시연, 토큰강화법, 타임아웃, 모델링 등
해결중심 가족상담	de Shazer, 김인수	스스로 문제의 해결과 변화가 가능하다는 긍정적인 자원을 지지	기적질문, 예외질문 등의 질문기법, 과제 부여
이야기치료	White	대안적 이야기들을 찾고 재저작하도록 협력	표출대화, 독특한 결과 발견하기, 재저작 대화, 회원 재구성 대화

표 12-4에 주요 가족상담이론의 개발자와 상담목표, 대표적인 상담기법에 대해 간략하게 정리한 것을 제시하였으며(김영애 외, 2005; 김유숙, 2004), 여기에서는 1, 2차 가족상담 접근의 대표적인 이론인 보웬 가족상담과 해결중심 가족상담을 중심으로 좀 더 상세하게 살펴보고자 한다.

1) 보웬 가족상담

(1) 이론의 발달 배경

보웬(Bowen)은 인간정서기능과 행동을 객관화하기 위해, 먼저 발달학과 생물학에 관계된 다양한 독서와 임상경험을 토대로 가족체계이론을 만들었다(Papero, 1990). 메닝거(Menninger Clinic, 1946~1954)에서 정신분열병인 자녀와 어머니가

지나친 정서적 밀착을 나타낸다는 모자공생 가설을 설정하였으며, 그 이후 NIMH)[7]에서 '불안한 애착(anxious attachment)'의 개념에 관심을 두었다(Bowen, 1966; 김유숙, 2004 재인용). '불안한 애착'의 개념은 부모의 자아와 분화되지 못한다는 자기분화와 삼각관계화의 개념에 영향을 주었으며, 더 나아가 핵가족 정서체계 등의 가족체계이론의 개념을 발전시켰다. 보웬의 제자들로는 궤린(Guerin), 포가티(Fogarty), 맥골드릭(McGoldrick), 카터(Carter), 커(Kerr) 등이 있다.

(2) 주요 개념

① 자기분화(differentiation of self)

가장 핵심적인 개념으로 정신 내적인 개념인 동시에 대인관계적 개념으로 사고와 정서를 분리시킬 수 있는 능력을 말한다. 보웬은 가족구성원 중 한 사람의 기능 변화는 다른 가족구성원들의 기능에도 변화를 주며, 궁극적으로 IP에게도 변화가 발생한다고 하였다(Papero, 1990). 자기분화는 기본분화와 기능분화로 이루어지며, 다음과 같이 설명할 수 있다(남순현 · 전영주 · 황영훈 역, 2005).

○ 기본분화(basic differentiation): 관계과정에 의존하지 않는 기능이다. 어린 시절 원가족으로부터 성취한 것으로, 한 개인의 정서적 분리의 정도에 의해 결정되며 주변에 의해서 잘 흔들리지 않는다. 기본분화수준이 높은 사람은 심한 스트레스 상황에서도 내적인 불안을 잘 인내할 수 있고, 다른 사람의 불안이 쉽게 전염되지도 않는다. 보웬의 분화 척도는 일반적으로 기본분화를 말한다. 100이 완벽한 분화수준으로 가족의 정서적 애착을 완전히 해결한 사람이다. 0은 완벽한 미분화로 한 개체로서 자기가 없는 사람이다. 50이상이면 가장 본질적인 문제에 대해 잘 정의된 의견과 신념을 가지고 있으며, 스스로 결정할 수 있는 능력도 있다.

○ 기능분화(functional differentiation): 관계과정에 의존하는 기능으로 주어진 상황에서 얼마나 주어진 목표활동을 하는가에 대한 개념이며 환경의 영향을 많이 받는다. 기능분화수준은 관계, 신념, 문화적 가치, 종교 등에 의해 향상될 수 있다. 그런데 기본분화가 낮은 수준인 사람은 기능분화가 높은 단계에 도달해도

---

7) NIMH(The National Institute of Mental Health): 국립정신건강연구소

낮은 단계로 쉽게 내려갈 수 있으며 기복이 심한 경향이 있다.

② 정서적 삼각관계(emotional triangle)

가족 또는 정서체계를 가지고 있는 가장 작은 단위로서 불안을 줄이거나 낮추는 역할을 한다. 삼각관계는 가족구성원의 분화수준이 낮을 때 더 많이 일어난다. 정서적 삼각관계는 세 가지의 기본적인 특징이 있다(남순현 외, 2005).

첫째, 안정적인 2자 관계는 제3자가 들어오면 동요된다.

사례 1

신혼기 가족에 자녀가 태어나면 삼각관계가 형성되는 것이며, 어머니는 어린 자녀를 돌보는 상황이 되기 때문에 자녀와 밀착되고, 아버지는 소외감을 느끼며 이로 인해 동요와 갈등이 일어나면서 부부관계가 불안정해진다.

둘째, 안정적인 2자 관계에서 제3자가 사라지면 불안정해진다.

사례 2

부부 갈등으로 부부간에 긴장이나 불안이 생기면 어머니는 자녀를 끌어들여 삼각관계를 형성하면서 어머니와 자녀는 밀착관계가 된다. 이때 부부간에 불안수준은 낮아져서 안정적인 2자 관계를 형성하게 된다. 그러나 자녀가 군대나 유학을 가게 되면 부부는 삼각관계를 끌어들일 자녀가 없어짐으로 인해 부부간에 다시 긴장상태가 되면서 불안정해질 수 있다.

셋째, 불안정한 2자 관계에서 제3자가 들어오면 안정적이 된다.

사례 3

〈인간극장〉에서 '정만 씨, 점순 씨'라는 것을 방영한 적이 있다(KBS 2TV 2005. 9. 29). 전라북도 남원에서 사는 30여 년간 하루가 멀다 하고 부부싸움을 벌이는 두 사람은 바로 허정만(68) 씨와 그의 아내 김점순(60) 씨다. 이들의 지칠 줄 모르는 갈등의 원인은 정만 씨 필생의 과업인 '발명' 때문이다. 아내 점순 씨는 정만 씨의 발명품을 장난감이라 여기며 부수기 일쑤였다. 그 이후 몇 년이 지나 그 가정에 며느리가 들어와 시아버지인 정만 씨를 편들어주고, 시아버지는 아내에게는 한 번도 해준 적이 없지만, 며느리에게는 들꽃도 꺾어다 주는 등의 정서적 밀착이 되면서 삼각관계가 형성된다. 부부의 갈등은 내재해 있을 수 있지만, 외적으로는 긴장감이 낮아지고 안정적으로 된 것을 확인할 수 있었다.

③ 핵가족 정서체계(nuclear family emotional process)

한 세대 내에서 보이는 정서적 기능을 말하는 것으로 보웬은 초기에는 분화되지 않은 '가족자아집합체'라는 용어를 사용하였다(김유숙, 2004). 신체적·감정적·사회적인 문제를 보이는 가족들에게서 '정서에 의하여 지배받는 체계 혹은 단위'라는 것을 발견함으로써 개념화한 것이다(Papero, 1990). 자기분화가 낮은 사람들은 서로 정서적으로 융합하여 공동자아를 만들게 되는데, 이것 역시 긴장수준이 높고 불안정한 관계가 되기 쉽다.

④ 가족 투사과정(family projection process)

핵가족 정서체계가 미분화로 인한 정서적 불안정을 다루기 위해서 필요한 기제로서 가족들 간에 정서적 갈등을 다루기 어렵거나 부모가 미해결된 자신들의 문제를 자녀에게 투사하게 되는 것을 말한다. 이때 자녀들은 낮은 자기분화수준을 유지한 채 부모와 밀착관계가 되며, 부모의 삼각관계 희생양이 되어 문제나 증상을 유발할 수 있다. 가족 투사과정은 다음 세대를 희생시키면서까지 이전 세대의 미분화의 산물인 불안을 낮추려는 시도이다(김유숙, 2004).

⑤ 다세대 전수과정(nultigenerational transmission process)

1세대에서 2세대, 3세대의 다세대를 거치면서 가족 정서과정이 전수되는 것을 말하며 분화수준, 삼각관계, 융합, 정서적 단절 등이 대를 이어 전수된다.

⑥ 출생순위(sibling position)

토만(Toman, 1969)은 가정환경이 달라도 동일한 출생순위의 유사한 특징들이 있기 때문에 출생순위 자체를 중요시하였다. 반면에 보웬은 출생순위에서의 기능을 더 중요시하였는데, 출생순위에서의 장남보다 기능적인 장남 역할을 누가 하는지에 대해 초점을 둔다. 또한, 부모 중에 어느 자녀를 가족 투사과정의 대상으로 선택하느냐에 따라 가족 내에서 형제들이 동일한 양육환경에서 성장하더라도 양육 경험의 인식이 다르게 나타날 수 있다.

⑦ 정서적 단절(emotional cutoff)

사람들 사이의 관계가 단절된 상태를 정서적 단절이라고 한다. 세대 간에 미분화를 처리해 나가는 방법으로 융합의 단면을 보여주는 것이며, 세대 간에 정서적 융합이 심할수록 단절이 일어날 가능성이 높다. 오해나 다툼으로 인해 단절의 경험이 많은 것도 단절이지만, 관계를 계속하기를 원하지 않으면서도 헤어지는 것에 대한 두려움 때문에 관계를 끊지 못하는 것도 정서적 단절의 한 형태이다.

⑧ 사회 정서적 과정(societal emotional process)

사회에서 이루어지는 관계가 가족구성원들의 정서과정에 영향을 미치는 것을 말한다. 가족의 기능분화수준에 영향을 미치며, 사회규범이나 가치의 수준인 인종차별, 성차별, 노인차별, 타문화에 대한 배타성 등이 가족들의 정서과정에 영향을 줄 수 있다.

(3) 상담목표

자기분화를 촉진하여 불안수준을 낮추고, 문제를 타인에게서 찾지 않고 자신에게 초점을 맞추게 하며, 가족 내에서의 가장 주요한 삼각관계를 수정하여 탈삼각관계를 시도한다.

(4) 상담과정

① 과정질문

감정을 가라앉히고 정서적 반응에 의해 유발된 불안을 경감시키며, 사고를 촉진하기 위한 질문이다. 가족이 자기들 사이에 일어나고 있는 일에 대해 생각하고, 현재 문제가 발생하기까지 각자가 한 일을 자각하게 하며, 상황을 개선시킬 책임을 지기 위해 어떤 행동을 해야 하는지 생각하게 한다.

② 탈삼각관계

가족구성원 가운데 정서적 삼각관계에 있는 사람을 찾아내어 탈삼각관계를 시도하는 것이다. 상담자는 상담과정에서 가족 중의 삼각관계에 있는 두 사람을 분리시키기 위해 먼저 소외되어 있는 기능이 약한 가족구성원에게 상담자가 삼각관계를 형성하여 지지해 주고, 그 가족구성원이 힘을 얻으면 상담자는 다시 중립적인 위치를 지키면서 가족체계에서의 탈삼각관계를 시도한다.

(5) 치료기법

① 가계도(genogram)

- 정의: 3세대 이상에 걸친 가족구성원에 관한 정보와 그들 간의 관계를 도표로 기록하는 방법으로(이영분·김유숙 역, 1997), 가족 유형과 가족의 정보를 짧은 시간 내에 효율적으로 얻을 수 있다. 가계도 작성방법은 첫째, 가족구조를 도식화한다. 둘째, 가족에 대한 정보를 기록한다. 셋째, 가족의 정서적 관계선을 그린다.
- 가계도 해석: 가족의 구조인 핵가족, 한부모가족, 이혼가족, 확대가족, 가족구성원 이외의 동거가족 등에 대한 정보 및 가족생활주기의 적합성을 파악한다. 즉 가족생활주기의 전환기에서의 가족적응과 출생, 사망, 출가, 결혼, 이혼, 재혼 등의 시기나 가족구성원의 발달이 일반적인 평균연령과의 차이가 있는지를 본다. 세대를 통해 반복되는 질병, 중독, 결혼관계 등에 대한 정보와 삼각관계 유형을 중점적으로 평가한다.

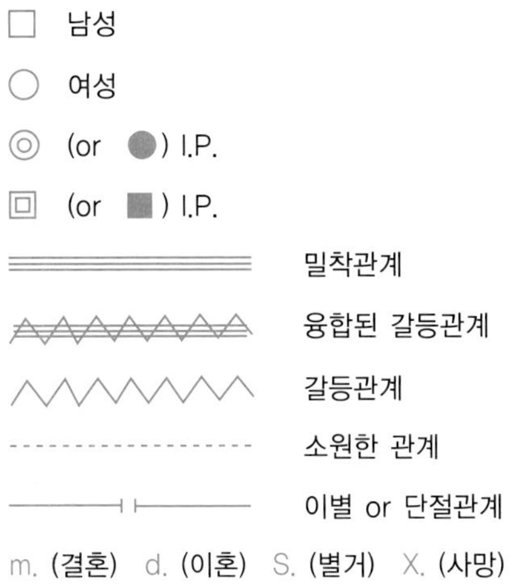

☐	남성
◯	여성
◎ (or ●)	I.P.
▣ (or ■)	I.P.

밀착관계

융합된 갈등관계

갈등관계

소원한 관계

이별 or 단절관계

m. (결혼) d. (이혼) S. (별거) X. (사망)

그림 12-5 가계도의 도식화를 위한 기호와 관계선

② 치료적 삼각관계(the therapy triangle)

부부나 가족구성원 사이에 상담자가 삼각관계를 맺어 적절한 정서적 거리를 유지하면서 가족원이 객관적으로 자신들의 문제를 탐색하고 해결하도록 도와주는 것이다.

③ 과정질문(process question)

질문, 도전, 직면, 설명을 사용하기도 하는데, 목표는 전체 가족체계를 변화시키는 것이다.

④ 관계실험(relationship experiment)

주요 삼각관계를 구조적으로 변화시키기 위해 사용하는 것으로, 목표는 가족들로 하여금 체계 내에서 일어나는 과정을 인식하고 그 과정에서 자신의 역할을 깨닫도록 학습시키는 것이다. 이 기법은 포가티(Fogarty, 1976b)에 의해 개발된 것으로 정서적인 추적자와 냉담자를 상담하기 위한 기법이다(송정아·최규련, 2002).

⑤ 코칭(coaching)

가족구성원이 문제를 해결해 나가도록 상담자는 중립성을 유지하면서 코치로서 기능을 하는 것으로 가족들의 정서적 과정과 역할을 이해하도록 과정질문을 통해 시도한다.

⑥ 나의 자세(I-position)

가족구성원 간에 충동적인 정서적 반응을 줄이는 역할을 한다. 예를 들어 남편이 반찬 투정하는 것으로 인해 힘들 때 비난하는 식의 감정적 대응을 하는 것이 아니라, "나는 나름대로 정성껏 음식을 준비했는데, 당신이 먹을 것이 없다고 반찬 투정을 하니 내 정성을 무시하는 것 같아 서운해요. 다음부터는 반찬 투정하지 말고 먹고 싶은 것을 미리 말해 주면 좋겠어요."라는 식으로 '나의 자세(I-position)' 기법을 사용하여 말하면 부부갈등을 줄일 수 있을 것이다.

⑦ 치환 이야기(displacement story)

가족이 겪는 문제와 관련되는 영상이나 도서 등을 활용하는 것으로, 아동이나 청소년 문제인 경우에는 '코러스(Les Choristes)'나 '빌리 엘리어트(Billy Elliot)' 같은 성장영화나 발달 관련 DVD, 비디오테이프 등을 활용하고, 이혼과 재혼에서의 재적응의 어려움이 있는 가족들에게는 '스텝맘(Stepmom)' 같은 영화를 활용한다.

2) 해결중심 가족상담

(1) 이론의 발달 배경

팔로알토(Palo Alto)에 있는 MRI 단기가족치료센터의 전략적 접근인 단기치료접근법이 모태이며, 드 쉐이저(de Shazer)와 김인수가 개발했다. 밀턴 에릭슨(Milton Erickson)의 영향으로 문제의 원인보다는 해결에 관심을 두고 있으며, 1978년 밀워키(Milwaukee)의 단기가족치료센터(Brief Family Therapy Center)를 세우고 이론과 치료를 발전시켜 나갔다.

(2) 주요 개념

해결중심 철학은 문제보다는 해결에 초점을 두기 때문에 원인 탐색이나 문제중심적인 대화를 확장해 나가기보다는 해결중심적인 대화의 부분을 지지해 주고 공감해 주면서 내담자가 스스로의 강점을 찾아 해결해 나가도록 유도하는 대화를 통해 문제해결의 방식을 찾게 해준다.

드 쉐이저(de Shazer, 1991b)는 증상이란 밑바닥에 깔려 있는 문제, 심리 또는 구조적인 문제, 즉 위계, 은밀한 부모 갈등, 낮은 자존감, 비정상적 대화, 억제된 감정 등의 결과라고 생각하지 않으며, 해결중심 가족상담사들은 언어, 즉 내담자와 가족들이 현재 불만을 표현하는 것에만 관심을 기울인다(김영애 외, 2005 재인용).

해결중심 가족상담의 기본가정은 다음과 같다.

① 기본가정
  ○ 변화는 지속적으로 일어나고 불가피하며 연쇄적이다.
  ○ 내담자는 변화를 원한다.
  ○ 내담자는 문제해결을 위해 필요한 것을 가지고 있으며 알고 있다.
  ○ 상담자는 내담자의 치료를 위해 내담자의 자원을 신뢰하고 사용한다.
  ○ 작은 변화는 큰 변화의 출발이다.
  ○ 과거보다는 현재와 미래를 지향한다.
  ○ 내담자는 과거에 효과적이고 성공했던 해결방안을 계속 사용할 수 있다.
  ○ 내담자는 효과가 없는 것에 대해 집착하는 것을 멈출 수 있다.
  ○ 내담자가 문제시하지 않는 것은 다룰 필요가 없다.

② 내담자와의 관계유형
해결중심 가족상담은 상담자가 권위적인 태도를 가지지 않으며 내담자에게 맞추어 나가면서 문제를 해결해 나가는 접근이다. 따라서 상담실에 내원하는 가족구성원의 상담동기를 미리 알고 그에 맞는 방식으로 상호작용하는 것이 중요하다. 이와 같이 내담자 유형에 맞게 개입하는 것은 해결중심 가족상담 이외의 다른 상담에서도 활용하면 유용하다.

내담자의 유형은 방문형(visitor type), 불평형(complainant type), 고객형(customer type)으로 분류된다. 이 중에 방문형과 불평형은 비자발적 내담자이다. 방문형은 비행이나 가출 등의 문제로 내원한 청소년처럼 학교나 부모 혹은 보호관찰소 등의 타인에 의해 비자발적으로 내원하기 때문에 비난받는다는 생각으로 미리 방어적인 경우가 많다.

따라서 가족상담사는 방문형 내담자를 존중하는 자세로 대하는 것이 중요하며, 내담자가 비자발적이지만 상담을 받으러 온 것과 다른 부분에서 잘하는 것들을 칭찬해 주고, 교사나 부모의 입장으로 비난하는 태도를 갖지 않아야 한다. 방문형 내담자에게는 과제부여는 잠시 보류한다.

비행청소년 자녀를 상담에 데리고 온 부모인 경우 자신에게도 문제가 있다고 인정하는 고객형인 경우도 있지만, 대부분 자녀의 문제만 해결해 달라는 불평형인 경우가 많다. 불평형은 관찰이나 생각하는 정도의 과제를 내준다.

고객형은 자발적인 내담자이다. 고객형은 상담의 동기가 있으며, 문제해결을 위해 스스로 할 일을 찾고 책임을 지고자 하는 능동성이 있기 때문에 그런 부분들을 지지해 주고 강점과 연결한 과제부여가 가능하다(가족치료연구모임 역, 1995).

(3) 상담목표

상담목표 설정은 내담자와 협의해서 정하되, 작고 실현 가능한 구체적인 행동의 목표를 정한다.

(4) 상담과정

먼저 45분 정도 상담을 하고, 5~10분 정도 상담 팀과 논의한 후에 5분 정도 메시지와 과제부여를 하는 형식으로 진행된다. 메시지를 부여하는 방법은 첫째, 내담자의 강점과 자원을 칭찬해 준다. 둘째, 과제를 내주는 것에 대한 근거 있는 설명을 해 준다. 셋째, 구체적이고 행동화시킬 수 있는 실제적인 과제를 내준다.

(5) 질문기법 사용

해결중심 가족상담에서는 문제해결을 위한 유용한 질문들이 많이 있다. 면접 전 질문, 예외질문, 기적질문, 척도질문, 대처질문, 치료효과에 대한 질문 등이 있으며, 질문기법들을 소개하면 다음과 같다(가족치료연구모임 역, 1995; 송성자, 1995).

① 면접 전 질문
  ◦ 상담을 예약한 후 현재 여기에 올 때까지 달라진 것은 무엇인가요?

② 예외질문
  ◦ 언제 문제가 발생하지 않았나요?
  ◦ 문제가 발생하지 않았다는 것을 어떻게 알았나요?

③ 기적질문
  ◦ 밤에 잠자는 동안에 기적이 일어나 지금의 문제가 해결되었습니다. 아침에 눈을 떴을 때 무엇을 보고 지난 밤 기적이 일어났는지 알 수 있을까요?

④ 척도질문
척도질문에는 일반적으로 문제해결 질문을 가장 많이 하며, 동기나 진전 상태를 보기 위해 척도를 정하여 질문을 하기도 한다.
  ◦ 1부터 10에서 1은 문제가 가장 심각할 때를 말하고, 10은 문제가 해결된 것을 말합니다. 오늘은 몇 점일까요?
  ◦ 1점을 향상시키기 위해 당신은 무엇을 다르게 행동해야 할까요?
  ◦ 어머니(아버지, 배우자, 자녀 등)가 무엇을 보고 당신이 1점 향상되었다고 생각할까요?
  ◦ 1점 높이기 위해 무엇을 다르게 행동해야 할까요?

⑤ 대처질문
  ◦ 어떻게 모든 것을 포기하지 않고 지탱해 왔나요?
  ◦ 오늘날까지 지탱하도록 한 것은 무엇인가요?
  ◦ 흡연(늦잠, 기출, 미루기 등)을 하는 것이 이떤 도움이 되었나요?

⑥ 치료효과에 대한 질문

치료효과에 대한 유지, 확대, 강화를 확인하는 질문이다.

◦ 지난번 상담 이후 아주 적은 것이라도 나아진 것은 무엇인가요?

◦ 어머니(아버지, 남편, 부인, 자녀 등)는 당신에게서 무엇이 좋아졌다고 할까요?

◦ 언제 변화가 일어났나요?

◦ 누가 변화를 알았나요?

◦ 학교(유치원, 직장, 집, 교회, 절 등)에서 어떻게 다르게 행동하나요?

◦ 그렇게 한 것이 어떻게 도움이 되었나요?

1. 오늘날 개인이나 가족들은 많은 문제와 스트레스를 경험하면서 기능적이고 잘 적응하는 경우도 있지만, 문제들의 압박과 스트레스를 견디지 못하여 심리적이고 정서적인 문제와 장애들을 경험하는 일이 많다. 문제의 유형에 따라 개인상담과 가족상담 중에 어떤 상담 접근을 하는 것이 유용할지 생각해 보자.

2. 보웬 가족상담과 해결중심 가족상담은 인식론에서 차이가 있는 이론이다. 인식론이 어떻게 다른지 구체적으로 생각해 보자.

3. 해결중심 가족상담은 내담자와의 관계유형에 따라 다른 상담적인 개입이 있어야 한다. 불평형 내담자에게는 어떻게 상담을 개입하는 것이 좋은지 생각해 보자.

가족정책

최근까지도 우리 사회에서는 가족문제 해결이나 아동 돌봄·요보호 가족원 케어(care)는 일차적
으로 가정이 책임을 지고, 이차적으로 사회나 국가가 그 과제에 대해 부담을 가졌다. 국가는 산아
제한 가족계획 정도의 소극적·잔여적 가족정책을 하였다고 볼 수 있다. 그러나 근래의 저출산, 고
령사회, 맞벌이 증가, 경기침체 등의 사회현상으로 인해 가정해체, 가족관계 소원, 폭력, 이혼, 낮
은 보육의 질 등의 여러 문제를 개별 가족이 해결하기에는 한계가 있다고 공감하기 시작했다. 이
에 국가는 다양한 사회현상을 감안하여 중장기적·다면적 측면에서 가족문제를 바라봄으로써 보
다 행복한 가족원의 삶을 위한 적극적이고 포괄적인 가족정책을 제시하기에 이르렀다.

이 장에서는 복잡한 가족문제를 해결하고 가족의 행복을 위해 추진한 국가 차원의 전략인 가족정
책에 대해 살펴보고자 한다. 즉 가족정책의 개념과 가족정책의 현황과 방향 그리고 가족정책 제공
기관과 주요사업을 살펴보고, 가족정책의 소관법률과 전달체계, 앞으로의 가족정책 과제를 설명
하고자 한다.

1. 가족정책의 개념 및 현황

1) 가족정책의 필요성

저출산·고령화와 맞물린 노인인구 증가, 만혼 및 독신 선택 등의 현상에 의해 가족 구조와 기능이 다양하게 변화하고 있다. 합계 출산율은 2018년 0.98명, 2019년 0.92[1]명으로 2년 연속 1명 미만으로 계속 떨어지고 있다. 초혼연령은 2019년 여성 30.6세, 남성 33.4세로 만혼이 늘어나고 있고, 이로 인해 첫 자녀 출산시 모(母)의 평균연령이 2005년 29.1세에서 2018년 31.9세로 늦어졌다. 전체 인구 대비 65세 이상 노인 인구가 2020년 15.7%로 달하면서[2] 고령사회[3]에 접어들었다.

우리나라는 국가부도 위기를 맞아 1997년 IMF 구제금융 자금 지원 및 관리를 받기도 하고, 2008년 글로벌 금융위기 이후 경제불황의 악순환 속에 있으며, 소득의 양극화가 극심해지는 문제를 겪고 있다.[4]

가족 및 사회 변화로 인해 가족은 다양한 문제들에 노출되었다. 끔찍한 존·비속 살해나 아동학대 사건과 같이 겉으로 드러난 문제뿐만 아니라, 대화를 전혀 안 하고 사는 가족이나 분명하게 드러내지 않는 자살과 이로 인한 심리적 트라우마, 극빈가족의 초래, 돌봄 부양 공백, 이혼 별거 등 복잡한 가족문제와 위기가정이 있는 것이 현실이다. 이러한 가족문제 해결, 이혼 등 가족 해체에 대한 대처, 문제 예방을 위한 사회적 대응에 대한 공감대가 이뤄지면서 가족정책 필요성이 대두되었다. 가장 큰 사회적 변화인 저출산, 고령화, 이혼율 급증, 청소년 문제, 자살률로 가족문제가 두드러지면서 정부가 적극적으로 대응하기 시작했다.

---

1) 통계청(2020), 2019 한국의 사회지표
2) 통계청(2020), 고령자통계
3) 유엔 기준에 의하면 전체 인구 중 65세 이상 고령인구 비율이 20% 이상인 사회는 초고령화사회, 14% 이상인 사회는 고령사회, 7% 이상인 사회는 고령화사회를 이른다.
4) 김선태(2016.9.20.). 한국 경제동향①. 주요 특징: 장기불황, 양극화, 낙수효과 소멸. http://sisun.tistory.com/1795

2) 가족정책의 개념

모든 가족 위기와 가족문제들에 대해서 국가와 사회가 책임을 지고 정책활동을 펼칠 수는 없다. 우리나라는 2001년 정부부처로 여성부를 최초로 신설하고, 2005년 여성 가족부로 명칭이 바뀌고 "건강가정기본법"을 제정하면서 명시적으로 가족문제 등에 대처하고 예방하기 위한 가족정책을 펼치기 시작하였고, 그 이후 다양한 가족정책과 가족지원 서비스를 행하고 있다. 즉 건강한 가정 규현이라는 목적 달성을 위하여 "건강가정기본법"이 제정되고, 제15조에 의거하여 "건강가정기본계획"을 수립하고 있다. 현재까지 제1차 건강가정기본계획(2006~2010), 제2차 건강가정기본계획(2011~2015), 제3차 건강가정기본계획획(2016~2020)이 수립되면서 15년 넘게 가족정책이 시행되고 있다.

가족정책(family policy)은 정책을 전달하는 주체와 대상 및 내용에 따라 다양하게 정의되고 구분된다. 짐머만(Zimmerman, 1992)은 가족정책을 직간접적으로 정부가 가족에게 영향을 미치는 모든 정책이라고 개념화하고 있다. 카머맨과 칸(Kamerman & Kahn, 1978)은 정부가 가족을 대상으로 그리고 가족을 위하여 행하는 모든 활동을 가족정책이라고 정의하였다. 이러한 정의는 지나치게 범위가 넓어 구체적이고 통합적인 범주의 가족정책을 규정하기가 어렵다.

우리나라의 가족정책은 가족구성원의 안정과 복지를 강화하고 가족생활과 관련된 삶의 질을 높이기 위하여 가족에게 직·간접인 영향을 미치는 정책으로, 1989년의 "모자복지법" 제정으로 가족 대상의 정책이 펼쳐지기 하였으나, 빈곤가족이나 요보호가족 대상의 선별적 가족정책이 주를 이루었다.

유영주(2006)는 가족정책을 "가족을 강화하고 가족을 단위로 하여 대부분의 가족구성원이 제대로 생활할 수 있는 여건을 만들어 주기 위한 정책"이라고 하였다. 이는 협의의 가족정책 개념으로서, 정책의 대상을 가족구성원 개개인(아동, 노인)에게 두는 것이 아니라 '가족전체성(family wholeness)'의 시각을 가지고 구성원 전체를 집합적으로 다루거나 개인을 다루더라도 개인을 가족과 연계시켜 다루는 '가족통합정책'을 가족성책이라고 정의할 수 있다.

2004년 "건강가정기본법" 제정과 "건강가정기본계획" 시행은 이전의 요보호가족

대상의 소극적·선별적 가족정책에서 일반 국민 모두를 대상으로 하는 보편적 가족정책이 실현되는 계기가 되었다. 즉 "건강가정기본법" 제정을 기점으로 사후 문제해결차원의 취약계층 대상 지원 중심의 가족정책은 예방적이고 보편적인 가족정책으로 전환되었다. 또한 개인 대상의 부분적인 지원정책에서 가족 단위의 통합접근 방식으로 바뀌게 되었다. 본장에서는 "건강가정지원법" 이후 확대되고 정착된 가족정책에 대해 살펴보기로 한다.

3) 가족정책의 현황

우리나라 가족정책은 "건강가정기본법"이 제정되기 이전의 1950년대와 1960년대의 부녀복지정책부터 시작되었다고 할 수 있다. 이후 산아제한을 위한 가족계획사업과 1980년대까지의 출산억제정책으로 이어졌다. 1989년에 "모자복지법"이 제정되면서 가족대상의 가족복지정책이 이루어졌다.

1997년 IMF 외환위기 이후 국가 경제 위기와 더불어 실업 증가도 있고, 이혼 및 심각한 저출산 고령화 현상이 함께 나타났다. 기혼여성이 취업 전선에 많이 등장했고, 이로 인해 가족 내 돌봄 노동과 부양 공백의 문제가 부각되고 가족 기능의 약화 등 사회문제로까지 가족문제가 확대되었다. 사회적으로 기혼여성의 경제활동 참여 증가와 자녀 돌봄 공백을 보완하기 위하여 1991년 "영유아보육법"이 제정되었고, 이는 돌봄의 사회화가 본격화됨을 의미한다. IMF 외환위기는 가족정책의 방향을 변화시키는 계기가 된다. 즉 IMF 이후 급격하게 출산율이 저하되었고 2005년도에는 1.08 명이라는 출산율로 초저출산 국가로 진입하게 되었다. 정부는 출산율을 높이기 위한 다각도의 가족정책을 선보였다. 2000년에는 "국민기초생활보장법"이 제정됨으로써 빈곤가족에 대한 최저생계를 보장하는 정책이 펼쳐졌다. 이는 가족에 대한 성별분업을 지원하고, 노동자의 재생산 기능을 보호하는 것에 초점을 맞춘 저소득 가족의 생계지원과 요보호 가족 대상의 가족정책을 의미한다(박옥임 외, 2014).

1990년대 중후반을 기점으로 가족문제는 심화되었고, 이에 대한 개인 대상의 부분적 가족정책은 한계가 있었다. 이때까지도 아동복지·노인복지·여성복지 측면에서 개인 대상별 정책이 주류를 이루어 왔다. 각 대상들이 직면해 있는 문제를 해결하기 위해 부분적으로 지원하는 체계여서 가족을 대상으로 하는 통합적 서비스는 부족하였다. 개별적 정책으로는 다양한 가족문제에 효율적으로 대처하지 못하고 다양한 가족 형태의 요구에 부합하는 서비스를 제공하는 데에는 한계가 있었다.

1988년 제정된 "남녀고용평등법"이 2000년대에 들어와서 "남녀고용평등과 일·가정양립지원에관한법"으로 개정되면서 저출산 및 고령화 현상에 대비한 제도가 많이 등장하였다. 산전후 휴가급여의 확대와 유급 육아휴직제도의 도입 등 자녀 출산과 양육 부담을 경감시켜주려는 정책이 마련되어 일과 가정의 양립을 지원하는 조치가 강화되었다. 개인 대상이 아니라 전체 가족을 대상으로 하는 체계적인 서비스 지원이 필요하다는 인식이 사회적으로 확산되었고 가족단위 서비스를 지원하는 가족정책의 입법화도 이루어지게 된다. 2005년 6월 23일 정부는 주무부처(여성가족부, Ministry of Gender Equality & Family)를 만들어서 가족 기능을 강화하고 가족문제를 정부차원에서 개입하고 보호하는 중앙부처 차원에서의 가족 업무를 강화하였다. 정부의 행정기관 신설로 가족정책의 기본방향과 목표를 명확히 하고 구체적인 추진 과제를 수행하기 시작했다. 그 후 건강가정지원센터와 다문화가족지원센터라는 가족정책 서비스 전달체계를 구축하고, 제1차(2006~2010), 제2차(2011~2015), 제3차(2016, 2020), 제4차(2021~2025)) 건강가정기본계획에 근거하여 구체적인 가족정책 과제를 실현해 나가고 있다.

4) 가족정책 문제점

우리 사회 가족정책 상황에서 볼 수 있는 문제점을 정부의 가족정책—가족돌봄의 사회화, 직장·가정의 양립, 다양한 가족에 대한 지원, 가족친화적 사회환경 조성, 새로운 가족관계 및 문화 조성, 가족정책 인프라 확충—을 통해 살펴보면 다음과 같다.

첫째, 가족돌봄의 사회화 측면에서 가족정책의 문제점을 볼 때, '가족의 자녀양육 부담 경감'과 '가족돌봄에 대한 사회적 지원 강화'는 여전히 충분하지 않다. 즉 여성의 경제활동 참여(표 13-1)와 맞벌이 증가, 핵가족화로 인해 가족의 아동 돌봄 공백이 발생하였고, 가족을 통한 양육기능 약화로 인해 생겨난 양육 대체 지원체계인 아이돌보미서비스나 보육시설이 부족하며, 아동연령이나 부모 취업 여부 등을 고려한 다양한 돌봄서비스(영아보육, 시간제 보육, 시간 연장보육)가 요구되는데, 이를 충족시키기에는 한계가 있다. 노인 부양을 위한 가족의 돌봄 부담이 증가함으로 인해 2008년 7월부터 노인장기요양보험제도를 도입하여 시행하고 있으나 돌봄수요 급증에 비례한 돌봄시설 부족과 돌봄제공자에 대한 체계적인 교육과 훈련이 취약하다.

둘째, 직장·가정의 양립 측면에서 볼 때 '남성의 가족생활 참여 지원'과 '여성의 경제활동 참여 기반 구축'도 여전히 부족하다. 즉 맞벌이 부부의 증가로 인해 남녀 모두의 일·가정 양립 요구가 증대하고 있으나 가사와 양육에 있어서의 남성 참여는 여전히 미진하다. 국가와 사회의 아동 양육에 대한 지원이 부족하기 때문에 여성의 경제활동에 있어서 경력 단절을 초래하고 있다. OECD 주요국가 여성경제활동 참여율비교(표 3-2)에 의하면 15~64세 기준 여성 경제활동참가율은 평균에도 못 미치고 35개 국가 중 하위권을 기록하고 있다.

이를 극복하기 위한 정책으로 남성 육아휴직 지원 강화, 육아기 근로시간 단축제 등을 추진하고 있다. 또 경력단절 여성의 재취업 지원을 위한 '여성새로일하기센터' 158곳[5]을 운영하고 있다.

표 13-1 여성경제활동인구 및 참가율

(단위: 천명, %)

	2010	2011	2012	2013	2014	2015	2016	2017	2018	2019
15세 이상 여성인구	20,846	21,119	21,356	21,576	21,806	22,018	22,205	22,357	22,484	22,618
여성경제 활동인구[1]	10,335	10,520	10,704	10,862	11,229	11,426	11,583	11,773	11,893	12,097
여성경제활동 참가율[2]	49.6	49.8	50.1	50.3	51.5	51.9	52.2	52.7	52.9	53.5

1) 여성경제활동인구란 만 15세 이상 여성인구 중 취업자와 실업자를 합한 개념
2) 여성경제활동참가율은 만 15세 이상 전체 여성인구 중 여성경제활동인구가 차지하는 비율
자료: 국가통계포털(www.kosis.kr).

---

5) 2020년 현재 158개소 운영(https://saeil.mogef.go.kr)

표 13-2 OECD주요국가 여성경제활동참여율 비교

구분	2009	2010	2011	2012	2013	2014	2015	2016	2017
한국	53.9%	54.5%	54.9%	55.2%	55.6%	57.0%	57.9%	58.4%	59.0%
일본	62.9%	63.2%	63.0%	63.4%	65.0%	66.0%	66.7%	68.1%	69.4%
미국	69.0%	68.4%	67.8%	67.6%	67.2%	67.1%	66.9%	67.3%	67.9%
OECD평균	61.5%	61.8%	61.8%	62.3%	62.6%	62.8%	63.0%	63.6%	64.0%

자료: OECD Employment Outlook 2018.

셋째, 다양한 가족에 대한 지원 측면에서 볼 때, '한부모가족에 대한 포괄적 지원체계 구축'도 지속적인 개선이 필요한 상황이다. 즉 한부모가족의 증가 추세와 더불어 미혼모·부, 부자가정이 지속적으로 증가함에 따라 한부모가족 복지시설이 부족하고, 현행법상 이혼 시 자녀양육에 대한 경제적 합의 없이도 이혼이 가능하여 이혼 한부모의 양육비 이행 확보를 위한 제도적 기반이 취약하다.

넷째, 가족친화적 사회환경 조성 측면에서 볼 때, '가족친화적 직장·지역사회 추진'도 저조한 편이다. 즉, 국가기관이나 기업에서 직장보육서비스 의무 이행률이 적으며, 아파트형 주거형태, 개인주의적 가치관의 확산, 일 중심의 생활패턴으로 인해 이웃간 관계는 소원해지고 공동체의 해체현상도 가속화되고 있다.

다섯째, 새로운 가족관계 및 문화 조성 측면에서 볼 때, '가족관계 증진 및 가족문제 예방'과 '건강한 가족문화 조성'도 보다 개선되어야 할 여지가 있다. 즉 "가족관계의 등록 등에 관한 법률"이 2008년 1월 1일 시행되어 개인 정보 보호와 여성의 권익을 증진하고, 2007년 12월 21일에 민법이 개정되어 민주적인 가족관계를 보장하고 있으나 여성이 가사와 돌봄 노동을 전담하고 있고, 가부장적 가족의례 등은 여전히 가족불평등요소로 남아 있다. 남성의 가족생활시간 부족은 가족관계 단절로 인한 남성의 소외현상을 초래하고 있다. 유례없는 감염병 코로나 19로 인해 재택근무, 온라인 수업 등의 가족생활 변화에 따른 새로운 가족문제와 어려움이 발생하였으나 이를 대비하여 지원할 만한 원활한 체계는 갖추어져 있지 않다.

주5일 근무제 확산과 주5일 수업제 시행으로 가족의 생활시간이 증대하고 가족 중심의 여가문화에 대한 수요는 증가하였으나 가족단위 여가프로그램이나 보편적으로

이용할 수 있는 여가인프라 구축은 부족한 실정이다.

여섯째, 가족서비스의 원활한 제공 측면에서 볼 때, '가족정책 총괄·조정 체계'가 부족하다고 할 수 있다. 즉 가족정책은 노동·복지·교육정책 등과 상호 연관되어 있으나 이와 연계하여 종합적으로 접근되지 못하고 개별 부처별로 단편적으로 추진되고 있다. 그러므로 '가족정책 인프라 확충과 내실화'도 개선될 필요가 있다. 가족정책 서비스 전달체계는 '건강가정지원센터', '다문화가족지원센터', '한부모가족지원센터' 등으로 대상별로 나눠서 운영되었으나, 2014년 시범적으로 운영되던 '건강가정·다문화 가족지원센터'가 전국적으로 확대되면서 통합 운영되고 있다. 건강가정 다문화 가족지원센터의 통합서비스를 통해 모든 가족에게 맞춤형 서비스를 제공하여 가족서비스 정책 수혜의 사각지대를 줄여 나가고 있다.

2. 가족정책의 방향

정부는 "건강가정기본법" 제15조에서 '여성가족부장관은 관계 중앙행정기관의 장과 협의하여 건강가정기본계획을 5년마다 수립'하도록 의무화하였다. 제1차, 제2차 건강가정기본계획 수립 및 추진을 통하여 "가족친화 사회환경의 조성 촉진에 관한 법률"과 "아이돌봄 지원법" 제정, 건강가정지원센터 확대 등 가족정책의 확대 기반이 마련되었다. 그동안의 가족정책의 성과를 바탕으로 하고 국가적인 정책환경의 변화를 반영하여 제3차 건강가정기본계획(2016~2020)을 수립하였다.

2005년 건강가정기본법 시행 이후 성과로서는 먼저 양성평등한 가족관계 및 가족정책 추진기반이 마련되었음을 알 수 있다. 2005년 호주제가 폐지되고 2007년 "가족관계 등록 등에 관한 법률" 제정으로 가부장적 가족관계를 개선하고 민주적이고 양성평등한 가족문화 형성에 기여하였다.

둘째, 자녀양육 부담 경감을 위한 보육·돌봄 지원이 강화되었다. 보육시설 인프라 확충과 보육료 지원 대상을 꾸준히 확대하여 2013년부터 0~5세 영유아 무상보육을 전면 실시하고 있다. 2012년에는 "아이돌봄 지원법"을 제정하였고 취업부모 자녀

대상으로 찾아가는 돌봄 서비스를 제공하여 어린이집 등의 시설보육의 사각지대를 해소하였다. 또한, 공동육아나눔터를 설치하여 돌봄품앗이, 육아정보 공유 등 지역사회 중심의 자녀양육 친화적 환경을 조성하였다.

셋째, 한부모, 다문화 등 다양한 가족 대상 지원 서비스를 확대하였다. 한부모가족의 아동양육비 지원 대상 및 금액을 인상하고[6], 관계부처 합동으로 2014년에는 "한부모가족 자립역량 강화 지원방안"을 마련하는 등 한부모가족의 자녀양육 부담완화 및 자립역량을 강화하였다. 또한, 2014년에는 "양육비 이행확보 및 지원에 관한 법률"을 제정하고 양육비이행관리원을 설립(2015.3)하여 한부모가족의 양육부담을 경감하고 비양육부모의 자녀에 대한 양육 책임을 강화하는 사회적 분위기를 조성하였다. 2008년 "다문화가족지원법"을 제정하고 다문화가족 구성원의 사회통합과 안정적인 가족생활을 지원하기 위하여 다문화가족지원센터[7]를 설치하여 한국어교육, 방문상담 등의 서비스를 제공하고 있다.

넷째, 일·가정 양립 지원을 통해 가족친화 사회환경을 조성하였다. 남녀고용평등법이 2007년 "남녀고용평등과 일·가정 양립 지원에 관한 법률"로 전면 개정됨으로써 남녀 모두의 일 가정 양립을 위한 제도 확대[8] 및 이용률이 향상[9]되었다.

제1차 건강가정기본계획의 정책비전은 '가족 모두 평등하고 행복한 사회'로 하고, 하위 정책목표를 '가족과 사회에서의 남녀 간·세대 간 조화 실현'과 '가족 및 가족구성원의 삶의 질 증진'으로 설정하였다. 이 정책목표 달성을 위해 '가족돌봄의 사회화, 직장·가정의 양립, 다양한 가족에 대한 지원, 가족친화적 사회환경 조성, 새로운 가족관계 및 문화 조성, 가족정책 인프라 확충'이라는 여섯 개 범주의 가족정책 과제를 두었다(그림 13-1 참조).

제2차 건강가정기본계획의 정책비전은 '함께 만드는 행복한 가정, 함께 성장하는 건강한 사회'로 하고, 하위 정책목표를 '개인과 가정의 전 생애에 걸친 삶의 만족도 제고'와 '가족을 위한, 가족을 통한 사회적 자본 확충'으로 설정하였다. 이 정책목표

---

[6] 저소득 한부모가족 아동양육비 인상: 월 5만 원(2007년)→월 7만 원(2013년)→월 10만 원(2015년)

[7] 다문화가족지원센터 확대: 2006년 21개소→2015년 217개소

[8] 2008년 배우자 출산휴가제, 육아기 근로시간단축제 도입, 2010년 유연근무제 도입

[9] 2007년 육아휴직자 수 21,185명→2014년 76,833명으로 증가

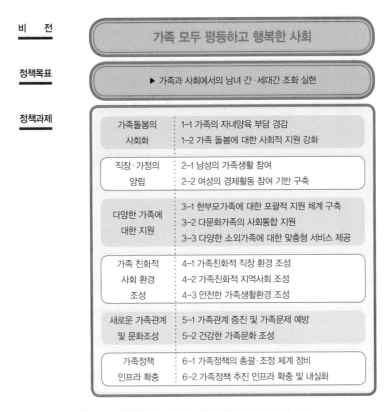

그림 13–1 제1차 건강가정기본계획의 가족정책 비전·목표

자료: 제1차 건강가정기본계획(2006–2010) 보완판.

달성을 위해 '가족가치의 확산, 자녀돌봄지원 강화, 다양한 가족의 역량 강화, 가족친화적인 사회환경 조성, 가족정책 인프라 강화와 전문성 제고'라는 여섯 개 범주의 가족정책 과제를 두었다(그림 13-2 참조).

제3차 건강가정기본계획의 정책비전은 '모든 가족이 함께 행복한 사회 구현'이고, 하위 정책목표는 '다양한 가족의 삶의 질 향상, 남녀 모두 일·가정 양립 실현'이다. 이 정책목표 달성을 위해 '가족관계 증진을 위한 서비스 기반 조성, 가족 유형별 맞춤형 서비스 지원 강화, 정부-가족-지역사회 연계를 통한 돌봄지원 강화, 남성과 여성, 기업이 함께하는 일·가정 양립 실천, 생애주기별 출산친화적 사회문화 조성, 가족환경 변화에 대응한 정책 추진체계 강화'라는 여섯 개 범주의 가족정책 과제를 두었다(그림 13-3 참조).

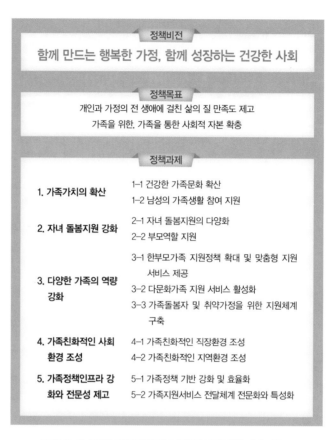

그림 13–2 제2차 건강가정기본계획의 가족정책 비전·목표

자료: 제2차 건강가정기본계획(2011–2015).

　제3차 건강가정기본계획의 가족정책 비전과 목표 수립방향은 먼저 생애주기별·가족 유형별 수요에 따른 맞춤형 가족정책을 강화하고자 한 것이다. 보편적 가족서비스로서의 가족생활교육, 가족상담, 가족문화 여가활동 등을 지원한다. 가족규모의 축소, 맞벌이 가족과 한부모 가족 증가 등 가족 형태의 다양화에 따른 유형별 가족 맞춤형의 정책과 서비스 지원을 강화하고자 한다.

　둘째, 정부-가족-지역사회 연계를 통한 돌봄지원을 강화한다. 즉 자녀 및 노인 돌봄에 대한 사회적 책임을 강조하고, 더불어 가족과 지역사회의 돌봄 책임 분담과 연계를 강조함으로써 다양한 돌봄수요에 따른 지원 방법 다양화를 추구하고 있다. 특히 지역사회를 기반으로 한 돌봄공동체 및 돌봄인프라 확충으로 이웃간 돌봄 활성화

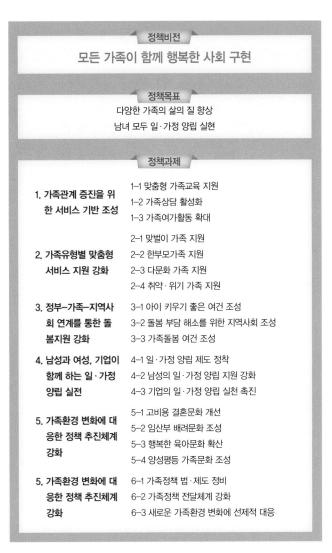

정책비전

모든 가족이 함께 행복한 사회 구현

정책목표

다양한 가족의 삶의 질 향상
남녀 모두 일·가정 양립 실현

정책과제

1. 가족관계 증진을 위한 서비스 기반 조성	1-1 맞춤형 가족교육 지원 1-2 가족상담 활성화 1-3 가족여가활동 확대
2. 가족유형별 맞춤형 서비스 지원 강화	2-1 맞벌이 가족 지원 2-2 한부모가족 지원 2-3 다문화 가족 지원 2-4 취약·위기 가족 지원
3. 정부-가족-지역사회 연계를 통한 돌봄지원 강화	3-1 아이 키우기 좋은 여건 조성 3-2 돌봄 부담 해소를 위한 지역사회 조성 3-3 가족돌봄 여건 조성
4. 남성과 여성, 기업이 함께 하는 일·가정 양립 실전	4-1 일·가정 양립 제도 정착 4-2 남성의 일·가정 양립 지원 강화 4-3 기업의 일·가정 양립 실천 촉진
5. 가족환경 변화에 대응한 정책 추진체계 강화	5-1 고비용 결혼문화 개선 5-2 임산부 배려문화 조성 5-3 행복한 육아문화 확산 5-4 양성평등 가족문화 조성
5. 가족환경 변화에 대응한 정책 추진체계 강화	6-1 가족정책 법·제도 정비 6-2 가족정책 전달체계 강화 6-3 새로운 가족환경 변화에 선제적 대응

그림 13-3 제3차 건강가정기본계획의 가족정책 비전·목표

자료: 제3차 건강가정기본계획(2016-2020).

와 지역사회 중심의 자녀양육 친화 환경을 조성하고자 하는 것이다.

셋째, 남성과 기업의 참여를 기반으로 일과 가정 양립 실천을 강화하고자 한다. 즉 배우자 출산휴가, 남성 육아휴직 활성화, 남성 대상 맞춤형 교육 등을 통하여 남성의 일·가정 양립 지원을 강화한다. 또한, 가족친화인증제도의 내실화와 일·가정양립 홍보 등을 통하여 기업에서 자발적으로 일가정 양립문화를 실천하도록 유도하고자 한다.

넷째, 가족정책 환경 변화에 대응한 추진체계를 강화하고자 한다. 즉 변화된 가족구조와 정책환경을 반영하고 미래가족의 변화를 예측하여 가족정책의 패러다임을 전환하고 중장기적인 가족정책 발전과제를 발굴하고자 한다. 가족지원 서비스 전달체계의 접근성과 기능 재정비 등을 통하여 보편적 가족정책 전달체계로서의 위상 강화 및 효율적 가족정책 서비스를 추진하고자 한다.

제3차 건강가정기본계획은 2대 목표, 6개 정책과제, 20개 단위과제와 53개 세부과제로 구성되어 있고 다음과 같은 특징이 있다.

첫째, '가족관계 증진을 위한 서비스 기반 조성'이라는 정책과제를 신설함으로써 보편적 가족 서비스를 부각시켰다.

둘째, 일·가정 양립을 여성만의 문제가 아니라 남성과 기업 모두가 함께 실천해야 한다는 점을 강조하였다.

셋째, 맞벌이 가족 지원, 남성의 일·가정 양립 지원 강화, 임산부 보호 등 새로운 정책 수요가 증가하고 있는 분야의 단위과제를 새로이 추가하였다.

넷째, 작은결혼문화, 임산부 배려문화, 소비주의적 육아문화 개선 등 생애주기별 출산 친화적 사회문화 조성을 강조하였다.

이를 통해 다음과 같은 효과를 기대할 수 있다. 첫째, 가족해체를 예방한다. 가족관계 증진을 위한 서비스 기반 조성으로 아동학대, 가정폭력, 이혼, 청소년 범죄 등 가족해체에 따른 사회경제적인 비용이 감소될 수 있다. 둘째 사회통합이 이루어진다. 가족 형태별 맞춤형 지원을 강화하여 가족 형태 다양화에 따라 사회통합을 실현한다. 셋째, 여성고용률과 출산율 상승에 기여할 수 있다. 생애주기별 육아부담 경감 및 일·가정 양립 실천환경 조성으로 여성고용율과 출산율 상승을 견인할 수 있다. 넷째 국가경쟁력이 상승될 수 있다. 돌봄 부담 감소 및 일·가정 양립 정착으로 여성 경제활동참가율 제고시 생산가능인구 감소에 적극 대응하여 국가경쟁력(잠재성장률) 상승을 기대할 수 있다.

3. 가족정책의 제공기관과 주요사업

가족정책 사업은 중앙부처, 시·도 자치단체라는 '행정구조'와 가족정책 지원기관, 가족서비스 제공기관인 '행정기관 외 구조'로 이원화되어 있다. 중앙부처는 정책방향에 따라 지침 및 예산을 정하고, 이에 맞추어 시·도 자치단체는 가족서비스 제공기관을 선정하고 예산을 분배하고 집행사항을 검토할 권한을 갖는다. 가족정책 지원기관은 정책에 맞게 가족서비스 제공기관이 제공하는 서비스에 필요한 매뉴얼 및 프로그램을 개발하며, 서비스 제공기관 종사자 교육, 성과관리, 평가 등의 업무를 수행한다.

가족정책 전달체계는 "건강가정기본법"과 "다문화가족지원법"에 명시되어 있다. 즉 "건강가정기본법"에는 이러한 건강가정 서비스를 제공할 기관으로 건강가정사를 두고 전문적인 가족서비스를 제공할 '건강가정지원센터'를 설치토록 규정하고 있다. "다문화가족지원법"에는 다문화가족지원을 위해 '다문화가족지원센터'를 설치하도록 하였다. "가족친화 사회환경 조성의 촉진에 관한 법률"에서는 '가족친화센터'를 통해 정책을 실현하도록 규정하고 있다.

"건강가정기본법"이나 "다문화가족지원법"에서 가족정책을 시행하기 위한 전달체계 및 구체적인 사업 등이 서술된 내용을 살펴보면, 중앙부처가 정책 지침을 정하고 시·도와 시·군·구에 전달하면, 시·군·구에서는 건강가정지원센터 또는 다문화가족지원센터를 설치하고, 센터를 통해 서비스를 제공한다. 또한 시·도는 이를 지원하기 위해 광역건강가정지원센터, 또는 거점다문화가족지원센터를 두고 광역 단위 서비스를 제공하거나 시·군·구 단위 서비스 지원의 역할을 부여하고 있다.

2014년 22개소의 시범사업을 시작으로 '건강가정·다문화가족지원센터'라는 통합 서비스 체계가 확대되어 2020년 현재 196개소의 통합 센터가 운영중이다. 건강가정·다문화가족지원을 위한 통합서비스는 첫째, 유형별로 이원화 되어 있는 가족지원서비스를 가족의 유형에 상관없이 한 곳에서 다양한가족에 대한 보편적이고 포괄적 서비스를 제공하는데 목적을 두고 있다. 둘째, 다문화가족의 안정적인 정착과 가족생활을 지원하기 위해 가족 및 자녀 교육·상담, 통·번역 및 정보제공, 역량강화 지원 등 종합적인 서비스를 제공하여 다문화가족의 한국사회 조기적응 및 사회·경제적 자립지원 도모하는 데 목적을 둔다.

표 13-3 전국 건강가정지원센터 연도별 설치개소 추이

연도	2004	2005	2006	2007	2008	2009	2010	2011	2012	2013	2014	2015
설치개소(개)	3	16	50	66	83	98	137	138	148	151	151	151

1) 가족정책 제공기관

가족정책 서비스 제공기관은 크게 건강가정지원센터와 다문화가족지원센터로 나누어 볼 수 있다. 건강가정지원센터는 "건강가정기본법"에 의해 설치되었으며, 다문화가족지원센터는 "다문화가족지원법"에 의해 설치되었다.

(1) 건강가정지원센터

건강가정지원센터는 "건강가정기본법" 제35조의 건강가정지원센터의 설치 조항에 근거한다. 이 조항은 '국가 및 지방자치단체는 가정문제의 예방 · 상담 및 치료, 건강가정의 유지를 위한 프로그램의 개발, 가족문화운동의 전개, 가정 관련 정보 및 자료제공 등을 위하여 중앙, 시 · 도 및 시 · 군 · 구에 건강가정지원센터를 둔다.'고 명시하고 있다.

2015년 기준 건강가정지원센터 설치는 151개소 였고, 이 중에서 통합서비스를 하는 건강가정 · 다문화 가족지원센터는 2015년에 22개소 였으나, 2020년 현재 196개소가 운영되고 있다.

(2) 다문화가족지원센터

다문화가족지원센터는 "다문화가족지원법" 제12조에서 명시된 '여성가족부장관은 다문화가족지원정책의 시행을 위하여 필요한 경우에는 다문화가족 지원에 필요

표 13-4 전국 다문화가족지원센터 연도별 설치개소 추이

연도	2006	2007	2008	2009	2010	2011	2012	2013	2014	2015
설치개소(개)	21	38	80	100	159	200	206	214	217	217

한 전문인력과 시설을 갖춘 법인이나 단체를 다문화가족지원센터로 지정한다.'는 조항에 근거하고 있다. 이에 따라 다문화가족지원센터는 "다문화가족지원법" 제12조에 의거 국비 또는 지방비를 지원받아 운영하는 시·군·구 단위에 다문화가족지원센터를 설치하게 된다.

2015년 기준 다문화가족지원센터의 설치는 271개소 였고, 이 중에서 통합서비스를 하는 건강가정·다문화가족지원센터는 2015년에 22개소 였으나, 2020년 현재 196개소가 운영되고 있다.

(3) 건강가정·다문화가족지원센터

건강가정·다문화가족지원센터는 건강가정지원센터와 다문화가족지원센터의 통합서비스 기관이므로 법적근거는 건강가정기본법과 다문화가족지원법에 있다. 즉, 건강가정지원법 제21조(가정에 대한 지원)과, 제35조(건강가정지원센터의 설치), 다문화가족지원법 제6조(생활정보 제공 및 교육 지원)과 제12조(다문화가족지원센터의 설치·운영 등)이다.

통합서비스는 2014~2015년도 시범사업(22개소)으로 운영되고, 2016년(78개소) → 2017년(101개소) → 2018년(152개소) → 2019년(183개소) → 2020년(196개소)로 운영기관이 확대되었다.

2) 가족정책 주요사업

가족정책 주요사업은 서비스 제공기관인 건강가정지원센터와 다문화가족지원센터에 의한 운영으로 알 수 있다. 건강가정지원센터의 사업은 6개의 영역, 즉 가족교육, 가족상담, 가족문화, 가족돌봄지원서비스, 다양한 가족서비스, 지역사회 연계 영역으로 나뉜다. 다문화가족지원센터의 사업은 기본(필수)사업과 특성화(선택)사업으로 구분되며, 그 외에 지역사회 특성 및 수요를 감안하여 센터 고유사업을 실시하고 있다.

(1) 건강가정지원센터의 주요사업

우리나라 가족정책의 주요 사업내용을 건강가정기본법에 명시한 건강가정사업과 '제3차 건강가정기본계획'의 정책과제를 중심으로 살펴보고자 한다.

건강가정기본법은 여러 차례의 개정을 거쳐 왔으나, 제3장인 '제21조 가정에 대한 지원'부터 '제33조 자원봉사활동의 지원'까지의 조항에서 구체적인 건강가정사업 명시는 개정이후 동일하다. 즉 건강가정사업에는 가정에 대한 지원, 위기가족긴급지원, 자녀양육 지원 강화, 가족단위 복지증진, 가족의 건강증진, 가족 부양의 지원, 민주적이고 양성 평등한 가족관계 증진, 가족단위 시민적 역할 증진, 가정생활문화의 발전, 가정의례, 가정봉사원, 이혼 예방 및 이혼가정 지원, 건강가정교육, 자원봉사활동의 지원 등이 포함되어 있다. 2016년에 제21조의 2~4항이 신설되어서 세월호와 같은 재난 발생 시 대처할 수 있는 위기가족긴급지원사업이 추가되었다.

① 가족관계 증진을 위한 서비스 기반 조성
- 맞춤형 가족교육 지원
  - 가족교육 전문가 양성과정 운영 및 전문강사 DB 구축 등을 통한 가족교육 전문가 체계적 양성·관리
  - 건강가정지원센터 가족교육 기능 강화, '찾아가는 가족교육' 활성화, 다양한 매체 활용 등 가족교육 접근성 제고
  - 공교육 과정에서 가족교육 확대 및 가족교육주간 운영 등 가족교육 활성화를 위한 추진기반 마련
- 가족상담 활성화
  - 가족상담 전문인력 양성과정 도입, 지역사회 내 전문가 집단 연계 등을 통한 가족상담 전문성 제고
  - 건강가정지원센터 가족상담 기능 강화, '찾아가는 가족상담' 등 가족상담 서비스 확대
- 가족여가활동 확대
  - 가족여가 정보 제공 시스템 구축, 다양한 가족여가 프로그램 제공 등 가족참여 프로그램 확대

− 아빠캠프(가칭) 운영 등 가족여가 인프라 구축 및 활용

② **가족 유형별 맞춤형 서비스 지원 강화**

○ 맞벌이가족 지원

− 맞벌이 가족을 위한 서비스 이용시간 확대, 워킹맘·워킹대디 지원 사업 확대 등 맞벌이 가족 맞춤형 서비스 강화

− 맞벌이 학부모를 위한 야간 상담, 방학중 자녀 학습·체육 활동 지원 등 맞벌이 학부모 지원 강화

○ 한부모가족 지원

− 학령기 청소년 임신 시 '책임교원제' 도입 및 제도 개선, 미혼모 대상 '교실형 위탁교육' 실시 등 청소년 한부모 교육 지원 강화

− 한부모가족의 안정적 자녀양육·주거 지원, 맞춤형 취업지원 강화 등 자녀양육 및 자립지원 강화

− 양육비 이행지원 서비스 향상 도모 및 이행 실효성 제고

○ 다문화가족 지원

− 결혼이민자들의 초기 정착 단계, 중·장기 적응단계, 취업을 통한 독립단계 등 정착단계별 맞춤형 지원 강화

− 다문화가족 자녀세대 성장에 따라 이중언어 인재 육성, 성장단계별 프로그램 지원 등 자녀 세대를 위한 지원 확대

− 국제결혼, 가족갈등, 가정폭력 등 다문화가족의 위기상황에 대한 안전망 강화

− 우리 사회의 다문화수용성 제고를 위한 다문화이해교육 및 인식개선 캠페인 확산, 홍보 강화

○ 취약·위기 가족 지원

− 조손가족 손자녀 학습·정서적 지원 확대 등 조손가족 지원 강화

− 이혼시 부모교육·상담 강화 등으로 이혼 위기 가족 기능 회복 및 아동복지 증진

− 가정폭력 예방교육 확대 및 내실화, 위기가족 긴급지원 서비스 강화

③ 정부-가족-지역사회 연계를 통한 돌봄지원 강화

○아기 키우기 좋은 여건 조성

- 국공립 어린이집 및 직장어린이집 확충, 공공형 어린이집 활성화 등 보육서비스의 공공성 강화
- 종일제, 시간제, 맞춤형 등 수요별 보육서비스 제공, 가정양육 지원 서비스 확대, 아이돌봄서비스 내실화 등 맞춤형 보육 돌봄 서비스 개편
- 어린이집 평가인증 내실화, 어린이집 운영 투명성 제고, 민간 베이시시터 교육 지원체계 구축 등 보육·돌봄 서비스 질 관리

○돌봄 부담 해소를 위한 지역사회 조성

- 공동육아나눔터 설치 확대, 공동육아 지역네트워크 지원 등 자녀돌봄 지역인프라 확대
- 노인그룹홈 확대, 사회공헌활동 기부은행 활성화 등 지역사회 중심 노인돌봄 지원체계 구축

○가족돌봄 여건 조성

- 가족돌봄 휴직실태 파악, 돌봄휴직시 대체인력 채용 지원 서비스 제공 등 가족돌봄 휴직제 활성화
- 가족돌봄자 맞춤형 정보 및 교육 실시, 가족돌봄자 소진방지 프로그램 운영 등을 통해 가족돌봄자 부양부담 경감

④ 남성과 여성, 기업이 함께하는 일·가정 양립 실천

○일·가정 양립 제도 정착

- 자동육아휴직제 도입 확산, 육아휴직 후 복귀 프로그램 지원 등을 통해 육아휴직 활성화 및 휴직 후 복귀 지원 강화
- 일·가정 양립 관련 맞춤형 정보 및 상담 제공, 스마트 근로감독, 일家양득 캠페인 확산 등 정책 사각지대 해소 및 사회적 인식 개선

○남성의 일·가정 양립 지원 강화

- 배우자 출산휴가 활성화, '아빠의 달' 확대 등 남성의 육아참여를 위한 제도 개선
- 생애주기별 아버지교육 활성화, 남성 맞춤형 정보 제공 등을 통한 남성 맞춤

형 정보 · 교육 지원

    – 남성 육아참여 확산을 위한 캠페인 등 사회적 분위기 조성

○ 기업의 일 · 가정 양립 실천 촉진

    – 근로시간 단축 관련 법 · 제도 정비, '가족사랑의 날' 활성화 등을 통해 장시간 근로문화 개선

    – 공공부문 가족친화기업 인증 의무화, 가족친화기업 성과 홍보, 가족친화인증 인센티브 개편 등 가족친화기업 확대

    – 스마트워크 확산, 시간선택제 일자리 창출 · 전환 활성화 등 기업의 일하는 방식 개선 유도

⑤ 생애주기별 출산친화적 사회문화 조성

○ 고비용 결혼문화 개선

    – 공공시설 예식장 개방 확대, 작은 결혼 관련 맞춤형 정보 제공, '작은결혼식' 모형 개발 등 '작은결혼식' 활성화 추진

    – '작은결혼식 박람회' 개최, 예비부부 대상 교육 등 고비용 결혼문화 인식 개선

    – 소비자 피해구제 강화를 위한 관계부처 합동 TF 운영, 결혼준비서비스업 한국 표준산업분류표 반영 등 결혼 관련 비합리적 거래 관행 근절 및 관리 강화

○ 임산부 배려 문화 조성

    – 임신기 근로시간 단축제 홍보 및 교육 확산, 임산부보호 규정 준수 감독 강화 등을 통해 제도 정착 유도

    – 임신근로자 스마트워크 활성화 등 임산부 배려 정책 발굴 · 확산

    – 직장 교육과정에 임산부 배려 과정 개설 · 운영 등 임산부 배려를 위한 사회적 공감대 조성

○ 행복한 육아문화 확산

  – 소비주의적 육아실태 현황을 파악하고, 육아문화 개선을 위한 TF를 구성 · 운영하여 대안적 육아문화 제시

○ 양성평등 가족문화 조성

    – 양성평등 가족문화 조성을 위한 교육 · 상담 서비스 확대

표 13-5 다문화가족지원센터 사업

구분		내용	비고
사업	기본사업	한국어교육, 가족통합 및 다문화사회 이해 교육, 취·창업 지원, 자조모임, 상담	필수
	특성화사업	이중언어교실, 언어발달지원사업, 결혼이민자 통·번역 서비스 등	선택
홍보 등 운영		육아정보나눔터, 멘토링·자원봉사단 운영, 다문화인식 개선 및 지역사회 홍보, 기관협약 및 외부사업연계 등	

  – 양성평등한 가족문화 조성을 위한 캠페인 확산

⑥ 가족환경 변화에 대응한 정책 추진체계 강화
  ○ 가족정책 법·제도
    – 변화하는 가족환경에 적극 대응하기 위한 가족정책 관련 법·체계 정비
    – 가족정책 성과분석 평가 및 컨설팅 강화, 건강가정사 전문성 제고 및 관리체계 강화 등 가족정책 이행 강화
  ○ 가족정책 전달체계 강화
    – 건강가정지원센터·다문화가족지원센터 통합서비스 제공기관 확대 및 지역수요를 반영한 특화서비스 제공
  ○ 새로운 가족환경 변화에 선제적 대응
    – 가족 형태 다양성 수용을 위한 논의기구 운영 및 새로운 가족환경 변화에 대응한 연구 및 정책개발

(2) 다문화가족지원센터의 주요사업

"다문화가족지원법"은 결혼이민자 및 그 자녀를 대상으로 한 가족서비스 사업을 명시하고 있다. 다문화가족의 경우 언어 및 문화적 차이에 의한 가족문제, 결혼이민 직후의 사회부적응 문제, 자녀양육에 있어서 언어 환경의 부족 문제 등에서 특히 사회적 지원을 필요로 한다. 다문화가족 증가에 따른 사회적으로 지원을 필요로 하는 새롭고 특별한 요구를 지원하기 위해 제정된 법에 의해서 국가는 다문화가족구성원

간 갈등과 자녀교육의 어려움 등 다양한 문제를 지원하고 있다.

주요사업은 결혼이민자 등이 한국 사회에 적응하며 생활하는 데 필요한 생활 정보 제공 및 한국어, 사회적응, 직업, 가족교육 등의 교육지원을 포함하고 있다. 가족상담, 부부교육, 부모교육 등의 가족생활교육을 실시하고 문화의 차이 등을 고려한 언어통역, 법률상담, 행정지원 등의 전문적인 서비스를 제공하도록 하고 있다. 예전에 비해 다문화가족을 위한 통·번역 서비스, 취·창업 지원 등 사회·경제적 자립지원을 위한 정책적 지원이 강화되고 있다.

(3) 건강가정·다문화 가족지원센터의 주요사업

건강가정·다문화가족지원센터는 지역주민·다문화가족의 가족상담, 가족교육, 가족돌봄, 가족문화 서비스 등 가족과 관련된 문제를 종합적으로 상담하고 관련 서비스를 제공하고, 다양한 가족형태에 맞는 가족교육, 가족상담을 하며, 가족돌봄 지원, 평등한 가족문화 조성 등의 사업을 한다. 건강가정·다문화가족지원센터의 영역별 사업내용은 '가족관계, 가족돌봄, 가족생활, 가족과 함께하는 지역공동체'로 구분된다(표 13-6).

① (가족관계) 부모역할 및 가족관계 개선, 가족의사소통, 가족구성원의 역량강화를 위한 맞춤형 서비스 지원, 가족형태·생애주기·문제유형별 가족 갈등과 문제 해결, 성평등·인권의식 고취를 위한 교육·상담·문화프로그램 등 운영

○ 부모역할지원: 영유아기-아동청소년기-성년기 자녀를 둔 부모의 생애주기 및 가족특성에 따른 부모됨의 의미, 올바른 부모역할 및 부모자녀간 관계 형성 방법, 자아존중감 향상, 역량강화 지원, 아버지 역할지원

  − 임신·출산(부모)지원: 임신, 출산 관련 교육·정보제공·문화프로그램 등을 제공

  − 영유아기 부모지원: 영유아 자녀 관련 부모역할 지원

  − 학부모지원: 초·중·고등학생 자녀 이해하기 및 소통 등 부모역할 지원

  − 예비부부·부모지원: 자기에 대한 이해, 결혼의 의미, 행복한 부부관계, 부모됨의 의미 등 역할 지원

  − 예비부부·부모대상 건전한 혼례문화 확산을 위한 교육 운영

표 13-6 건강가정·다문화가족지원센터 영역별 사업 내용

사업영역	기본사업	비고
가족관계	부모역할 지원(임신출산(부모)지원, 영유아기 부모지원, 학부모지원, 혼례가치교육, 아버지 역할 지원), 부부역할지원(부부갈등예방·해결지원, 노년기 부부지원), 이혼전·후가족지원, 다문화가족관계향상지원, 다문화가족이중언어환경 조성, 다문화가족자녀성장지원, 가족상담	교육, 상담(정보제공 및 초기상담), 문화프로그램 등
가족돌봄	가족역량강화지원, 다문화가족 방문서비스	교육, 상담(정보제공+초기상담 → 전문상담) 돌보미 파견, 사례관리 등
가족생활	맞벌이가정 일가정양립지원, 다문화가족 초기정착지원, 결혼이민자 통번역 지원, 결혼이민자 취업지원	교육, 상담, 정보제공, 문화프로그램 등
가족과 함께하는 지역공동체	가족봉사단(다문화가족나눔봉사단), 공동육아나눔터(가족품앗이), 다문화가족 교류·소통공간 운영, 가족사랑의 날, 결혼이민자 정착단계별 지원 패키지, 인식개선 및 공동체의식, 가족친화문화프로그램, 찾아가는 결혼이주여성 다이음사업	모임, 활동, 문화프로그램 등

(_____ : 밑줄의 3개 사업은 다문화가족지원 프로그램 중 우선적으로 시행)

- 아버지 역할 지원: 일 · 가정 양립의 중요성 및 가정내 아버지 역할 지원, 자녀와의 상호작용 방법 등에 대한 지원, 육아 및 가정생활에 적극적인 아빠들의 자조모임 운영, 아버지-자녀가 함께하는 돌봄 프로그램 등
- 부부역할지원: 부부의 생애주기에 따른 양성평등한 부부역할지원
  - 부부갈등예방 · 해결지원: 양성평등하고 민주적인 가족관계지원, 가족발달주기에 따른 생애설계와 역할 훈련, 배우자 이해, 부부갈등해결 등을 위한 생애주기별 부부교육, 부부상담 등의 서비스 제공
  - 노년기 부부지원: 노년기의 발달 및 가족관계의 특성 이해하기, 부부 및 부모역할 재조정하기, 가정자원관리(가계재무, 시간관리 등) 관련 서비스 제공
- 이혼전 · 후가족지원: 18세 미만의 자녀의 관점에서 이혼신청 가족 및 이혼전 · 후 가족 대상 가족기능 강화를 위한 상담 · 교육 · 문화 서비스 등 제공
- 다문화가족 관계향상지원: 다문화가족 부부간의 성평등, 가족간 성평등 인식고취 등 성평능 교육, 다문화이해교육 및 인권감수성 교육(※배우자·부부 교육: 다문화가족 참여자를 대상으로 운영(일반가족과 통합하여 운영하는 경우 다문

화가족이 50% 이상 참여하는 경우 실적으로 인정))

○ 다문화가족이중언어환경 조성사업: 영유아 자녀를 둔 다문화가족 대상으로 이 중언어 환경 조성을 위한 이중언어 부모코칭, 부모·자녀 상호작용 프로그램, 이중언어 활용 프로그램을 지원 하는 사업(※연간 10시간(20가정) 이상(이중언 어코치 배치 센터의 경우 연간 160시간(40가정) 이상))

○ 다문화가족자녀성장지원: 학령기 다문화가족 자녀 및 부모 대상 부모·자녀관 계 향상 프로그램 및 정체성·사회성·리더십 개발을 위한 맞춤형 프로그램 지 원, 기존 서비스 기관과 연계 등

○ 가족상담: 생애주기에 따라 발생하는 가족 내 다양한 갈등을 해결하기 위하여 부모-자녀간, 부부간 가족관계 개선, 비혼청소년 임신갈등상담 등 다문화가족 및 비다문화가족 대상 가족상담 제공

② (가족돌봄) 가족 구성원의 일시적 장기적 부재, 상황적 위기 등으로 가족기능이 약화된 가족에 대한 돌봄서비스 지원, 가족 유형 특성에 따른 맞춤형 가족기능 강화 서비스 운영

○ 가족역량강화지원: 가족기능이 취약한 한부모·조손가족 및 긴급위기가족 등에 게 가족기능 및 역량강화를 도모할 수 있는 서비스 제공

※ 취약·위기가족 대상 부모역량강화교육 또는 사례관리 실시(센터의 여건에 따 라 선택) 별도사업 기관은 기존사업 지침에 따른 기준 준수

※ 긴급돌봄지원: 가정폭력, 자살, 사망, 사고, 경제적 및 사회적 위기사건을 직면 한 가족에게 심리·정서지원 및 돌봄서비스 제공

※ 공통: 부모교육, 가족관계, 자녀양육교육 등 프로그램 및 자조모임 운영 지원 등

※ 배움지도사 및 지지리더 등 가정 파견 등은 별도로 가족역량강화지원사업을 실시하고 있는 서비스기관으로 연계

○ 다문화가족 방문서비스: 센터를 방문하기 어려운 다문화가족을 대상으로 한국 어교육, 부모교육, 자녀생활서비스를 제공

③ (가족생활) 가족특성에 따른 고충상담, 생활정보제공, 초기정착지원 등 맞춤형

가족생활 프로그램 운영

○ 맞벌이가정 일·가정양립지원: 직장 내 고충 및 가정 생활정보 등 맞벌이 가정 의 일·가정 양립의 지원 프로그램 운영

※ 지역 여건·특성에 따라 직장생활지원 또는 가정생활지원 선택 가능

※ 워킹맘·대디지원사업을 위한 서비스 매뉴얼 참조하여 운영

○ 다문화가족 초기정착지원: 결혼이민자 한국어 교육 등 입국 초기 결혼이주여성 및 그 가족을 대상으로 내·외부 자원 연계 등을 통한 다문화가족 초기정착 지원 서비스

○ 결혼이민자 통번역지원: 입국 초기 결혼이민자의 초기 정착단계에서 경험하는 의사소통 문제해결을 위하여 통번역서비스를 지원하는 사업

○ 결혼이민자 취업지원: 결혼이민자 취업기초 소양교육, 취업훈련 전문기관 연계, 자격증·면허증 반 운영 등 결혼이민자에 대한 취업지원 서비스

④ (가족과 함께하는 지역공동체) 양성평등한 가족문화, 지역사회 공동체 문화, 가 족친화 사회 환경 조성, 다문화인식개선 등 가족과 지역사회연계 프로그램 운영

○ 인식개선 및 공동체 의식: 다문화, 한부모, 조손, 북한이탈 가족 등 다양한 가족 의 특성 이해 및 편견해소 지원

☞ (서비스방법) 가족단위 동아리 조성, 이웃 간 품앗이 조성, 캠페인, 자치활동 공간조성(공동육아나눔터 등), 지역사회협의체, 유관기관 네트워크 적극 활 용 및 참여 추진, 기관이나 기업 등과의 가족지원 사업 협력, 지역 내 유관시 설등과의 가족지원을 위한 가족서비스협의체 구성 등

○ 가족친화문화 프로그램: 가족캠프, 가족축제, 가족체험활동 등 가족구성원 전체 가 참여하는 프로그램 운영

○ 가족봉사단(다문화가족나눔봉사단): 가족단위 자원봉사활동, 다문화가족 자조 모임

○ 공동육아나눔터 운영: '자녀함께 키우기' 가족품앗이 및 공동육아나눔터 운영 등
 - 공동육아나눔터: 지역의 육아를 담당하는 부모들이 함께 자녀를 양육할 수 있 는 공동육아나눔터 운영

- 가족품앗이: 기존 구성원 간의 재능나눔, 돌봄나눔 활동을 넘어 지역사회와 타 공동체로 돌봄 품앗이 확대, 전업주부와 맞벌이 주부가 함께 운영하는 품앗이, 남성이 참여하는 품앗이 등 다양한 그룹 운영
- 다문화가족 교류·소통공간 : 다문화가족 자녀돌봄 및 성장 지원, 결혼이민여성 자조활동, 지역사회 통합 등 다문화가족의 사회 참여·소통을 위한 공간 지원
- 가족사랑의 날 : 정시퇴근 문화 확산 등 캠페인, 매주 수요일 가족이 함께 참여하는 프로그램, 지역사회연계 가족친화 프로그램 운영 등
- 결혼이민자 정착단계별 지원 패키지 : 한국생활 초기적응이 이루어진 결혼이민자를 대상으로 결혼이민자가 스스로 본인의 정착과정을 설계하고 관련서비스 탐색, 실행계획 수립 등을 수행할 수 있도록 지원
- 찾아가는 결혼이주여성 다이음사업 : 결혼이주여성들이 지역사회 다문화 활동가로 참여하여 유치원, 어린이집, 아동복지센터, 학교, 시설, 모임 등 다양한 지역공동체를 '찾아가는 다문화 친화 활동' 지원

4. 가족정책 소관법률 및 전달체계

1) 소관법률

가족정책과 관련된 법률로는 건강가정기본법, 건전가정의례의 정착 및 지원에 관한 법률, 가족친화 사회환경의 조성 촉진에 관한 법률, 한부모가족지원법, 다문화가족지원법, 남녀고용평등과 일-가정 양립 지원에 관한 법률 등이 있다. 여기에서는 이들 법률의 제정과 관련한 사항과 법률이 갖는 목적 부분을 서술함으로써 가족정책 관련 법률임을 설명한다.

(1) 건강가정기본법
건강가정기본법은 2004년 2월 9일에 법률 제7166호로 공포되어 2005년 1월 1일부

터 시행되었고, 최근 2016년 12월 개정까지 타법개정이나 주무부서 변경으로 개정되기도 하고, '위기가족긴급지원사업'과 같은 주요사업의 추가로 개정되기도 하였다. 제1조에는 "이 법은 건강한 가정생활의 영위와 가족의 유지 및 발전을 위한 국민의 권리·의무와 국가 및 지방자치단체 등의 책임을 명백히 하고 가정문제의 적절한 해결방안을 강구하며, 가족구성원의 복지 증진에 이바지할 수 있는 지원정책을 강화함으로써 건강가정 구현에 기여하는 것을 목적으로 한다."고 명시되었다.

(2) 건전가정의례의 정착 및 지원에 관한 법률

건전가정의례의 정착 및 지원에 관한 법률은 1999년 2월 8일에 법률 제5837호로 공포되어 시행되었고, 2008년 3월 28일에 타법개정으로 개정된 법률 제9031호로 2008년 9월 29일부터 시행되었다. 제1조에는 "이 법은 가정의례의 의식 절차를 합리화하고 건전한 가정의례의 보급·정착을 위한 사업과 활동을 지원·조장하여 허례허식을 없애고 건전한 사회 기풍을 조성하는 것을 목적으로 한다."고 명시되었다.

(3) 가족친화 사회환경의 조성 촉진에 관한 법률

가족친화 사회환경의 조성 촉진에 관한 법률은 2007년 12월 14일에 법률 제8695호로 공포되어 2008년 6월 15일 시행되었고, 2008년 2월 29일 타법개정으로 개정된 법률 제8852호로 2008년 6월 15일부터 시행되었다. 제1조에는 "이 법은 가족친화 사회환경의 조성을 촉진함으로써 국민의 삶의 질 향상과 국가사회의 발전에 이바지함을 목적으로 한다."고 명시되었다.

(4) 한부모가족지원법

한부모가족지원법은 2006년 12월 28일에 개정된 법률 제8119호로서 2009년 10월 9일 타법개정과 더불어 일부 개정된 법률 제9795호를 2010년 1월 10일부터 시행하였다. 제1조에 "이 법은 한부모가족이 건강하고 문화적인 생활을 영위할 수 있도록 함으로써 한부모가족의 생활 안정과 복지 증진에 이바지함을 목적으로 한다."고 명시되었다.

(5) 다문화가족지원법

다문화가족지원법은 2008년 3월 21일에 제정된 법률 제8937호로서 2008년 9월 22일부터 시행되었다. 제1조에 "이 법은 다문화 가족구성원이 안정적인 가족생활을 영위할 수 있도록 함으로써 이들의 삶의 질 향상과 사회통합에 이바지함을 목적으로 한다."고 명시되었다.

(6) 남녀고용평등과 일·가정 양립 지원에 관한 법률

남녀고용평등과 일-가정 양립 지원에 관한 법률은 2001년 8월 14일 공포된 법률 제6508호로서 2009년 10월 9일 타법개정과 더불어 개정된 법률 제9795호를 2010년 1월 10일부터 시행하였다. 제1조에 "이 법은 '대한민국헌법'의 평등이념에 따라 고용에서 남녀의 평등한 기회와 대우를 보장하고 모성 보호와 여성 고용을 촉진하여 남녀고용평등을 실현함과 아울러 근로자의 일과 가정의 양립을 지원함으로써 모든 국민의 삶의 질 향상에 이바지하는 것을 목적으로 한다."고 명시되었다.

2) 전달체계

가족정책의 대상인 가족원에게 가족정책을 실현함으로써 가족을 지원하는 역할을 하는 단체는 건강가정지원센터, 한부모가족지원복지시설, 다문화가족지원센터, 건강가정·다문화가족지원센터, 입양 관련 기관 등이 있다.

건강가정·다문화가족지원센터(www.familynet.or.kr)는 전국적으로 196개소(2020년 기준)가 설치·운영되고 있다. 이 기관에서는 가족교육 및 상담, 가족돌봄지원, 맞춤형 서비스 지원, 평등하고 행복한 가족친화문화 조성 등의 가족 관련 사업을 한다.

한부모가족지원복지시설은 한부모가족지원센터, 모(부)자보호시설, 모자자립시설, 모자일시보호시설, 미혼모시설, 미혼모자공동생활가정, 미혼모공동생활가정 등이 있는데, 보건복지가족부에 126개소(2016년 기준)가 등록되어 있다. 이들 기관에서는 한부모가족을 대상으로 하여 자녀양육비와 교육비를 지원하거나 한부모가족복지자금 융자 및 생활안정 지원사업, 사례관리를 통한 역량 강화사업 등을 한다.

다문화가족지원센터(http://mfsc.familynet.or.kr)는 전국적으로 217개소(2015년 기준)가 설치·운영되고 있다. 이 기관에서는 다문화가족의 사회문화적 적응 지원체계 역할로서 한국어, 문화 이해 교육, 상담, 정보 제공, 자조모임 등을 하고 있다.

전국 입양기관 현황으로는 30개소, 전국 가정위탁지원센터 현황으로는 18개소가 보건복지가족부에 등록(2015년 기준)되어 있다.

5. 향후 가족정책의 방향

가족정책은 국가의 일방적인 시책이나 제도가 아니라 가족실태조사 및 국민의 요구도를 반영하여 가족의 삶의 질을 향상하여 행복한 사회를 구현하기 위한 역동적인 정책이다.

우리나라는 현재 가족이 직면하고 있는 여러 문제들을 해결하기 위해 다양한 가족정책을 펼치고 있다. 공보육의 확대, 보육예산의 획기적 증대, 건강가정 기본계획 수립과 건강가정지원센터 운영, 호주제 폐지와 양성평등한 가족관계를 위한 법과 제도의 개선, 일·가족 양립 지원 및 가족친화적 사회환경 조성을 위한 다양한 정책 개발, 다문화가족 지원을 위한 정책 개발 및 전달체계 설치 확대 등을 중점적으로 추진하고 있다(도미향 외, 2009). 우리 사회가 세계화 시대에 국가경쟁력을 발휘하고 저출산 및 고령사회의 위기를 극복하고 국가 발전 및 복지 향상의 해법을 제안하기 위해서는 미래지향적인 가족정책을 추진하는 것이 필요하다는 인식이 공유되고 있다(조희금 외, 2002).

그렇다면 우리 사회 미래가족을 위해 미래의 가족정책이 넘어야 할 과제는 무엇인지 살펴본다. 탈가족화 문제, 남성의 자녀양육 참여 저조, 저출산 대응 정책 등의 몇 가지 문제가 있다(박옥임 외, 2014). 첫째, 탈가족화와 가족화의 문제이다. 즉 자녀가 영유아기에 있을 때 부모 노동력의 가속화가 필요함과 동시에 자녀가 성장할 때까지 계속하여 탈가족화가 요구된다. 이를 보완하기 위해 보육예산의 확대, 육아휴직 이용자와 급여 제공, 산전·산후 휴가 등을 제도화하여 다양한 정책들이 시도되었다. 그러나 수혜 대상이 적고 돌봄의 가족화나 보편적 돌봄의 탈가족화 모두 여전히 과제로 남아있다(윤홍식 외, 2010). 돌봄의 가족화와 탈가족화는 우리 사회의 심각한 문제인 저출산 고령화의 문제를 해결하기 위해서도 필요하다. 보편적이고 질 높은 돌봄의 탈가족화와 가족화의 시행을 위한 국가 차원의 적극적 개입이 필요하다(박옥임 외, 2014).

둘째, 남성의 자녀양육 참여의 문제이다. 'OECD 2015 삶의 질 보고서'에 의하면 우리나라 부모의 자녀 돌봄 시간은 하루 48분으로 나왔고, 그 중 아버지의 돌봄 시간은 평균 6분 정도이다. 평균이기에 아마도 맞벌이 가족인 경우에 남성의 가사노동 참여율이 홑벌이 가족의 남성보다 별로 높지 않을 것이다. 남성의 육아휴직과 부성휴가 이용의 문제는 한국 사회의 본질적인 인식의 변화가 수반되어야 하는 문제이다. 성별역할 분업이 성 간 불평등을 가져오는 요인이고, 저출산 고령화 문제를 해결할 수 있는 열쇠이기도 하다. 남성의 돌봄노동 참여가 일부 사람에게만 한정되지 않고 보편적 현상으로 확대되어야 하는 것이 현재 우리나라 가족정책의 과제이다.

셋째, 저출산 대응 정책의 현실화문제이다. 저출산의 문제가 이슈화되면서 가족정책이 확대되는 계기가 된 중요한 역할을 했다. 이는 저출산문제로 인해 가족정책 필요성과 국민적 공감대를 형성하여 다양한 가족정책을 펼칠 수 있는 데 기여했다는 의의가 있다. 반면에 '가족정책=저출산대책'이라고 제한하는 문제가 있다. 현재 우리 사회에서 가족이 당면한 문제로서 저출산 현상이 큰 위험요소이긴 하지만, 저출산에만 집중하여 가족정책을 펼치는 우를 범하고 있다. 가족정책의 목적이 한국 가족과 사회의 변화가 요구하는 가족관련 문제에 대응하기 위한 것이어야 하므로, 저출산 문제 해결에 집중하는 가족정책은 근본적인 가족문제 해결에도 한계가 있지만, 궁극적으로는 가족정책의 목적 달성과도 거리가 멀어질 수 있다. 그러므로 실질적인 저출산 문제 해결 위한 가족정책으로서의 효율성을 제고해야 하며, 저출산문제를 포함하지만 보다 넓은 의미에서의 가족정책의 보편성을 확대하고 강화해야 할 과제가 남아있다.

또한, 우리나라는 매우 짧은 시간에 급속한 경제적 사회적 변화를 거쳐오면서, 가족구성도 부부자녀가구에서 1인 가구, 무자녀가구, 노인가구 등으로 다양화되었다.

독신과 만혼도 증가하였고, 자녀양육의 문제가 개별 가족의 문제가 아니라 사회적 책임과 사회재생산의 문제임을 고려할 때, 보다 적극적인 대책이 필요하기도 하다.

이와 같은 가족의 변화에 반응하여 가족정책이 비중을 두어야 할 주제와 접근법도 달라져야 한다. 홍승아(2015)는 위와 같은 변화에 초점을 두어 앞으로의 가족정책 방향을 다음과 같이 제시하였다.

가족정책의 방향은 첫째, 양성평등 가족정책이어야 한다. 양성평등적 가족정책의 패러다임에서는 여성과 남성 모두에게 노동권과 부모권을 보장하는 것, 모성권과 함께 부성권을 강화하는 전략이 필요하다. 남성의 육아참여 및 가족생활을 지원하기 위한 제도 개선과 인식 개선을 위한 문화적 움직임도 필요하다.

둘째, 일·가정 양립 지원을 위한 가족정책이다. 맞벌이 가족이 보편적인 형태의 가족으로 인식되면서 가족정책의 목표가 자녀양육과 부모의 일·가정 양립을 지원하는 것으로 되었다. 실제로 가족생활에서 맞벌이 여부에 따라 경험하는 일·가정 양립과 관련한 스트레스도 차이가 있으므로 맞벌이와 외벌이 등 가족 형태에 따른 차별적인 서비스를 제공하면서, 직장 내에서도 일하는 부모를 위해 지원하는 제도와 조직문화 개선이 필요하다.

셋째, 유자녀가족의 자녀양육 지원정책이다. 자녀양육으로 인한 유자녀가족과 무자녀가족 간의 경제적, 시간적, 물리적 부담의 격차를 줄여주기 위한 다양한 방식의 지원이 필요하다. 예를 들어서 자녀양육 비용에 대한 지원[10], 출산 및 양육을 위한 출산휴가, 육아휴직, 배우자 출산휴가, 자녀양육서비스 등의 지원이 필요하다. 2014년 제정된 "사회보장기본법"도 사회보장의 범주를 기존의 실업, 노령, 장애, 질병, 빈곤과 더불어 출산과 양육을 포함시켰다.[11] 이로 인해 가족의 출산과 양육이 사회의 지속 가능한 발전을 위한 필수적인 요소임을 강조하고 있다.

넷째, 대안가족에 대한 개방적 태도이다. 가족과 관련한 가치관에 있어서도 재혼, 이혼, 국제결혼, 동거 등에 대한 태도가 변화하였다. 전 소득계층에서 미혼율이 증가

---

10) 개별가족의 입장에서 보면 추가 자녀 1인당 가구소비는 20%가 증가하기 때문에 아동양육과 관련된 경제적인 지원은 반드시 필요하다(Esping-Andersen, 2009:88).

11) 사회보장법 제3조 1항: 사회보장이란 출산, 양육, 실업, 노령, 장애, 질병, 빈곤 및 사망 등의 사회적 위험으로부터 모든 국민을 보호하고 국민 삶의 질을 향상시키는 데 필요한 소득·서비스를 보장하는 사회보험, 공공부조, 사회서비스를 말한다.

하였고, 특히 소득하위계층에서 1인 가구, 미혼, 사별, 이혼의 비율이 증가함으로써 가족안정성의 취약함이 드러났다. 이와 같은 가족형성과 가족가치관의 변화에 맞추어 가족정책 대상의 확대 및 대응방안이 필요하다.

1. 가족정책은 우리 삶과 밀접한 연관이 있다. 그러므로 지역사회 안에서 생활하면서 경험하는 가족정책의 실천적이고 구체적 모습에 대해 한번 생각해 보자.

2. 현재의 가족정책의 현황과 주요 사업을 참고하여 현 사회의 변화 양상을 반영한 가족정책을 내놓는다면, 어떠한 가족정책 과제를 제시할 수 있을지 생각해 보자.

3. 가족정책 서비스 기관인 건강가정지원센터나 다문화가족지원센터에 방문하여 실제적 주요사업에 대해 경험하거나 관찰해 보자.

참고문헌

CHAPTER 1

배선희(1993). 가족연구의 이론적 시각—기능주의 가족이론의 한계와 대안적 논의. 한국가정관리
학회지, 11(2), 147-155.

유계숙, 최연실, 성미애 편역(2003). 가족학 이론: 관점과 쟁점. 하우.

유영주 외(2004). 새로운 가족학. 신정.

이기숙, 고정자, 권희경, 김득성, 김은경, 김향은, 옥경희(2008). 현대 가족관계론. 파란마음.

이여봉(2004). 사회 안의 가족, 가족 안의 사회. 양서원.

정현숙, 유계숙(2001). 가족관계학. 신정.

제이버 구브리움, 제임스 홀스타인 저. 최연실, 조은숙, 성미애 역(1997). 가족이란 무엇인가. 하우
기획.

조은(1986). 가족 사회학의 새로운 연구동향과 이론적 쟁점. 한국사회학, 20(여름), 103-118.

조정문, 장상희(2007). 가족사회학. 아카넷.

한국가족관계학회편(2002). 가족학이론. 교문사.

한국여성연구소(2005). 새여성학 강의. 동녘.

CHAPTER 2

김두헌(1985). 한국 가족제도 연구. 서울대학교 출판부.

김순옥 외(2012). 가족상담. 교문사.

김주수, 이희배(1986). 가족관계학. 학연사.

김태현, 전길양, 김양호(2000). 사회 변화와 가족. 성신여대 출판부.

여성가족부(2005). 전국 가족 실태조사.

여성부(2004). 한국사회 가족 보고서.

옥선화, 정민자, 고선주(2006). 결혼과 가족. 하우.

유영주, 김순옥, 김경신(1996). 가족관계학. 교문사.

유영주, 서동인, 홍숙자, 전영자, 이정연, 오윤자, 이인수(2000). 현대 결혼과 가족. 신광출판사.

유영주 외(2004). 새로운 가족학. 신정.

이광규(1986). 한국 가족의 분석. 일지사.

이기숙, 공미혜, 김득성, 김은경, 손태홍, 오경희, 전영주(2001). 결혼의 기술. 학지사.

최재석(1981). 현대 가족 연구. 일지사.

통계청. 인구주택총조사. 연도별 자료.

통계청(2020). 출산통계.

함인희(1998). 산업화에 따른 가족문제의 실태 및 유형에 관한 연구—가족복지정책 수립의 기초 자료 제공을 위하여. 한국사회학회 사회학대회 논문집: 가족 및 문화, 사회학 분과.

Adams, N. Bert(1986). *The Family—A Sociological Interpretation*(4th ed.). San Diego: Harcourt Brace Jovanovich Publishers.

Benokraitis, N. V.(1999). *Marriage and Families: Changes, Choices, and Constraints*(3rd ed). PrenticeHall.

Olson, D. H. & DeFrain, J.(1994). *Marriage and the Family-Diversity and Strengths*. Mayfield Publishing Company.

Steinmetz, S. K. & Clavan, S. & Stein, K. F.(1990). *Marriage and Family Realities : Historical and Comtemporary Perspectives*. Harper & Row.

U. S. Census Bureau(2000). *Current Population(CPS). Definitions and Explanations.*

한국일보. 2020. 6. 11. [늪: 세계의 빈곤] 출발선부터 취약계층인 다문화가구·정부지원 정책은 미미

CHAPTER 3

강문희, 박경, 강혜련, 김혜련(2008). 가족상담 및 심리치료. 신정.

구현정, 전영옥(2005). 의사소통의 기법. 박이정.

김정기(2003). 현대사회의 인간관계론. 학문사.

서혜석, 김영혜, 상희양, 이난(2009). 의사소통. 청목출판사.

성신여자대학교 가족건강복지센터 자료집(2007). Couple Talk!!!.

양혜인, 이수진, 김수정(2017). 이모티콘 컨텍스트에 의한 감정 커뮤니케이션 연구 -카카오톡 이

모티콘을 중심으로-. 한국기초조형학회. 18(3).

유영주, 김순옥, 김경신(2008). 가족관계학. 교문사.

이진용(1990). 어머니-자녀 간의 의사소통과 청소년의 자아존중감의 관계. 연세대학교 석사학위청구논문.

중앙건강가정지원센터 자료집(2008). 가족성장아카데미.

채규만(2006). 심리학자들이 쓴 결혼의 심리학. 집문당.

홍성희, 김혜연, 김성희, 윤소영, 고선강(2008). 건강가정을 위한 가정자원관리. 신정.

Gray, J., 김경숙 역(1996). 화성에서 온 남자 금성에서 온 여자. 도서출판 친구.

Kaplan, A. G. & Sedney, M. A., 김태련, 이선자, 조혜자 역(1988). 성의 심리학. 이화여자대학교 출판부.

Mehrabian, A.(1972). *Nonverbal Communication. Aldine-Atherton*, Chicago, Illinois.

Mehrabian, A.(1981). *Silent Messages: Implicit Communication of Emotions and Attitudes*(2nd ed.). Wadsworth, Belmont, California.

Rothman, J.(1977). *Resolving Identity-based Conflict in Nations, Organizations and Communities*. San-Francisco: Jossey-Bass.

CHAPTER 4

강명숙(2015). 군 입대 청소년이 지각한 가족건강성, 스트레스 대처방식, 자아탄력성, 사회적지지가 군 생활 적응에 미치는 영향. 서울벤처대학원대학교 박사학위청구논문.

김미옥(2000). 장애아동가족의 적응과 아동의 사회적 능력에 관한 연구-가족탄력성 효과를 중심으로. 이화여자대학교 대학원 박사학위청구논문.

김안자(2005). 가족레질리언스가 한부모가족의 가족스트레스에 미치는 영향. 경기대학교 대학원 박사학위청구논문.

김용미, 서선희, 옥경희, 정혜정(2005). 결혼과 가족의 의미. 양서원.

김정호, 김선주(2008). 스트레스의 이해와 관리. 시그마프레스.

김혜신, 김경신(2011). 결혼이주여성과 한국인 남성부부의 가족건강성 관련 변인 연구. 한국가족관계학회지, 16(2), 59-86.

류정남, 이지민(2017). 중년기의 가족스트레스가 심리적 안녕감에 미치는 영향: 가족탄력성과 우울의 매개효과. 한국가족관계학회지, 22(1), 3-22.

문상정(2017). 결혼이주여성의 문화적응 스트레스와 우울, 가족레질리언스의 관계: 문화관광경험은 스트레스 대처효과가 있는가?. 관광경영연구, 21(1) 21-50.

박경란, 이영숙, 전귀연(2001). 현대가족학. 신정.

박종한(2006). 성공적 노화에 영향을 미치는 사회적·심리적·생물학적 결정 요인들. 영남대학교 대학원 박사학위논문.

박지현, 김태현(2011). 중년기의 가족스트레스 및 가족탄력성이 사회적 문제해결능력에 미치는 영향. 한국가족관계학회지, 16(1), 229-257.

박현선(1998). 빈곤 청소년의 학교 적응유연성. 서울대학교 대학원 박사학위청구논문.

박현선(1999). 실직가정 청소년의 적응유연성(resilience) 증진을 위한 프로그램 효과성-전북대 실직자 사회복지지원센터의 '담쟁이학교'를 중심으로. 한국아동복지학회지, 11, 163-178.

박혜란(2014). 한국 중년기 가족 레질리언스 척도 개발 및 타당화. 경북대학교 대학원 박사학위논문.

오세진, 김형일, 임영식, 이철원, 김병선, 김정인, 김한준, 양병화, 양돈규, 최창호(1996). 심리학개론. 학지사

유영주(2004). 가족강화를 위한 한국형 가족건강성척도 개발 연구. 한국가족관계학회지, 9(2),119-151.

유영주, 김순옥, 김경신(2017). 가족관계학. 교문사.

유용식(2007). 치매노인가족의 적응에 관한 연구-가족탄력성의 조절 효과를 중심으로. 숭실대학교 대학원 박사학위청구논문.

윤향미(2007). 장애아동 가족의 스트레스와 양육효능감에 관한 연구-가족탄력성(Family Resilience)의 효과를 중심으로. 침례신학대학교 대학원 석사학위청구논문.

이서영(2016). 가족스트레스가 중년기 기혼여성의 우울에 미치는 영향: 가족건강성과 가족지지의 조절효과. 한국가족자원경영학회지, 20(1), 141-158.

이영자(1999). 단독가구 노인의 스트레스와 우울감-사회적 지지의 완충효과를 중심으로. 성신여자대학교 대학원 박사학위청구논문.

정현숙, 유계숙(2001). 가족관계. 신정

조복희, 정옥분, 유가효(1997). 인간발달. 교문사.

최희정(2009). 가족탄력성이 정신장애인의 자기효능감, 스트레스 대처능력에 미치는 영향. 상명대학교 대학원 석사학위청구논문.

허보미(2017). 대학생의 취업스트레스가 자살생각에 미치는 영향: 우울의 매개효과와 가족탄력성의 조절효과. 중앙대학교 대학원. 석사학위논문.

홍강의, 정도언(1982). 사회재적응평가척도 제작. 신경정신의학, 21, 123-136.

황미진, 정혜정(2014). 조손가족 조모의 심리적 적응에 영향을 미치는 요인: Double ABCX 가족스트레스 모델을 기초로. 한국가정관리학회지, 32(4), 1-22.

Ammons, P. & Stinnett, N. (1980). The vital marriage : A closer look. *Family Relations*, 29,37-42.

Boss, P.G.(1987). Family Stress: Perceptions and context. In M.B. Sussman & S. Steinmetz, (eds)., *Handbook of marriage and the family New York: Plenum*, 695-723.

Boss, P. G.(1988). *Family Stress Management*. Newbury Park, CA: Sage.

Bowen, M.(1976). Theory in the practice of psychotherapy. *Familytherapy: Theory and practice, 4, 2-90*.

Broderick, C.(1970). Beyond the five conceptual frameworks: A decade of development in family theory. pp.3~24. In Carlfred Broderick(ed.), *A decade of research of family research in action Minneapolis*: National Council on Family Relations.

Bronfenbrenner, U.(1974). Is early intervention effective? *Teachers College Record*, 76,279-303.

Bronfenbrenner, U.(1986). Ecology of the family as a context for human development: Research perspectives. *Developmental psychology*, 22, 723-742.

Bronfenbrenner, U.(1989). Ecological systems theory. *Annals of Child Development*, 6, 187-249.

Burr, W.B.(1973). *Theory construction and the sociology of the family*. New York: John Wiley and Sons.

Casas, C., Stinnett, N., DeFrain, J., William, R.,& Lee, P.(1984). Latin American family functioning. *Family perspectives*, 18.

Coriden, E.(2015). Resiliency and families in poverty: evaluation of the effectiveness of circles Manhattan. Unpublished master's thesis, Kansas State University. http://krex k-state,edu/dspace/2097/18994

Danielson, C. B., Bissell, B. H., & Fry, P. W.(1993). Families, Health & Illness: Perspectives on coping and Intervention St. Louise: Mosby-year Book. Inc.

Fleming, R. A., Baum, J. & Singer, E.(1984). Toward an integrative approach to the study of stress. *Journal of Personality and Social Psychology*, 46, 939-949.

Holmes, T. H. & Rahe, R. H.(1967). The social readjustment rating scale. *Journal of Psychosomatic Research*, 11, 213-218.

Ivancevich, J. M. & Matterson, M. T.(1980). *Stress and work: a managerial perspective*. Scott foreman and company, New York.

Kasl, S. V.(1978). Epidemiological contributions to the study of work stress. In Cooper, C. L. & Payne, R.(eds.) *Stress at work*. England : John Wiley and Sons.

Lazarus, R. S. & Folkman, S.(1984). *Stress, Appraisal and Coping*. New York : Springer.

Luthar, S., Cicchetti, D. and Becker, R.(2000). The construct of resilience: A Critical evaluation and guidelines for future work. *Child Development*, 71. 543-562.

McCubbin, H. I.(1979). Integrating coping behaviors in family stress theory. *Journal of marriage and the family*, May, 237-244.

McCubbin, H. I. & Patterson, J. M.(1983). The family stress process: The double ABCX model of adjustment and adaptation. In H. I. McCubbin, M. B. Sussman, & J. M. Patterson(eds.). *Social Stress and the Family: Advances and Developments in Family Stress Theory and Research*. NY: Haworth Press.

McCubbin, H. I. McCubbin, M. A, & Thompson, A. I.(1993). Resiliency in families: the role of family schema and appraisal in family adaptation to crises. In T. H. Brubaker(eds.). *Family Relations: Challenges for the Future*. Newbury Park, CA: Sage Publications. 153-177.

McDonald, L.(2002). Hill's Theory of Family Stress and Buffer Factors: Build the Protective factors and Social relationships and Positive perception with Multi-family group. http://cecp.air. org.

Olson, D. H. & DeFrain, J.(2003). *Marriage and the Families : Intimacy, Diversity, and Strength*. Mountain View, CA: Mayfield Publishing Co.

Otto, H.(1962). Criteria for assessing family strengths. *Family process*, 2,329-338.

Selye, H.(1974). *Stress Without Distress*. New York :Lippincott.

Thoits, P.A.(1995). Stress, coping and social support processes: where are we? what next? *Journal of Health and Social Behavior*, 35, 53-79.

Walsh, F.(1998). Editorial: The Resilience of the Field of Family Therapy. *Journal of Marital and Family Therapy, 24*, 269-271.

Walsh, F.(1998). Strengthing Family Reslience. New York: The Guiford Press: 양옥경 · 김미옥 · 최명민 역(2002). 가족과 레질리언스. 나남출판.

Wolin, S. J. and Wolin, S.(2000). *The Resilient self: How surviors of trouble families rise above adverity*. New York: Villard.

CHAPTER 5

강기정, 김연화, 박미금, 송말희, 이미선(2009). 건강가정론. 양서원.

고용노동부 고용보험 DB자료(2019). 출산 및 육아휴직 현황.

성정현, 여지영, 우국희, 최승희(2009). 개정판 가족복지론. 양서원.

송진숙, 권희경, 김순기(2006). 결혼과 가족 그리고 부모됨. 창지사.

유계숙, 최연실, 성미애 편역(1999). 가족학이론. 문음사.

유영주, 김순옥, 김경신(2013). 제3판 가족관계학. 교문사.

유영주, 서동인, 홍숙자, 전영자, 이정연, 오윤자, 이인수(2000). 현대 결혼과 가족. 신광출판사.

정현숙, 유계숙(2001). 가족관계. 신정.

정현숙, 유계숙, 어주경, 전혜정, 박주희(2002). 부모학. 신정.

정현숙, 유계숙, 최연실(2003). 결혼학. 신정.

최규련(2014). 2판 가족관계론. 공동체.

통계청(2017). 생애주기별 주요 특성 분석(출산, 아동보육, 청년층, 경력단절).

통계청(2018). 2018년 일·가정양립 지표.

통계청(2019). 2019년 일·가정양립 지표.

통계청(2019). 사회조사(복지, 사회참여, 문화와 여가, 소득과 소비, 노동).

통계청(2020). 사회조사(가족, 교육과 훈련, 건강, 범죄와 안전, 생활환경).

통계청(2020). 통계청소개, 청/차장 주요 동정, '라떼파파, 아이과 함께 자란다'. 머니투데이 기고문.

통계청(각년도). 경제활동인구조사.

통계청(각년도). 지역별 고용조사.

고용노동부(2020). [카드뉴스], 2020년 상반기 남성육아휴직 활용현황.

여성가족부 홈페이지 교육자료실. 자녀성장주기별 자녀양육정보. 제4편. 형제자매키우기
(www.mogef.go.kr)

CHAPTER 6

김경자, 임선영, 김경원(2007). 함께 성장하는 결혼 그리고 가족. 구상.

김명자, 계선자, 강기정, 김연화, 박미금, 박수선, 송말희, 유지선, 이미선(2009). 아는 만큼 행복한 결혼, 건강한 가족. 양서원.

김수경(2009). 신혼기 부부의 결혼 적응을 위한 과제 개발에 대한 질적 연구. 고신대학교 기독교 상담복지대학원 석사학위논문.

박태영(2003). 가족생활주기와 가족치료. 학지사.

임유진(2007). 원가족 부모와의 애착 및 심리적 독립이 신혼기 부부 적응에 미치는 영향. 중앙대학교 대학원 석사학위논문.

정현숙, 유계숙, 최연실(2003). 결혼학. 신정.

통계청. 생활시간조사 각 연도.

통계청(2016). 2016 일·가정양립 지표.

한국가족관계학회(1999). 가족학. 하우.

David H. Olson & Amy K. Olson(2003). 21세기 가족문화연구소 역. 건강한 부부관계 만들기. 양서원.

Frank, D. L., Downard, E. & Lang, A. R.(1986). Androgyny, Sexuality and Women. *Journal of Psychosocial Nursing Mental Health Service*, 24(7). 10-17.

Master, W. & Johnson, V. (1966). *Human Sexual Response*. Boston; Little, B개주.

Wells, J. G. (1984). *Choices in Marriage and Family*. Piedmont Press Inc.

CHAPTER 7

김희경(2017). 이상한 정상가족; 자율적 개인과 열린 공동체를 그리며. 서울: 동아시아.

문무경, 조숙인, 김정민(2016). 한국인의 부모됨 인식과 자녀양육관 연구. 육아정책연구소.

신용주, 김혜수(2017). 다음 세대를 위한 부모교육. 서울: 학지사.

정옥분, 정순화(2017). **부모교육**. 2판. 서울: 학지사.

허혜경, 김혜수, 박인숙(2013). 현대가정의 이해. 서울: 문음사.

Omer, H., & Everly, G. S. (1988). Psychological factors in preterm labor: Critical review and theoretical synthesis. American Journal of Psychiatry, 145, pp. 1507-1513.

Parsons, T., & Bales, R. f. (1955). *Family, socialization and interaction*, New York: The Free Press.

Rabin, A. I. (1965). Motivation for parenthood. Journal of Projective Techniques and Personality Assessment, 29(4), pp. 405-413.

CHAPTER 8

강문희, 강차연, 김경희, 김승경, 김융희, 손승아, 안경숙, 윤은수, 윤지영, 정옥환, 정정옥(2007). 현대사회와 아동-심리학적 이해. 시그마프레스.

김연, 유영주(2002). 기혼남녀의 성생활 만족도에 관한 연구. 한국가족관계학회지, 7(1), 1-18.

김유경(2017). 사회변화에 따른 가족부양 환경과 정책과제. 보건복지포럼(2017.10)

송진경, 채규만(2008). Gottman이론을 중심으로 한국 부부의 심리적 특성 연구. 한국기독교상담학회지, 95-125.

오경자, 김은정(1998). 기혼여성의 우울증상과 사회심리학적 특성. 성곡논총, 29.

정현숙, 유계숙(2001). 가족관계. 신정.

지영숙, 이광자, 곽소현(2003). 중년기 전업주부의 생활 진단 척도개발. 한국가족자원경영학회지, 7(1), 23-39.

통계청(2015). 서울지역 고령자 통계.

통계청(2018). 사회조사.

통계청(2018). 인구주택총조사에 나타난 1인 가구의 현황 및 특성. 보도자료.

통계청(2019). 인구주택총조사.

통계청(2019). 혼인 · 이혼통계.

통계청(2020). 고령자 통계.

Achenbach, T. M.(1982). *Developmental Psychopathology*(2nd Ed.). NY: Wiley.

Carter, E. A. & McGoldrick, M.(Eds.)(1980). *The Family Life Cycle: A Framework for Family Therapy*. New York: Gardner Press.

Levinson, D. J., Darrow, C. N., Klein, E. B., Levinson, M. H. & Mckee, B.(1978). *The Seasons of a Man's life*. N.Y.: Knopf.

Rosenberg, S. D. & Farrell, M. P.(1981). *Man at Middle Life*. New York.

CHAPTER 9

권중돈(2009). 노인복지론. 학지사.

김형수, 모선희, 유성호, 윤경아(2009). 현대노인복지론. 학지사.

류기형, 남미애, 박경일, 홍봉선, 강대선(2016). 자원봉사론. 양서원.

박차상, 김옥희, 엄기욱, 이경남, 정상양(2009). 한국노인복지론. 학지사.

양옥남, 김혜경, 김미숙, 정순둘(2009). 노인복지론. 공동체.

옥선화, 정민자, 고선주(2000). 결혼과 가족. 하우.

유계숙, 천혜정, 김양호, 전길양(2003). 부부탐구. 신정.

유영주, 김순옥, 김경신(2008). 가족관계학. 교문사.

유영주, 서동인, 홍숙자, 전영자, 이정연, 오윤자, 이인수(1995). 결혼과 가족. 경희대학교 출판국.

유영주, 이순형, 홍숙자(1990). 가족발달학. 교문사.

이은희(2009). 최신 노인 복지론. 학지사.

국가통계포털 http://kosis.kr

노인장기요양보험 http://www.longtermcare.or.kr

대한노인회 http://www.koreapeople.co.kr

분당노인종합복지관 http://www.bdsenior.or.kr

삼성노블카운티 http://samsungnc.com

서울시니어스타워 http://www.sst.co.kr

시립노원노인종합복지관 http://www.nowonsenior.or.kr

은퇴농장 http://www.euntoi.com

중앙치매센터 https://www.nid.or.kr

한국노인인력개발원 https://www.kordi.or.kr

한국시니어클럽협회 http://www.silverpower.or.kr

Corporation for National and Community Service. https://www.nationalservice.gov/programs/
    senior-corps/what-senior-corps

CHAPTER 10

강기정, 김연화, 박미금, 송말희, 이미선(2009). 건강가정론. 양서원.

강남구건강가정지원센터(2007). 아동 대상의 다양한 가족 형태에 대한 반편견 교육프로그램 모형개발
    보고서.

권진숙, 신혜령, 김정진, 김성경, 박지영(2006). 가족복지지론. 공동체.

김명자 외(2006). 아는 만큼 행복한 결혼, 건강한 가족. 양서원.

김승권, 양옥경, 조애정, 김유경, 박세경, 김미화(2004). 다양한 가족 출현과 사회적 지원체계 구축방
    안. 한국보건사회연구원.

송정아, 전영자, 김득성(1998). 가족생활교육론. 교문사.

양순미(2006). 농촌 국제결혼 부부의 적응 및 생활실태에 대한 비교분석: 중국, 일본, 필리핀 이주
    여성 부부 중심. 한국농촌사회학회지, 16(2), 151-179.

여성가족부(2007). 조손가족 실태조사 및 지원방안 연구.

여성가족부(2015). 한부모가족 실태조사.

여성부, 중앙건강가정지원센터(2006). 한부모가족을 위한 통합서비스-당당한 나, 행복한 우리가족.

유영주 외(2004). 새로운 가족학. 신정.

이경아 외 역(2004). 사회복지에서의 역량강화 실천. 양서원.

이소영, 옥선화(2002). 자녀의 정서적 지원과 모-자녀 간 의사소통 특성 지각에 따른 저소득층 여
    성가장의 생활만족도 및 우울감. 대한가정학회지, 40(7), 53-68.

이여봉(2006). 탈근대의 가족들. 양서원.

이은주, 전미경(2014). 결혼이주여성의 결혼만족도와 관련변인 메타분석. 한국사회정책, 21(4).

임춘희, 송말희, 박경은, 김명희, 김신희(2013). 혼자서도 행복하게 자녀키우기-건강한 한부모가족을
    위한 자녀양육 가이드북. 한국건강가정진흥원.

장혜경 외(2001). 여성 한부모가족을 위한 사회적 지원방안. 여성부.

중앙건강가정지원센터(2008). 건강가정지원센터 운영가이드북.

통계청(2007, 2010, 2013, 2016). 인구동향조사.

통계청(2005, 2010, 2015, 2016). 인구주택총조사.

통계청(2006). 2006 한국의 사회지표.

통계청(2009). 한국의 사회동향 2009년.

통계청(2015). 2015년 다문화인구동태통계.

한국가족상담교육단체협의회(2013). 다문화가족에 관한 인식조사 발표 및 사회통합을 위한 심포지엄.

한국가족문화원(2008). 새로 본 가족과 한국사회-변화하는 한국가족의 삶 읽기. 경문사.

한국여성민우회(1997). 한부모사업 정책토론회 자료집.

현은민(2003). 재혼가족의 아동 : 가족적 · 사회적 측면에서 경험하는 문제와 대책 고찰. 한국가족
　　　관계학회지, 8(2), 101-225.

Burr, W.R., Day, R.D & Bahr, K.S(1993). Family Science. CA: Wadsworth publishing company.

국가통계포털 http://Kosis. kr

CHAPTER 11

김충기, 정채기(1996). 평생교육의 이론과 실제. 교육과학사.

송말희(2006). 가족생활교육 프로그램 개발. 한국학술정보.

송정아, 전영자, 김득성(1998). 가족생활교육론. 교문사.

여성가족부(2016). 초보아빠수첩.

오윤자(1998). 가족생활교육 프로그램의 개발. 가족생활교육사 2급 연수교재.

유영주, 오윤자(1998). 가족생활교육 프로그램 개발. 한국가족관계학회편. 가족생활교육-이론 및
　　　프로그램. 하우.

이연숙(1998). 성인을 위한 가족생활교육론. 학지사.

이정연, 장진경, 정혜정 역(1996). 가족생활교육의 기초. 하우.

전종미, 송말희, 김영희, 박상훈(2014). 함께 만드는 춘(春)향(香)가(家)－신혼기 부부교육프로그램. 서
　　　울특별시 건강가정지원센터.

정지웅, 김지자(1986). 사회교육학개론. 서울대학교 출판부.

정현숙(2007). 가족생환교육. 신정.

차갑부(1993). 성인교육방법론. 양서원.

최규련(1994). 가족생활교육의 과제와 전망. 한국가족관계학회 추계학술대회 자료집, 1-22.

한국가족상담교육연구소 개소 10주년 기념 자료집(2003). 가족생활교육 프로그램 자료집.

한국성인교육학회(1998). 앤드라고지 : 현실과 가능성. 학지사.

한국청소년개발원(1997). 프로그램의 개발과 운영, 인간과 복지.

한상길(2001). 성인평생교육. 양서원.

Arcus, M. E., Schvaneveldt, J. D. & Moss, J. J.(1993). *Handbook of Family Life Education Vol. I: Foundation of Family Life Education*. SAGE Publication Inc. 이정연, 장진경, 정혜정 역(1996). 가족생활교육의 기초. 하우.

Berado, F. M(1990). Family research in the 1980s: Recent trends and future directions. In A Booth (ed.) *Contemporary Families : Looking Forward, Looking Back*. NCFR, 1-11.

Boone, E. J.(1997). *Developing Programs in Adult Education*. 권두승, 김미숙 역. 사회교육 프로그램 개발론. 교육과학사.

Doherty, W. J.(1995). Boundaries between parents and family life education and family therapy: The level of family involvement model. *Family Relations*, 44, 353-358.

First, J. A., & Way, W. L.(1995). Parent education outcomes: Insights into transformative learning. *Family Relations*, 44, 104-109.

Hennon C. B. & Arcus, M. E.(1993). *Life-span family life education. Family Relations: Challenges for the Future*. ed. by Brubaker, T. H. SAGE Publications.

Hughes, R. Jr.(1994). A Framework for developing family life education programs. *Family Relations*, 43, 74-80.

Lenz, E.(1980). *Creating and Marketing Programs in Continuing Education*. McGraw-Hill Company.

Small, S. A. & Eastman, G.(1991) Rearing adolescents in contemporary society: A conceptual framework for understanding the responsibilities and needs of parents. *Family Relations*, 40, 455-462.

Thomas, J. & Arcus, M. E.(1992). Family life education: An analysis of concept. *Family Relations*, 41, 390-393.

Walls, J. M.(1993). *Understanding Developmental Needs and Stages*. NCFR catalog, 341-358.

CHAPTER 12

곽소현(2005). 어머니의 아동기 애착, 정서, 양육행동과 아동의 문제행동의 경로모형 분석. 성균관대학교 대학원 박사학위논문.

김영애(2000). 아시아 문화권에서의 가족과 가족치료의 다양성과 특유성: 한국가족치료의 비전. 한국가족치료학회 국제학술대회 자료집, 156-165.

김유숙(2002). 가족치료-이론과 실제(개정판). 학지사.

김유숙(2004). 한국가족치료 21세기 가족치료의 이론적 패러다임: 포스트모더니즘과 사회구성주의-사회구성주의 시각과 해결중심 가족치료. 제18회 한국가족치료학회 춘계학술대회 자료집, 51-65.

김유숙, 안양희(2004). 한국가족치료 어디까지 왔나?-한국가족치료의 발달과정. 한국가족치료학회 제19회 추계학술대회 자료집, 9-23.

서경현, 유제민, 최신혜(2007). 부모 간 양육태도 불일치가 고등학생의 사회불안에 미치는 영향: 자기 효능감의 중재효과와 행동억제체계의 매개효과를 중심으로. 한국심리학회지 상담 및 심리치료, 19(2), 255-272.

서진환, 이선혜, 신영화(2004). 한국가족치료 어디까지 왔나?-한국의 가족치료 임상현장, 전국 현황조사. 한국가족치료학회 제19회 추계학술대회 자료집, 37-80.

송성자(1995). 가족과 가족치료. 법문사.

송정아, 최규련(2002). 가족치료 이론과 기법(개정판). 하우.

유영주, 김순옥, 김경신(2013). 3판 가족관계학. 교문사.

정혜정(2004). 21세기 가족치료의 이론적 패러다임: 포스트모더니즘과 사회구성주의-가족치료의 인식론. 제18회 한국가족치료학회 춘계학술대회 자료집, 9-43.

Bowen, M.(1966). The use of family theory in clinical practice. *Comprehensive Psychiatry*, 7.

Daniel, V. Papero(1990). *Bowen Family System Theory*. A Division of Simon & Schuster, Inc.

de Shazer, D.(1991b). *Putting Difference to Work*. New York: Norton.

Insoo Kim Berg, Scott D. Miller, 가족치료연구모임 역(1995). 해결중심적 단기가족치료. 하나의학사.

Jay Haley, 이근후, 김영화 역(1992). 증상해결중심치료. 하나의학사.

Kerr, M. E. & Bowen, M., 남순현, 전영주, 황영훈 역(2005). 보웬의 가족치료이론. 학지사.

McGoldrick, M., & Gerson, R.; 이영분, 김유숙 역(1997). 가계분석가계도. 홍익재.

McNamee, S. & Gergen, K.(Eds.)(1992). *Therapy as Social Construction*. Newbury Park: Sageublications.

Michael P. Nichols & Richard, C. Schwartz, 김영애, 정문자, 송성자, 제석봉, 심혜숙, 김정택, 정석현, 김계현 역(2005). 가족치료-개념과 방법. 시그마프레스.

Papero, D. V.(1990). *Bowen Family System Theory*. Allyn and Bacon.

Toman, K.(1969). *Family Constellation*. New York: Springer.

김승권(2004). 한국 가족정책의 동향과 발전방안. 보건복지포럼. pp.6-32.

도미향, 이기숙, 강기정, 이무영, 박경애(2009). 가족정책론. 신정.

박옥임, 서선희, 김경신, 옥경희, 박준섭, 최은정(2014). 가족복지학. 공동체.

변화순(2008). 가족정책의 방향 정립과 가족 영향평가의 시행. 젠더리뷰, 8, 4-27.

윤홍식, 송다영, 김인숙(2010). 가족정책: 복지국가의 새로운 전망. 공동체.

여성가족부(2016). 제3차 건강가정기본계획(2016-2020). 여성가족부.

유계숙, 장혜경, 전혜정, 김윤정, 민성혜, 박은미, 안재희, 장보현, 한지숙(2009). 가족정책론. 시그마프레스.

유영주(2006). 한국의 여성 및 가족정책의 변화-문제와 전망. 여성・가족생활연구, 10, 89-114.

정혜정, 공미혜, 전영주, 정현숙(2009). 가족과 젠더. 신정.

조희금, 송혜림, 공인숙, 이승미, 이완정, 박혜인, 조재순, 김선미, 최연실(2002). 가정생활복지론. 신정.

홍승아, 최진희, 진미정, 김수진(2015). 가족변화 대응 가족정책 발전방향 및 정책과제 연구. 한국여성정책연구원.

Esping-Andersen, G.(2009). The Incomplete Revolution: Adapting to women's ney roles. Cambridge: Polity Press.

Kamerman, S. B. & Kahn, A. J.(1978). Families and the idea of family policy. In S. B. Kamerman & A. J. Kahn(Eds.). *Family Policy: Government and Families in Fourteen Countries*. New York : Columbia Univerxity Press. 1, 16.

S. L. Zimmerman(1992). Family policies and family well-being. U.K London: SAGE Publications.

OECD(2015) How's LIFE? https://data.oecd.org

2판

변화하는 사회의 **가족학**

2010년 2월 28일 초판 발행 | 2018년 3월 5일 2판 발행 | 2021년 2월 17일 2판 2쇄 발행

지은이 유영주 외 | **펴낸이** 류원식 | **펴낸곳 교문사**

편집팀장 모은영 | **디자인** 김경아 | **본문편집** 벽호미디어

주소 (10881) 경기도 파주시 문발로 116 | **전화** 031-955-6111 | **팩스** 031-955-0955
홈페이지 www.gyomoon.com | **E-mail** genie@gyomoon.com
등록 1960. 10. 28. 제406-2006-000035호
ISBN 978-89-363-1729-4(93590) | **값** 18,200원